普通高等院校工程训练系列教材

机电一体化
竞赛实训教程

主　编　勾治践　叶　霞　倪　虹
副主编　王　婧　江　霞　孙亚萍

U0387534

清华大学出版社
北京

内 容 简 介

本书由 4 篇 15 章组成。第 1 篇为基础篇(第 1~2 章),详细介绍本书编写的目的及意义,重点讲解机电一体化发展概论,旨在引领大学生对机电一体化作品有基本认识;第 2 篇为机械结构篇(第 3~5 章),给出在设计作品机械结构时需要考虑的因素,培养学生用所学基础理论来解决工程实际问题的能力;第 3 篇为控制系统与传感器技术篇(第 6~8 章),重点介绍大学生设计作品时常用的控制芯片 STM32,结合各类传感器技术,给出控制系统的基础案例,为设计机电一体化作品的控制系统提供参考;第 4 篇为实践篇(第 9~15 章),给出参赛大学生在全国大学生机械创新设计大赛、全国大学生工程训练综合能力竞赛和全国大学生电子设计竞赛的优秀案例,多数作品曾获得全国一等奖、二等奖,浙江省一等奖、二等奖,已申请发明和实用新型专利多项,旨在对大学生设计作品撰写理论方案、设计说明书时给予一定的参考。

本书内容精练,体系完整,既有强化基础又有经典案例,针对性强。本书可以作为机械设计和电子信息专业的实训教材,同时也可以作为机械、电子相关专业学生参与各类竞赛的培训教材。

图书在版编目(CIP)数据

机电一体化竞赛实训教程/勾治践,叶霞,倪虹主编.—北京:清华大学出版社,2023.7
普通高等院校工程训练系列教材
ISBN 978-7-302-57311-1

Ⅰ. ①机… Ⅱ. ①勾… ②叶… ③倪… Ⅲ. ①机电一体化-高等学校-教材 Ⅳ. ①TH-39

中国版本图书馆 CIP 数据核字(2021)第 005925 号

责任编辑:冯　昕
封面设计:傅瑞学
责任校对:赵丽敏
责任印制:宋　林

出版发行:清华大学出版社
   网   址:http://www.tup.com.cn,http://www.wqbook.com
   地   址:北京清华大学学研大厦 A 座   邮 编:100084
   社 总 机:010-83470000   邮 购:010-62786544
   投稿与读者服务:010-62776969,c-service@tup.tsinghua.edu.cn
   质量反馈:010-62772015,zhiliang@tup.tsinghua.edu.cn
印 装 者:三河市科茂嘉荣印务有限公司
经 销:全国新华书店
开 本:185mm×260mm 印 张:20   字 数:483 千字
版 次:2023 年 7 月第 1 版   印 次:2023 年 7 月第 1 次印刷
定 价:59.00 元

产品编号:083171-01

序言

改革开放以来,我国贯彻科教兴国、可持续发展的伟大战略,坚持科学发展观,国家的科技实力、经济实力和国际影响力大为增强。如今,中国已经发展成为世界制造大国,国际市场上已经离不开物美价廉的中国产品。然而,我国要从制造大国向制造强国和创新强国过渡,要使我国的产品在国际市场上赢得更高的声誉,必须尽快提高产品质量的竞争力和知识产权的竞争力。清华大学出版社和本编审委员会联合推出的"普通高等院校工程训练系列教材",就是希望通过工程训练这一培养本科生的重要环节,依靠作者们根据当前的科技水平和社会发展需求所精心策划和编写的系列教材,培养出更多视野宽、基础厚、素质高、能力强和富于创造性的人才。

我们知道,大学、大专和高职高专都设有各种各样的实验室。其目的是通过这些教学实验,使学生不仅能比较深入地掌握书本上的理论知识,而且能更好地掌握实验仪器的操作方法,领悟实验中所蕴含的科学方法。但由于教学实验与工程训练存在较大的差别,因此,如果我们的大学生不经过工程训练这样一个重要的实践教学环节,当毕业后步入社会时,就有可能感到难以适应。

对于工程训练,我们认为这是一种与社会、企业及工程技术的接口式训练。在工程训练的整个过程中,学生所使用的各种仪器设备都来自社会企业的产品,有的还是现代企业正在使用的主流产品。这样,学生一旦步入社会,步入工作岗位,就会发现他们在学校所进行的工程训练与社会企业的需求具有很好的一致性。另外,凡是接受过工程训练的学生,不仅为学习其他相关的技术基础课程和专业课程打下了基础,而且同时具有一定的工程技术素养。开始面向工程实际了。这样就为他们进入社会与企业,更好地融入新的工作群体,展示与发挥自己的才能创造了有利的条件。

近20多年来,国家和高校对工程实践教育给予了高度重视,我国的理工科院校普遍建立了工程训练中心,拥有前所未有的、极为丰厚的教学资源,同时面向大量的本科学生群体。这些宝贵的实践教学资源,像数控加工、特种加工、先进的材料成形、表面贴装、机器人、数字化制造、智能制造等硬件和软件基础设施,与国家的企业发展及工程技术发展密切相关。而这些涉及多学科领域的教学基础设施,又可以通过教师和其他知识分子的创造性劳动,转化和衍生出为适应我国社会与企业所迫切需求的课程与教材,使国家投入的宝贵资源发挥其应有的教育教学功能。

为此,本系列教材的编审,将贯彻下列基本原则:

(1) 努力贯彻教育部和财政部有关"质量工程"的文件精神,注重课程改革与教材改革配套进行,为双一流课程建设服务。

(2) 要求符合教育部工程材料及机械制造基础课程教学指导组所制定的课程教学基本要求。

(3) 在整体将注意力投向先进制造技术的同时,要力求把握好常规制造技术与先进制造技术的关联,把握好制造基础知识的取舍。

(4) 先进的工艺技术,是发展我国制造业的关键技术之一。因此,在教材的内涵方面,要着力体现工艺设备、工艺方法、工艺创新、工艺管理、工艺教育和工艺安全的有机结合。

(5) 有助于培养学生独立获取知识的能力,有利于增强学生的工程实践能力、系统思维能力和创新思维能力。

(6) 重视机械制造技术、电子控制技术和信息技术的交叉与融合,使学生的认知能力向综合性、系统性和机电一体化的方向发展。

(7) 融汇实践教学改革的最新成果,体现出知识的基础性和实用性,以及工程训练和创新实践的可操作性。

(8) 慎重选择主编和主审,慎重选择教材内涵,严格遵循和体现国家技术标准。

(9) 注重各章节间的内部逻辑联系,力求做到文字简练,图文并茂,便于自学。

本系列教材的编写和出版,是我国高等教育课程和教材改革中的一种尝试,一定会存在许多不足之处。希望全国同行和广大读者不断提出宝贵意见,使我们编写出的教材更好地为教育教学改革服务,更好地为培养高质量的人才服务。

普通高等院校工程训练系列教材编审委员会

主任委员:傅水根

2022 年 7 月于清华园

前言

随着学科的发展,机械设计和电子控制的交叉融合越来越重要,机械结构的设计需要建立控制的理念,而构建完整的控制系统需要有机械结构的意识,如何让两个不同专业的学生快速了解两个专业的基本知识和思维逻辑,初步具备解决机电一体化问题的能力,成为机电一体化相关专业发展中的一项重要课题。本书作为机电类专业大学生的实训和竞赛教材,结合当前专业的发展和学生实践能力培养展开编写工作,对于培养学生对专业的兴趣、动手能力和实践综合素质的提高具有重要的意义。

全国机电类专业大学生参加的学科竞赛以全国大学生机械创新设计大赛、全国大学生工程训练综合能力竞赛、全国大学生电子设计竞赛为主,此类竞赛以其"实物参赛、机电结合、系统训练、创新应用、科技创业"为突出特色,获得了全国高校机械类和电子工程类等专业广大师生的青睐。本书的全部案例内容来自全国大学生机械创新设计大赛、全国大学生工程训练综合能力竞赛、全国大学生电子设计竞赛中获得国家一等奖、二等奖、省级一等奖、二等奖的优秀作品,希望本书的内容可以引导参赛学生找准比赛方向,提高今后的竞赛成绩,同时培养学生工程实践能力和创新设计意识、综合设计能力及团队协作精神,以此鼓励更多的大学生积极踊跃参加课外科技活动。

本书的编写工作能够顺利完成,得益于全国大学生机械创新设计大赛、全国大学生工程训练综合能力竞赛、全国大学生电子设计竞赛组委会的大力支持,没有他们为大学生组织学科竞赛的平台,就没有大学生锻炼自己、提升动手能力的机会,当然也没有本书的出版。

感谢和我一起编写本书的杭州师范大学钱江学院的各位同仁,他们是叶霞、倪虹、王婧、江霞、孙亚萍、胡克用等。参与编书的老师们都是学科竞赛的优秀带队指导教师,全书内容是我们共同的劳动结晶,他们丰富的学科竞赛经验和严谨的教学写作风格使本书内容丰富多彩。

感谢代表杭州师范大学钱江学院参与学科竞赛的同学们,其中的不少优秀案例都来自这些同学的作品。他们是陈炜、江海林、林星星、易际钢、薛儒冰、邵逸鑫、方乐朋、邵壮壮、葛林朗、金睿、陈团寅等,有了他们精心设计的作品,才有这么多优秀的案例。

感谢参与本书案例中电路设计与制作、代码调试、格式修订的同学们,

机电一体化竞赛实训教程

他们是邵壮壮、吴泽梦、周清璐、葛林朗、罗汉杰、周杰、施嘉濠、王逸桢、张文剑、陈家硕、张丫真、郑浩磊、雷昌硕、王明岩、黄文杰,他们的努力促进了本书的出版。

最后,谨以此书献给热爱全国大学生机械创新设计大赛、全国大学生工程训练综合能力竞赛、全国大学生电子设计竞赛的同学们。

本书由勾治践、叶霞和倪虹担任主编,王婧、江霞、孙亚萍担任副主编。书中的源代码可通过扫描二维码进行显示。

由于作者水平有限,加之编写时间仓促,书中难免会出现不足之处,恳请广大读者批评指正。

勾治践

2022 年 3 月

目录

第1篇　基　础　篇

第1章　绪论 ··· 3
1.1　开展学科竞赛的意义 ·· 4
1.2　国内机电一体化类学科竞赛开展情况 ················· 6
1.3　本书主要内容及特点 ·· 8

第2章　机电一体化概论 ··· 10
2.1　机电一体化的来历 ··· 10
2.2　机电一体化的基本概念 ······································ 11
2.3　机电一体化系统与传统机械、电子控制系统的差异 ······· 12
2.4　机电一体化的组成要素与原则 ···························· 13
2.5　机电一体化的主要特征 ······································ 14
2.6　机电一体化的发展历程及特点 ···························· 15

第2篇　机械结构篇

第3章　机械设计总论 ·· 19
3.1　基本概念 ··· 19
3.2　机器(机械)的组成 ·· 19
3.3　设计要求 ··· 20
3.4　设计方法 ··· 20
3.5　机械零件的设计准则 ·· 22
3.6　设计中的标准化 ··· 23
3.7　零件材料及其选用 ··· 24

第4章　执行元件 ·· 27
4.1　执行元件简介 ··· 27
4.1.1　执行元件的种类和特点 ······························ 27
4.1.2　机电一体化系统对执行元件的基本要求 ·········· 28
4.2　机电一体化系统常用的控制用电动机 ················· 29

4.3 直流伺服电动机 …… 31
4.3.1 直流伺服电动机的特点及选用 …… 31
4.3.2 直流伺服电动机的结构 …… 32
4.3.3 直流伺服电动机的工作原理 …… 32
4.3.4 直流伺服电动机的控制方式 …… 33
4.4 步进电动机 …… 33
4.4.1 步进电动机的构造及特点 …… 33
4.4.2 步进电动机的工作原理 …… 34
4.4.3 步进电动机的选择和注意事项 …… 36
4.4.4 步进电动机的驱动控制 …… 38

第5章 常用机构 …… 39
5.1 常用固定连接机构 …… 39
5.1.1 螺纹连接 …… 39
5.1.2 键连接 …… 40
5.1.3 铆接、焊接、胶接 …… 42
5.2 常用活动连接机构 …… 43
5.2.1 滑动轴承连接 …… 43
5.2.2 滚动轴承连接 …… 45
5.2.3 联轴器、离合器连接 …… 47
5.3 常用传动机构 …… 49
5.3.1 带传动机构 …… 49
5.3.2 链传动机构 …… 51
5.3.3 齿轮传动机构 …… 52
5.3.4 蜗轮蜗杆传动机构 …… 52

第3篇　控制系统与传感器技术篇

第6章 STM32 微控制器 …… 57
6.1 STM32 微控制器概述 …… 58
6.1.1 STM32 系列说明 …… 59
6.1.2 STM32F103 芯片主要特性 …… 61
6.1.3 STM32F103 芯片结构 …… 62
6.1.4 STM32F103 芯片引脚功能 …… 71
6.2 MDK5 软件开发环境 …… 72
6.2.1 MDK5 简介 …… 73
6.2.2 MDK5 软件安装 …… 74
6.2.3 新建工程模板 …… 75
6.2.4 STM32 软件仿真 …… 86

　　　6.2.5　STM32 程序下载 ……………………………… 89
　　　6.2.6　STM32 硬件调试 ………………………………… 93
　　　6.2.7　STM32 固件库介绍 ……………………………… 99
　6.3　STM32 基础案例 …………………………………………… 105
　　　6.3.1　基本数字输出 LED 灯闪烁 …………………… 105
　　　6.3.2　独立式按键控制 LED 灯亮灭 ………………… 120
　　　6.3.3　蜂鸣器控制发声 ………………………………… 125
　　　6.3.4　直流伺服电动机驱动控制 ……………………… 127
　　　6.3.5　步进电动机驱动控制 …………………………… 131

第 7 章　传感器技术 ………………………………………………… 136
　7.1　传感器概述 ………………………………………………… 136
　7.2　超声波传感器 ……………………………………………… 137
　　　7.2.1　超声波测距原理 …………………………………… 137
　　　7.2.2　超声波测距的实现与误差分析 ………………… 138
　　　7.2.3　超声波模块案例 …………………………………… 138
　7.3　人体接近传感器 …………………………………………… 141
　　　7.3.1　人体接近传感器工作原理 ……………………… 142
　　　7.3.2　人体接近传感器的特点 ………………………… 142
　　　7.3.3　人体接近传感器的选型和检测 ………………… 143
　　　7.3.4　人体接近传感器案例 …………………………… 143
　7.4　压力传感器 ………………………………………………… 146
　　　7.4.1　电阻应变式压力传感器 ………………………… 146
　　　7.4.2　压电式压力传感器 ………………………………… 149
　　　7.4.3　电感式压力传感器 ………………………………… 149
　　　7.4.4　压力传感器案例 …………………………………… 150
　7.5　红外线传感器 ……………………………………………… 150
　　　7.5.1　红外线传感器的工作原理 ……………………… 151
　　　7.5.2　红外线传感器的主要物理量 …………………… 151
　　　7.5.3　红外线传感器的组成 …………………………… 152
　　　7.5.4　红外线传感器的分类 …………………………… 152
　　　7.5.5　红外线传感器案例 ………………………………… 154
　7.6　角速度传感器 ……………………………………………… 156
　　　7.6.1　角速度传感器的原理 …………………………… 157
　　　7.6.2　角速度传感器的分类 …………………………… 157
　　　7.6.3　角速度传感器案例 ………………………………… 160
　7.7　加速度传感器 ……………………………………………… 161
　　　7.7.1　加速度传感器的原理 …………………………… 161
　　　7.7.2　加速度传感器的分类 …………………………… 161

      7.7.3 加速度传感器案例 ·· 166

第 8 章 控制系统综合应用案例 ··· 169
  8.1 基于压力传感器的电子秤设计 ·· 169
      8.1.1 项目需求 ·· 169
      8.1.2 压力传感器工作原理分析 ······································ 170
      8.1.3 压力信号采集原理 ·· 170
      8.1.4 LCD12864 显示原理 ··· 171
      8.1.5 项目硬件电路设计 ·· 172
      8.1.6 项目软件设计 ·· 174
      8.1.7 系统整体调试 ·· 174
  8.2 基于 STM32 的红外循迹小车 ·· 175
      8.2.1 项目需求 ·· 175
      8.2.2 项目概述 ·· 175
      8.2.3 项目涉及技术 ·· 176
      8.2.4 系统总体硬件电路 ·· 179
      8.2.5 系统软件设计 ·· 181
      8.2.6 系统调试 ·· 181
  8.3 基于 STM32 的 PID 控制平衡小车设计 ···························· 182
      8.3.1 项目需求 ·· 182
      8.3.2 总设计方案 ·· 184
      8.3.3 系统硬件电路设计 ·· 184
      8.3.4 系统软件设计 ·· 191
      8.3.5 参数调试和功能测试 ··· 198
      8.3.6 功能扩展 ·· 201

第 4 篇 实 践 篇

第 9 章 硬币清分包装机 ·· 205
  9.1 项目说明 ·· 205
      9.1.1 设计背景 ·· 205
      9.1.2 设计意义 ·· 206
  9.2 项目结构设计 ··· 206
      9.2.1 设计要求 ·· 206
      9.2.2 总体结构 ·· 207
      9.2.3 机构原理 ·· 207
      9.2.4 机构设计 ·· 208
      9.2.5 使用注意事项 ·· 212
  9.3 动力及控制系统 ·· 213

　　　9.3.1　电动机选择 ·················· 213

　　　9.3.2　控制电路 ·················· 215

　9.4　总结 ·················· 219

第 10 章　四旋翼飞行器自主探测跟踪系统 ·················· 221

　10.1　项目说明 ·················· 221

　　　10.1.1　设计背景 ·················· 221

　　　10.1.2　设计方案 ·················· 222

　　　10.1.3　设计意义 ·················· 222

　10.2　项目结构设计 ·················· 223

　　　10.2.1　设计要求 ·················· 223

　　　10.2.2　总体结构 ·················· 223

　　　10.2.3　机构原理 ·················· 224

　　　10.2.4　飞行器姿态 ·················· 226

　10.3　飞行器主控制系统 ·················· 228

　　　10.3.1　控制系统总体方案 ·················· 228

　　　10.3.2　控制系统硬件电路设计 ·················· 228

　10.4　四旋翼飞行器自主探测跟踪系统软件设计 ·················· 235

　　　10.4.1　系统总体设计 ·················· 235

　　　10.4.2　IMU 解算任务设计 ·················· 236

　　　10.4.3　飞行器探测跟踪原理 ·················· 240

　10.5　总结 ·················· 241

第 11 章　智能物流码垛小车 ·················· 244

　11.1　项目说明 ·················· 244

　　　11.1.1　设计背景 ·················· 244

　　　11.1.2　设计意义 ·················· 245

　11.2　项目结构设计 ·················· 245

　　　11.2.1　设计思路 ·················· 245

　　　11.2.2　设计关键 ·················· 246

　　　11.2.3　总体结构 ·················· 251

　　　11.2.4　机构原理 ·················· 252

　　　11.2.5　机构设计 ·················· 253

　　　11.2.6　作品设计小结 ·················· 257

　11.3　动力及控制系统 ·················· 258

　　　11.3.1　总电路结构 ·················· 258

　　　11.3.2　主控制芯片选择 ·················· 258

　　　11.3.3　工作流程 ·················· 260

　　　11.3.4　系统硬件电路 ·················· 260

11.3.5 系统软件程序 ·· 265

11.4 总结 ·· 267

第 12 章 轻型移动式地毯清洗机 ·································· 269

12.1 项目说明 ·· 269

12.1.1 设计背景 ·· 269

12.1.2 产品发展现状 ·· 269

12.2 项目结构设计 ·· 270

12.2.1 结构及工作原理 ···································· 270

12.2.2 重要部件 ·· 272

12.2.3 小结 ·· 273

12.3 动力及控制系统 ·· 273

12.3.1 电气设备的选择 ···································· 273

12.3.2 传动系统设计 ·· 276

12.3.3 小结 ·· 276

12.4 总结 ·· 276

第 13 章 自动削皮机设计 ··· 278

13.1 项目说明 ·· 278

13.1.1 设计背景 ·· 278

13.1.2 市场可行性调查 ···································· 279

13.1.3 设计意义 ·· 279

13.2 作品结构设计 ·· 279

13.2.1 设计要求 ·· 279

13.2.2 总体结构设计 ·· 280

13.2.3 作品配件设计 ·· 282

13.2.4 使用注意事项 ·· 283

13.3 动力及控制系统 ·· 284

13.3.1 电动机选择 ··· 284

13.3.2 控制部分 ·· 284

13.4 总结 ·· 285

第 14 章 遥控脉冲汽车轮胎自动冲洗平台 ···················· 288

14.1 项目说明 ·· 288

14.1.1 设计背景 ·· 288

14.1.2 设计意义 ·· 288

14.2 项目结构设计 ·· 289

14.2.1 汽车承载及车轮原地回转部件 ·············· 289

14.2.2 脉冲清洗平台 ·· 289

14.2.3 水循环及泥沙处理部件 ························· 290

14.3 动力及控制系统 ·· 291

14.3.1　冲洗平台机架及滚轴设计 ································· 291

14.3.2　水循环及控制机构 ····································· 292

14.4　总结 ··· 293

第 15 章　立体车库装置 ································· 295

15.1　项目说明 ··· 295

15.1.1　设计背景 ··· 295

15.1.2　设计方案 ··· 296

15.1.3　设计意义 ··· 296

15.2　项目结构设计 ··· 297

15.2.1　设计要求 ··· 297

15.2.2　机构设计 ··· 297

15.2.3　系统电路设计 ··· 298

15.3　软件设计 ··· 299

15.3.1　主程序的设计 ··· 299

15.3.2　按键模块设计 ··· 299

15.3.3　电动机驱动子程序设计 ································· 300

15.4　系统调试 ··· 301

15.4.1　光电传感器调试 ······································· 301

15.4.2　压力传感器调试 ······································· 301

15.5　总结 ··· 302

参考文献 ··· 303

第１篇

基 础 篇

绪　　论

2015 年国务院印发的《中国制造 2025》，提出了实现制造强国的发展目标，对传统工科专业，特别是机电一体化相关专业的人才培养提出了更高的要求。在 2018 年教育部颁布的《普通高等学校本科专业类教学质量国家标准》中，明确了"创造性设计能力和工程实践能力"的两大培养要求。因此，着重培养和提高工科专业人才的创新能力和实践能力尤为迫切。大学生学科竞赛是实施创新创业教育，培养学生动手实践能力和专业综合素养的新型实践教学形式，大学生学科竞赛成为高校开展高水平创新创业教育成果交流与展示的重要平台。学科竞赛的本质是大学生从事创新实践的一种竞技性检验。

因此，国内各大高校兴起了各类机电一体化相关学科竞赛的热潮，其中，既有全国性、权威性的大赛，如全国大学生机械创新设计大赛、全国大学生工程训练综合能力竞赛、全国大学生电子设计竞赛，又有各省、市及各个高校举行的机械设计大赛，如机器人创新大赛。各类学科竞赛的举办，一方面是为了增强大学生特别是工科专业学生的创新意识和学习兴趣；另一方面是为了提高学生的动手能力及培养在校大学生的工程素养。

通过参加各类学科专业竞技类大赛，在巩固理论知识的同时，还可以让学生体验到一种比赛的快乐，那就是创作、创新的快乐。当看到自己设计、制作的作品运行起来的时候，那种喜悦和快乐是溢于言表的。如果学生将自己的作品申请专利，甚至转化为产品，最终推向市场，转换为社会生产力，给人们生活带来便捷，被很多人喜爱，这将带来更大的成就感，而学科竞赛正是给大学生们提供了这样一个展示自我的舞台。

尽管很多学生都想积极参加学科竞赛，但是真正落实到如何去开展，却不知道应该从何处入手。例如，很多同学不清楚设计一个完整的机电一体化作品的流程，如何设计、加工零部件，相关材料和零部件在哪里购买，如何设计、装配机电一体化作品，如何设计动力系统和确定控制方案等。要参加机电一体化相关的学科竞赛，学生必须具备一定的专业知识，掌握电路的设计与制作、机械零件的设计与加工、计算机、单片机、可编程逻辑控制器（programmable logic controller，PLC）等知识。因此，为了给大家提供参加竞赛的方向性指导，本书将解答大学生在制作机电一体化竞赛作品时经常遇到的问题。

本书的编者总结了多年来指导学生参加全国大学生机械设计创新大赛、全国大学生工程训练综合能力竞赛、全国大学生电子设计竞赛的经验，以通俗易懂的形式和大量的竞赛获奖作品为样例，阐述了参加机电一体化竞赛须具备的相关专业知识，将制作和参赛过程中遇到的问题、涉及的相关知识归纳成若干个知识要点，进行详细说明。同时本书把优秀的获奖作品以项目的形式进行介绍，给予比赛学生方向性的参考，也希望有更多的大学生能够在参考本书的同时，制作出属于自己的竞赛作品，鼓励更多的大学生参与到机电一体化相关专业的学科竞赛中。

　　本书的编写目的在于对大学生参加机电一体化类的学科竞赛提供一定的帮助。同时，本书也可作为"全国大学生机械创新设计大赛""全国大学生工程训练综合能力竞赛""全国大学生电子设计竞赛"等相关课程的指导教材，或者作为机械设计制造、电子工程、机电一体化专业的实训项目的辅助教材，也可以作为"机械原理""机械设计""单片机技术""自动控制技术"等机械电子类主干课程的配套教材。

1.1　开展学科竞赛的意义

　　随着科技与经济的发展，社会迫切需要高等院校培养出越来越多的具有创新精神和综合能力的高素质人才，而创新精神和综合能力的培养是离不开"实践"这一环节的。事实证明，大学生在学习期间参加各类学科竞赛，不仅有助于学生理解和掌握理论知识，还能激发学生进行科学研究的兴趣，掌握解决问题的方法和手段，也是挖掘、发挥学生自身潜能，促进学生个性发展的重要举措。

　　面向机械设计专业、电子信息专业和机电一体化专业等的学科竞赛，主要包括全国大学生机械创新设计大赛、全国大学生工程训练综合能力竞赛和全国大学生电子设计竞赛，这些专业类学科竞赛激发了学生的创新精神。实践证明，高校学生在学习期间参加各类比赛不仅能帮助其深入理解和掌握理论知识，而且还可以提高其进行科学探索与研究的兴趣，养成严谨求实、勇于创新的科学态度，学习解决问题的思路、方法和手段，丰富实践知识，锻炼动手能力、交流能力，增强团队精神。同时，这些学科竞赛对学生提高课程设计、实训、毕业设计的质量也有很大的促进作用，甚至对学生未来就业也会带来很大的帮助，可丰富学生简历。实践证明，在应届生求职过程中，企业更喜欢和倾向于聘用参加过学科竞赛和动手实践能力强的学生。

　　全国大学生机械创新设计大赛、全国大学生工程训练综合能力竞赛、全国大学生电子设计竞赛是国家教育委员会提议在高等院校组织开展的权威性学科竞赛，是面向全国大学生的群众性科技活动。第一届全国大学生机械创新设计大赛于 2004 年 9 月在南昌大学举行；全国大学生工程训练综合能力竞赛启动时间比较晚，第一届于 2009 年在大连理工大学举行；第一届全国大学生电子设计竞赛于 1994 年开始，每两年举办一次。教育部大力鼓励工科学生参加此类含金量高的学科竞赛所体现的意义主要包含以下几点。

　　1) 学科竞赛有利于提高学生的实践能力

　　在对工科大学生的人才培养方案中，只注重理论而弱化实践如空中楼阁，一味地强调实践而无基础理论如无源之水，学生参加学科竞赛正是理论和实践的完美结合。学科竞赛要求学生在实践过程中灵活运用理论知识，要想做到灵活运用，首先必须对专业知识有深入的理解和掌握，其次还应有一定的实践和动手能力，这种实践能力在学校的实践教学环节能够得到一定的培养，但是就目前普通高校的课程设置体系而言，实践教学环节课程设置不足的现象非常普遍。此时，实践性很强的学科竞赛为学生提供了另一个理论联系实践的平台，是学生实践教学环节的补充，对学生的综合实践能力从更高的层次进行检验检测。学科竞赛一般以课堂理论为基础，但又高于课堂理论，需要结合社会生产实践。学科竞赛的实践性可以说是介于高校实践课程和生产现实之间,为高校实践能力培养和企业用人需求之间搭建了一座很好的桥梁。

2)学科竞赛有利于激发创新意识,培养创新思维,提高创新能力

举办学科竞赛的初衷正是为了提高学生的综合素质,培养学生的创新能力,使学生构建解决实际问题的思维意识。从人才培养的角度,可以说是溯本求源、目的一致。同时,学科竞赛主要侧重于考查参赛者实际分析、解决问题的能力,强调创新意识和思维亮点,是一条培养高素质和创新能力人才的重要途径。

学科竞赛所含内容一般涉及多个专业领域,至少是多门课程的综合和拓展,这对学生提出了更高的要求,要求学生必须具备扎实的专业基础、对知识深度挖掘的强烈欲望,以及在实践过程中对于知识应用的创新热情。近年来,杭州师范大学钱江学院电子信息专业学生持续参加全国大学生电子设计竞赛(此项比赛属于国家级重点比赛项目,比赛强调实践、创新、创造,评审标准包括创新性、实用性、技术先进性等指标),完成了电子设计竞赛的控制类题目四旋翼飞行器的整个任务。对题目总体方案、构建、设计、制作进行大量的分析和判断,主动探索,不断尝试,不断实践,最终成功完成作品方案。

3)学生团队意识、组织能力、科研素养得到提高

除了专业知识结构不断拓宽,学生的团队意识、组织能力、协作精神也得到了培养。通过学科竞赛,学生能合理地构建科研知识结构,激发探索欲望和创新意识,为培养良好的科研素养、独立开展科研工作打下了坚实的基础。

4)可以以学科竞赛为载体,促进人才培养模式、课程体系的改革

学科竞赛的作品、题目一般与该学科比较前沿性的研究方面或课题契合,学科竞赛使用的实验方法一般是工科专业普遍使用的。作为教师,在多次指导学科竞赛过程中积累了大量经验,这些经验应直接对接课程体系,作为课程体系建设的参考因素之一。深化课程体系和教学内容改革,丰富教学方法和教学手段是高校对课程建设的基本要求。在专业课程中融入学科竞赛,把教学目标、教学手段、教学内容与创新思维、创新意识、实践能力培养融合起来,最终实现提升理论教学与创新教育水平的目的;同时开设以学科竞赛典型案例为主要内容的课程体系,通过案例教学扩大创新教育普及范围,打造良好的创新教育基础;加强通识教育,奠定创新基础,鼓励学生选修创新类拓展课程,培养创新思维;把最新的科技成果融入课堂,增强科技竞赛吸引力,激发大学生主动参与学科竞赛的兴趣,进而培养大学生的创新能力,从而完成工科类人才培养模式的改革。

5)通过学科竞赛提高师资队伍建设水平,促进实践教学

教师自身的创新能力素养直接关系到学生创新能力的培养,通过本专业的学科竞赛培训、比赛,教师的实践创新能力也得到了锻炼和发展。竞赛的试题反映了当代机电一体化技术的先进水平,随着竞赛规模和影响的不断扩大,大赛日趋强调作品的创新设计和创新思想,参赛学生想要从中脱颖而出,创新思想很重要。这就要求指导教师在指导学生的过程中密切关注科技前沿,培养创新思想,增强实践创新能力。通过竞赛,教师会发现平时教学中的不足,进而改进以后的教学,同时又能把在竞赛中出现的新技术、新原理、新器件等经过研究、整理后,渗透到以后的课堂教学中,更新和扩充教学内容,探索各种灵活的教学方法和手段,以达到良好的效果。

1.2　国内机电一体化类学科竞赛开展情况

鉴于学科竞赛在培养创新人才方面的突出作用,国家高度重视学科竞赛的发展。2007年,国家颁布的《教育部　财政部关于实施高等学校本科教学质量与教学改革工程的意见》指出:要继续开展大学生竞赛活动,重点资助在全国具有较大影响和广泛参与面的大学生竞赛活动,激发大学生的兴趣和潜能,培养大学生的团队协作意识和创新精神。据统计,自2007年该文件出台以来,教育部资助了全国大学生机械创新设计大赛、全国大学生电子设计竞赛等16项学科竞赛,表1-1列出了大赛的名称。

表1-1　教育部资助的大学生学科竞赛

序号	大 赛 名 称	序号	大 赛 名 称
1	全国大学生智能汽车竞赛	9	中国(国际)传感器创新创业大赛
2	全国大学生电子设计竞赛	10	全国大学生数学建模竞赛
3	全国大学生物流设计大赛	11	全国大学生节能减排社会实践与科技竞赛
4	全国大学生化学实验邀请赛	12	全国大学生软件创新竞赛
5	全国大学生机械创新设计大赛	13	全国大学生物理实验竞赛
6	全国大学生可持续建筑设计竞赛	14	全国大学生结构设计竞赛
7	全国大学生工程训练综合能力竞赛	15	全国大学生电子商务"创新、创意及创业"挑战赛
8	全国大学生交通科技大赛	16	全国大学生控制仿真挑战赛

从表1-1中可以看出,针对机械设计专业、电子信息专业、机电一体化专业的人才培养需求,教育部组织的相关学科竞赛主要有全国大学生机械创新设计大赛、全国大学生工程训练综合能力竞赛、全国大学生电子设计竞赛。下面主要介绍以上3项比赛分别在国内高校的开展情况。

1. 全国大学生机械创新设计大赛

全国大学生机械创新设计大赛是经教育部高等教育司批准,由教育部高等学校机械学科教学指导委员会主办,机械基础课程教学指导委员会、全国机械原理教学研究会、全国机械设计教学研究会、北京中教仪科技有限公司联合著名高校共同承办,面向大学生的群众性科技活动。大赛的目的在于引导高等学校在教学中注重培养大学生的创新设计意识、综合设计能力与团队协作精神;加强学生动手能力的培养和工程实践的训练,提高学生针对实际需求通过创新思维,进行机械设计和工艺制作等实践工作能力;吸引、鼓励广大学生踊跃参加课外科技活动,为优秀人才脱颖而出创造条件。从2004年到2020年,全国大学生机械创新设计大赛已经连续举行了9届。第一届全国大学生机械创新设计大赛于2004年9月在南昌大学举行。第二届以"健康与爱心"为主题,于2006年10月在湖南大学举行。第三届以"绿色与环境"为主题,于2008年秋季在武汉举行。第四届(2010年)在东南大学举行,主题为"珍爱生命,奉献社会"。第五届(2012年)在西安举行,主题为"幸福生活——今天和明天",内容为"休闲娱乐机械和家庭用机械的设计和制作"。第六届(2014年)在北京理工大学举行,主题为"幻·梦课堂",内容为"教室用设备和教具的设计与制作"。第七届(2016

年)在山东交通学院举行,主题为"服务社会——高效、便利、个性化",内容为"钱币的分类、清点、整理机械装置,不同材质、形状和尺寸商品的包装机械装置,商品载运及助力机械装置"。第八届(2018 年)在浙江工业大学举行,主题为"关注民生、美好家园",内容为两个:"一是解决城市小区中家庭用车停车难问题的小型停车机械装置的设计与制作;二是辅助人工采摘包括苹果、柑橘、草莓等 10 种水果的小型机械装置或工具的设计与制作"。第九届(2020 年)在西南交通大学举行,有两大特色:一是"实物参赛、机电结合、系统训练、创新应用";二是大赛的获奖率不高,一等奖的获奖率仅为 3%。

由上述历届大赛可以看出,全国大学生机械创新设计大赛虽然开展较晚,但发展迅速,规模越来越大,影响越来越广。同时,该项赛事也越来越得到各省、市和高校的重视。国内各省、市及高校的机械竞赛大多于 2005 年开始,是为参加下一届全国大学生机械创新设计大赛做准备。例如,2007 年浙江省第四届大学生机械设计大赛,共有 130 余支队伍参加省内决赛;而在此之前,有的学校已经在校内进行了两轮甚至三轮的预赛;参加人数之多,影响范围之广,前所未有,具有非常积极的意义。国内组织竞赛较早的高校,如浙江大学,从 1995 年开始,就在国内率先举办机械设计大赛,学界反映良好,影响巨大。

2. 全国大学生工程训练综合能力竞赛

全国大学生工程训练综合能力竞赛是教育部高等教育司发文举办的全国性大学生科技创新实践竞赛活动,是基于国内各高校综合性工程训练教学平台,为深化实验教学改革,提升大学生工程创新意识、实践能力和团队合作精神,促进创新人才培养而开展的一项公益性科技创新实践活动。该竞赛是有较大影响力的国家级大学生科技创新竞赛,是教育部、财政部资助的大学生竞赛项目,目的是加强学生创新能力和实践能力培养,提高本科教育水平和人才培养质量。为开办此项竞赛,经教育部高等教育司批准,专门成立了全国大学生工程训练综合能力竞赛组织委员会和专家委员会。竞赛组织委员会秘书处设在大连理工大学。竞赛每两年举办一届。举办该竞赛的目的是促进各高校提高工程实践和工程训练教学改革和教学水平,培养大学生的创新设计意识、综合工程应用能力与团队协作精神,促进学生基础知识与综合能力的培养、理论与实践的有机结合,养成良好的学风,为优秀人才脱颖而出创造条件。首届全国大学生工程训练综合能力竞赛全国总决赛于 2009 年 10 月在大连理工大学隆重举行。第二届全国总决赛于 2011 年 6 月在大连理工大学举行,主题为"无碳小车"。第三届全国总决赛于 2013 年 6 月在大连理工大学举行,主题为"无碳小车越障竞赛"。第四届全国总决赛于 2015 年 5 月在合肥工业大学举行,主题为"无碳小车越障竞赛"。第五届全国总决赛(合肥赛)于 2017 年 5 月在合肥工业大学举行,主题为"重力势能驱动的自控行走小车越障竞赛"。第六届全国总决赛于 2019 年 6 月在天津职业技术师范大学举行,竞赛命题包含 2 类 4 项,即无碳小车类和移动机器人类,其中无碳小车类的 3 项命题分别为 S 形赛道常规赛、8 字形赛道常规赛、S 环形赛道挑战赛。第七届全国总决赛于 2021 年 9 月在北京举行,以"守德崇劳工程创新求卓越,服务社会智造强国勇担当"为主题,共设置 4 大赛道 13 个赛项:①工程基础赛道,包括势能驱动车、热能驱动车和工程文化 3 个赛项;②"智能＋"赛道,包括智能物流搬运、水下管道智能巡检、生活垃圾智能分类和智能配送无人机 4 个赛项;③虚拟仿真赛道,包括飞行器设计仿真、智能网联汽车设计、工程场景数字化和企业运营仿真 4 个赛项;④工程创客赛道,包括关键核心技术挑战和未来技术探索 2 个赛项。

3. 全国大学生电子设计竞赛

全国大学生电子设计竞赛是教育部、工业和信息化部共同发起的大学生学科竞赛之一，是面向大学生的群众性科技活动。竞赛的特点是与高等学校相关专业的课程体系和课程内容改革密切结合，以推动其课程教学、教学改革和实验室建设工作。电子设计竞赛有助于高等学校实施素质教育，培养大学生的实践创新意识与基本能力、团队协作的人文精神和理论联系实际的学风；有助于学生工程实践素质的培养、提高学生针对实际问题进行电子设计制作的能力；有助于吸引、鼓励广大青年学生踊跃参加课外科技活动，为优秀人才的脱颖而出创造条件。第一届全国大学生电子设计竞赛于 1994 年举行，1995 年举办第二届，后面每两年举办一届，至 2021 年已经举办 15 届。竞赛时间定于竞赛举办年度的 8 月，赛期 4 天，采取 4 天 3 夜的半封闭式、相对集中的训练模式。针对机电一体化方向的学生，主要以电子设计竞赛的控制类题目为主，如水温控制系统、自动往返电动小汽车、简易智能电动车、液体点滴速度监控装置、风力摆控制系统、滚球控制系统、四旋翼飞行器等。竞赛题目内容既有理论设计，又有实际制作，以全面检验和加强参赛学生的理论基础和实践创新能力为最终目的。

全国大学生电子设计竞赛不仅对工科类人才的培养起到了积极的作用，而且也是各高校教学改革的重要环节。电子设计竞赛对提高学生的动手实践能力、推动大学实验教学的改革起到了积极的推动作用。对于大学生来说，电子设计竞赛有利于培养团队精神，增强动手能力，培育创新意识，加强从事科学研究的综合训练，还可以提高方案论证、数据处理、误差分析、撰写设计说明书的能力。

在这 3 项机电一体化竞赛中，考核的形式、目标对象和侧重点都有所不同。全国大学生机械创新设计大赛主要培养学生的结构创新意识，体现在"创新"二字，要么是前人没有做过的东西，要么是在原有的基础上做出较大的改进和完善。全国大学生工程训练综合能力竞赛和全国大学生电子设计竞赛属于竞技类比赛，要求作品能够有效地完成比赛规定的动作。不管是哪种类型的比赛，同学们都能从本书提供的方案中得到一些启发和帮助。

1.3 本书主要内容及特点

1. 本书主要内容

本书主要内容与机械、电子、机电一体化专业竞赛紧密相关，从理论以及实际操作方面给予学生最直接的指导，使学生对机电一体化竞赛有全面的了解和认识，同时给出在全国大学生机械创新设计大赛、全国大学生工程训练综合能力竞赛和全国大学生电子设计竞赛中获得国家级一等奖、二等奖，省级一等奖、二等奖的优秀作品案例，从而引导参赛学生找准比赛方向，提高今后的竞赛成绩。全书共分 15 章。

第 1 章绪论。主要介绍本书编写的目的及意义，国内大学生机电一体化相关类学科竞赛的开展情况，本书的主要内容及特点。

第 2 章机电一体化概论。从机电一体化的来历、基本概念，机电一体化系统与传统机械、电子控制系统的差异,机电一体化的组成要素与原则、主要特征和发展特点等方面进行介绍,让学生参加比赛设计机电一体化作品时有一个原理上的认识。

第 3 章机械设计总论。从基本概念、组成、设计要求、设计方法、设计准则、零件材料及其选用等角度进行讲解,详细介绍在学科竞赛中经常用到的各种方案。

第 4 章执行元件。讲述电动机驱动部件及驱动方式,直流伺服电动机、步进电动机和伺服电动机的工作原理和控制方式,在设计机电一体化竞赛作品时电动机型号、规格、参数的选择。

第 5 章常用机构。讲述常用固定连接机构、常用活动连接机构和常用传动机构等。

第 6 章 STM32 微控制器。为了方便大家进行控制部分的设计,该章对大学生设计竞赛作品时常用的控制芯片 STM32 进行详细介绍,同时基于该控制系统给出基础案例,给出详细的硬件电路、软件系统和详细代码,为设计机电一体化作品的控制系统提供参考。

第 7 章传感器技术。传感器技术是机电一体化系统的感知部件,是实现自动控制、自动调节的关键环节。该章介绍学生设计机电一体化作品时常用的传感器类型,以及各类传感器的技术特点、工作原理、性能分析等。

第 8 章控制系统综合应用案例。结合控制处理器 STM32 和传感器技术,给出单片机综合应用案例,旨在为参赛学生控制应用指明方向。

第 9～15 章总计 7 章给出参赛大学生参加全国大学生机械创新设计大赛、全国大学生工程训练综合能力竞赛和全国大学生电子设计竞赛的优秀作品案例,对参赛人员撰写理论方案、作品设计说明书具有一定的帮助。

2. 本书特点

本书与实践联系紧密,在指导机电一体化相关专业的学生参加各类学科竞赛的同时,还有利于提高学生的综合素质和创新能力,开阔视野。本书内容形式多样,既有机电一体化的基础知识,又有单片机技术、传感器技术的基本理论,不仅梳理了学生在设计竞赛作品时常用的理论知识,而且给出了优秀的作品案例作为参考,对于内容的编排,有一定的新意。

(1) 本书的内容与全国大学生机械创新设计大赛、全国大学生工程训练综合能力竞赛、全国大学生电子设计竞赛紧密结合,可帮助大学生在各类机电一体化相关竞赛中取得优异成绩。

(2) 本书包含多年来参赛学生及指导教师在竞赛过程中积累的大量创新思想、创新方法,对参赛学生具有一定的启发作用。

(3) 本书包含大量的简图、实物照片、三维仿真图形,同时给出了控制系统的硬件电路设计、软件设计及竞赛作品实例等,可以增强学生们的感性认识,扩大学生的知识面。

第2章　机电一体化概论

机电一体化技术是将机械、电子与信息技术进行有机结合,以实现工业产品和生产过程整体最优的一种新技术。它综合了机械与精密机械、微电子与计算机、自动控制与驱动装置、传感器与信息处理技术及人工智能等多学科的最新科研成果。随着机械制造技术与其他高新技术的日益融合、集成,机电一体化已逐渐成为现代机械系统的本质特征。相比于传统机械系统,机电一体化系统结构、信息处理及控制方式等的改变导致了其功能、性质和设计方法的极大变化。

研究机电一体化系统的创新设计理论、方法及应用,是关系到我国能否凭借自主知识产权产品跻身世界制造强国的关键。在机电一体化系统创新设计过程中,概念设计阶段的设计方案创新是原创性程度较高的创新。为了给设计决策奠定正确的基础,机电一体化系统研发急需科学的设计理论和方法的指导。目前,大学生在参加机电一体化相关的学科竞赛时,所设计的机电一体化作品的系统方案基本上是依赖于指导教师和学生设计者的经验,并没有形成科学的设计方法,因此在机电一体化系统方案的创新设计中,如何从依赖设计者的经验设计,进化到遵循科学理论和方法的理性设计,是机电一体化作品能否产生创新方案的关键。

大学生参加学科竞赛若要设计出具有创新性的机电一体化作品,就需要深刻理解机电一体化的基本内涵。本章给出机电一体化的来历、基本概念,机电一体化系统与传统机械、电子控制系统的差异,机电一体化的组成要素与原则、主要特征等,旨在培养大学生在设计机电一体化作品时的科学设计理念并给予方法指导。好的设计方法论有助于大学生设计自己作品时以最优的方式完成系统开发工作,同时在设计机电一体化系统方案上有一定的创新设计,这也是本书要达成的最终目标。

综上所述,在设计机电一体化作品时,让大学生对机电一体化的基本概念和相关技术有所了解是有科学意义的。

2.1　机电一体化的来历

机电一体化(mechatronics)是用英文 mechanics 的前半部分和 electronics 的后半部分构成的一个新词,意思是机械技术和电子技术的有机结合。这一名称已得到世界各国的承认,我国的工程技术人员习惯上把它译为机电一体化技术。机电一体化又称为机械电子技术,是机械技术、电子技术和信息技术有机结合的产物。随着计算机技术的迅猛发展和广泛应用,机电一体化获得了前所未有的发展。现在的机电一体化使机械和电子技术更加紧密地结合,其发展使传统机器变得人性化、智能化。

2.2 机电一体化的基本概念

机电一体化是在现代工业的基础上,综合应用机械技术、微电子技术、信息技术、自动控制技术、传感测试技术、电力电子技术、接口技术和软件编程技术的群体技术,从系统理论出发,根据系统功能目标和结构目标,以智力、动力、结构、运动和感知组成要素为基础,对各组成要素及其信息处理、接口耦合、运动传递、物质运动、能量变换进行研究,使整个系统有机地结合,并在系统程序和微电子电路的有序信息流控制下,形成物质和能量的有规则运动,在高功能、高质量、高精度、高可靠性、低能耗等诸多方面实现多种技术功能复合的最佳功能价值系统工程技术。

机电一体化打破了传统的机械原理、电子工程、信息工程和控制工程等旧学科的分类,是一门融合机械技术、电子技术、信息技术等多种技术为一体的新兴交叉学科,图2-1为机电一体化与其他技术交叉分布图。从图中可以看出,可以从不同的观点出发来探究机电一体化系统。例如,从机械工程的观点来看,机电一体化系统可被视为已有机械问题的新的解决方案;从电子控制工程的观点来看,机电一体化系统可看作一种(单片机)可控的动态机械系统;从信息科学软件工程的观点来看,机电一体化系统又是嵌入式的实时系统,可对系统的结构、行为和数据进行逻辑建模、分析和模拟。

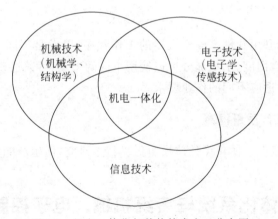

图 2-1 机电一体化与其他技术交叉分布图

机电一体化系统的显著特点是,为了实现预期的机械变换过程,机械技术、电子技术和信息技术(主要是电子和软件技术)需要紧密协同和集成。这种协同和集成使设计者在生成建设性的解决方案方面拥有更大的自由度,更能满足多样化的用户需求:机械技术能够生成物理结构和运动,信息技术和电子控制技术能够加快功能执行的速度和精度,便于引入和实现逻辑行为及控制,三者共同孕育出新颖独特的机电一体化系统,并且最终系统的功能大于其各子系统(部件)的功能之和。相比于单一技术系统,机电一体化系统结构更简单、成本更低、性能更强,有采用其他途径难以实现的更多功能和更好的柔性。

随着机电一体化相关技术的快速发展,机电产品的外观更加人性化、功能更加强大、更加轻巧、可靠性更高。当今的机电一体化产品与传统的机电产品相比,有以下优势。

1. 功能增强并且应用广泛

机电一体化产品最显著的特点是以多种技术的系统优化集成为出发点突破了原来传统机电产品的单技术和单功能的局限性,将多种技术与功能集成于一体,其功能更加强大,能适用于不同的场合和不同的领域,满足用户需求的应变能力较强。

2. 精度大大提高

机电一体化简化了机构,减少了传动部件,从而使机械磨损、配合及受力变形等所引起的误差极大减小,同时采用计算机检测与控制技术补偿和校正因各种干扰造成的动态误差,从而达到单纯用机械技术所无法实现的工作精度。

3. 安全性和可靠性提高

机电一体化产品一般具有自动监控、报警、自动诊断、自动保护、安全联锁控制等功能,能够避免人身伤害和设备事故的发生,提高设备的安全性和可靠性。

4. 操作性改善

机电一体化产品采用计算机程序控制和数字显示,具有良好的人机界面,减少了操作按钮及手柄,改善了设备的操作性能,减少了操作人员的培训时间,从而可简化操作。

5. 柔性提高

所谓柔性,即可以利用软件来改变机器的工作程序,以满足不同的需要。例如,工业机器人具有较多的运动自由度,手爪部分可以换用不同的工具,可通过改变控制程序来改变运动轨迹和运动姿态,以适应不同的作业要求。

6. 生产能力和工作质量提高

基于虚拟原型的机电一体化设计建模与仿真技术研究,使生产能力和工作质量提高。

2.3 机电一体化系统与传统机械、电子控制系统的差异

1. 机电一体化系统与传统机械系统的差异

电子控制技术、信息科学技术(主要是电子和软件技术)在机电一体化系统中的应用,使机电一体化系统与传统机械系统存在着以下本质差异:

(1) 逻辑行为是机电一体化系统的重要特征,且通常较复杂。为获得具有预期性能的系统,需要开发逻辑建模的方法。

(2) 相比传统机械系统,机电一体化系统要柔性化得多,更易于改变、易于适应需求的变化。因此,为了提出创新的方案,了解系统的使用场合极其必要。

（3）电子和信息技术为机电一体化系统提供了新的功能和人机通信方式。

（4）相比传统机械系统，机电一体化系统的物理实现（生产、制造）相对简单，软件的物理实现就更简单。

（5）机电一体化也带来了一些风险和缺陷，如软件中的错误、电磁干扰等。

2. 机电一体化系统与传统电子控制系统的差异

机电一体化系统通常要完成若干机械变换过程，这使机电一体化系统与传统电子控制系统存在着以下本质差异：

（1）机电一体化系统中的一些机械变换（如运动）过程无法完全由电子控制技术来完成。

（2）对机械过程的控制是机电一体化系统设计中的重要问题，设计者需要了解机械变换过程和控制原理。

（3）在电子控制技术和机械间存在着接口（即传感器和制动器），接口是不同技术的交汇点。因此，必须要确定接口的原理，还要知道在系统真实使用环境中的物理条件。

（4）因为包含有机械零部件，机电一体化系统的制造问题变得重要。

（5）环境因素（如温度、振动、安全性等）变得重要。

（6）机械实体（零部件）会磨损失效，而软件则从来不会。

总而言之，机电一体化的关键要素包括机械变换（通常为机械运动）、逻辑行为、电子控制、不同技术间的协同及不同方案之间的折中。因此，大学生设计与开发机电一体化作品的挑战在于：既要有机械结构的创新意识，又要有电子技术的控制理念，视系统为整体，进行机械和电子控制的跨领域设计。

2.4　机电一体化的组成要素与原则

1. 组成要素

一个机电一体化系统中一般由结构组成要素、动力组成要素、感知组成要素、智能组成要素、运动组成要素等 5 大组成要素有机结合而成。

（1）结构组成要素（机械本体）是系统的所有功能要素的机械支持结构，一般包括机身、框架、支撑、连接等。

（2）动力组成要素（动力驱动部分）依据系统控制要求，为系统提供能量和动力，以使系统正常运行。

（3）感知组成要素（测试传感部分）对系统的运行所需要的本身和外部环境的各种参数和状态进行检测，并变成可识别的信号，传输给信息处理单元，经过分析、处理后产生相应的控制信息。

（4）智能组成要素（控制及信息处理部分）将来自测试传感部分的信息及外部直接输入的指令进行集中、存储、分析、加工处理后，按照信息处理结果和规定的程序与节奏发出相应的指令，控制整个系统有目的地运行。

（5）运动组成要素（执行机构）根据控制及信息处理部分发出的指令，完成规定的动作和功能。

2. 组成原则

构成机电一体化系统的 5 大组成要素其内部及相互之间都必须遵循接口耦合、能量转换、信息控制和运动传递 4 大原则。

（1）接口耦合：两个需要进行信息交换和传递的环节之间，由于信息模式不同（数字量与模拟量、串行码与并行码、连续脉冲与序列脉冲等）无法直接传递和交换，必须通过接口耦合来实现。而两个信号强弱相差悬殊的环节，也必须通过接口耦合后才能匹配。变换放大后的信号要在两个环节之间可靠、快速、准确地交换与传递，必须遵循一致的时序、信号格式和逻辑规范才行，因此接口耦合时就必须具有保证信息的逻辑控制功能，使信息按规定的模式进行交换与传递。

（2）能量转换：两个需要进行传输和交换的环节之间，由于模式不同而无法直接进行能量的转换和交流，必须进行能量的转换，能量的转换包括执行器、驱动器和它们的不同类型能量的最优转换方法及原理。

（3）信息控制：在系统中，作为智能组成要素的系统控制单元，在软、硬件的保证下，完成信息的采集、传输、储存、分析、运算、判断、决策，以达到信息控制的目的。对于智能化程度高的信息控制系统还包含知识获得、推理机制及自学习功能等知识驱动功能。

（4）运动传递：运动传递是构成机电一体化系统各组成要素之间不同类型运动的变换与传输及以运动控制为目的的优化。

2.5　机电一体化的主要特征

1. 整体结构最优化

在传统的机械产品中，为了增加一种功能，或实现某一种控制规律，往往采用增加机械机构的方法来实现。例如，为了达到变速的目的，出现了由一系列齿轮组成的变速箱；为了控制机床的走刀轨迹，出现了各种形状的靠模；为了控制柴油发动机的喷油规律，出现了凸轮机构等。随着电子技术的发展，人们逐渐发现，过去笨重的齿轮变速箱可以用轻便的变频调速电子装置来代替；准确的运动规律可以通过计算机软件来调节。由此看来，可以从机械、电子、硬件、软件 4 个方面来实现同一种功能。这里所指的"最优"不一定是尖端技术，而是指满足用户的要求，它可以是以高效、节能、节材、安全、可靠、精确、灵活、价廉等许多指标中，用户最关心的一个或几个指标为主进行衡量的结果。机电一体化的实质是从系统的观点出发，应用机械技术和电子技术进行有机的组合、渗透和综合，以实现系统的最优化。

2. 系统控制智能化

系统控制智能化是机电一体化与传统的工业自动化最主要的区别之一。电子技术的引入显著地改变了传统机械单纯依靠操作人员按照规定的工艺顺序或节拍频率、紧张、单调、重复的工作状况,而是可以靠电子控制系统,按照预定的程序一步一步地协调各相关机构的动作及功能关系。目前,大多数机电一体化系统都具有自动控制、自动检测、自动信息处理、自动修正、自动诊断、自动记录、自动显示等功能。在正常情况下,整个系统按照人的意图(通过给定指令)进行自动控制,一旦出现故障,就自动采取应急措施,实现自动保护。在某些情况下,单靠人的操作是难以应付的,特别是在危险、有害、高速、精确的使用条件下,应用机电一体化不但是有利的,而且是必要的。

3. 操作性能柔性化

计算机软件技术的引入,能使机电一体化系统的各个传动机构的动作通过预先给定的程序,一步一步地由电子系统来协调。在生产对象变更需要改变传动机构的动作规律时,无需改变其硬件机构,只要调整由一系列指令组成的软件,就可以达到预期的目的。这种软件可以由软件工程人员根据控制要求事先编好,使用磁盘或数据通信方式,装入机电一体化系统里的存储器中,进而对系统机构动作实施控制和协调。

2.6 机电一体化的发展历程及特点

1. 机电一体化的发展历程

数控机床的问世写下了机电一体化历史的第一页。我国的数控机床制造业在20世纪80年代曾有过高速发展阶段,尤其是在1999年后,国家向国防工业及关键民用工业部门投入了大量技术改造资金,使数控设备制造市场一派繁荣。

微电子技术为机电一体化带来了勃勃生机。我国的集成电路产业起步于1965年,经过多年发展,已初步形成包括设计、制造、包装业共同发展的产业结构。

可编程逻辑控制器、电力电子技术等的发展为机电一体化提供了坚强基础。20世纪60年代后期,美国汽车制造业开发了一种模块化数字控制器(modular digital controller,MODICON)取代继电控制盘。MODICON是世界上第一种投入商业生产的PLC,70年代PLC崛起并首先在汽车工业获得大量应用;80年代PLC走向成熟,全面采用微电子及微处理器技术;90年代走向迅速发展阶段,其特征是在保留PLC功能的前提下,采用面向现场总线网络的体系结构,采用开放的通信接口,如以太网、高速串口,采用各种相关的国际工业标准,从而使PLC和分布式控制系统(distributed control systems,DCS)等原来处于不同硬件平台的系统,随着计算技术、通信技术和编程技术的发展,趋向于建立同一硬件平台,运用同一个操作系统、同一个编程系统,执行不同的PLC和DCS功能。这就是真正意义上的机电一体化。

激光技术、模糊技术、信息技术等新技术使机电一体化跃上了新台阶。以激光技术为首的光电子技术是未来信息技术发展的关键技术,它集中了固体物理、波导光学、材料科学、微细加工和半导体科学技术的科研成就,成为电子技术与光子技术自然结合与扩展、具有强烈应用背景的新兴交叉学科,对于国家经济、科技和国防都具有重要的战略意义。

2. 机电一体化的发展特点

当今,机电一体化的发展特点主要有以下4个方面。

1) 小型化

随着人们物质生活水平的提高,市场对机电一体化提出了高效率、小体积的新要求。一方面,高效率指的是运行高效率,根据人们的需求不断提高机电一体化的水平,并将之应用到相关工作中,促使设备运行更加准确,提升工作运行效率;另一方面,随着计算机体积的日益减小,小体积成为提升工作效率的一个重要要求,机电一体化技术与计算机信息技术结合,促使机电一体化技术实现自身设备往小型化发展。

2) 系统化

一方面,机电一体化不断提升自动化程度,避免工作纰漏,提升工作效率;另一方面,提升机电一体化自动操作程度后,完善体系建设,形成统一的技术标准,并对基本程序随意组合,灵活运用。但是,由于当前机电一体化技术水平不高,在机电一体化技术发展过程中,人们更注重机电一体化的应用,提升自动操作程度,运用计算机实现自动操作。

3) 绿色化

随着环境问题的日益严重,各个国家越来越重视环境保护。保护自然环境,提升机电一体化水平,缩短产品生产制作的时间,在保证收益的前提下节约能源,成为机电一体化发展的显著特点。此外,机电一体化可以提升制作设备的工作性能,提高运行效率,在运行中降低能量消耗,减少有害物质的排放。因此,工作人员应不断提升自己的工作能力,及时掌控机电一体化技术发展的新趋势,不断完善系统建设,确保制作的成品能够被回收利用。

4) 智能化

计算机信息技术日益成熟,电子技术被广泛应用在机电控制系统中,机电一体化朝着智能化方向发展,很多领域已经实现机电一体化发展。随着科技的进步日新月异,机电一体化设备一方面向大型化、专业化的方向发展;另一方面也同时向微型机械领域进军。可以说机电一体化技术在整个制造业发展中起到了举足轻重的作用。

第 2 篇

机械结构篇

　　机械设计是机械工程师的必修课程,内容主要是分析各机械元件在静止或运动并承受负载状态下,机械元件内部的应力分布与应变;估计机械元件的几何形状、尺寸大小与使用寿命,并进行优化处理以增加机械效率。机械设计所需的基础课程包括静力学、动力学、流体力学、材料力学以及机构学等。

机械设计总论

第 **3** 章

3.1 基本概念

机械设计中常用的基本概念如下。

(1) 零件：组成机器不可再分的单元。它是机器的基本组成要素,也是机械制造中的基本单元,如齿轮、凸轮、连杆体、螺栓、螺母、轴瓦等。

(2) 构件：机械中独立的运动单元。

(3) 工具：没有动力的机械。

3.2 机器(机械)的组成

在我们工作和生活中有很多机器,如摩托车、汽车、起重机、内燃机、缝纫机、织布机、洗衣机、机器人和各种加工机床等,种类繁多。就其功能而言,所有的机器都由原动部分、传动部分、执行部分、操纵系统、控制系统以及辅助系统组成。原动部分和执行部分是机器中的主体。

(1) 原动部分：又称动力系统。它是驱动整部机器完成预定的功能的动力源。原动机的动力输出绝大多数呈旋转运动状态,且转速较高,输出一定的转矩,如蒸汽机、内燃机、电动机、直线电动机。

(2) 传动部分：又称传动系统。它是把原动机的运动和力传递给执行系统的中间装置。传动部分用于传递动力,实现机器预期的运动。机器的功能各异,要求的运动参数和运动形式多不相同,要克服的工作阻力也不一样,但原动力的运动参数、运动形式和运动动力参数范围是有限和确定的,这些往往不能满足执行部分的要求。而传动部分在机器中的作用就是解决这两部分之间的矛盾,起到桥梁作用,把原动力的运动参数、运动形式和动力参数变换为机器执行部分所需要的参数和形式,变速器就是典型的传动装置。

(3) 执行部分：完成机器预定功能的组成部分。执行(工作)部分,是直接完成机器设定功能的部分,如带式运输机中的卷筒及输送带、挖掘机的铲斗、机器人的手臂、手枪钻主轴等。

(4) 操纵系统：一般指通过人工操作来实现启动、离合、制动、变速、换向等要求的装置,如方向盘、离合器踏板等。

(5)控制系统:通过人工操作或测量动件获得的控制信号,经由控制器使控制对象改变其工作参数或运行状态而实现上述要求的装置。

(6)辅助系统:辅助完成机器预定功能的组成部分,如润滑、显示、照明等。

3.3　设 计 要 求

机械设计的一般过程是对机器进行技术设计。一部完整的机器是一个复杂系统,设计过程也是集设计经验和设计创新于一体的创造过程,要很好地把继承和创新结合起来才能设计出高质量的机器。通常一部机器的质量主要由设计质量和制造质量决定,其中设计质量占很大比重。机器的种类很多,但其设计的基本要求大致相同,主要有以下 5 个方面:

(1)避免在预定寿命期内失效的要求,即应保证零件有足够的强度、刚度和寿命。

(2)结构工艺性要求,即设计的结构应便于加工和装配。

(3)经济性要求,即零件应有合理的生产加工和使用维护的成本。

(4)质量小的要求,应节约材料,使零件灵活、轻便。

(5)可靠性要求,质量小则可应降低零件发生故障的可能性。

3.4　设 计 方 法

机械设计方法包括传统设计方法和现代设计方法。

1. 传统设计方法

传统设计方法是目前广泛和长期采用的设计方法。传统的设计方法以经验总结为基础,运用力学和数学的经验、公式、图标、设计手册等作为设计依据,通过经验公式、近似系数等方法进行设计。主要有以下 3 种设计方式。

1)理论设计

理论设计是根据现有的设计理论和实验数据所进行的设计。按照设计顺序的不同,零件的理论设计计算可分为设计计算和校核计算。

(1)设计计算。该计算方法是根据零件的工作情况、要求,进行失效分析,确定零件工作能力准则,并按其理论设计公式确定零件的形状和尺寸。

(2)校核计算。该计算方法是先参照已有实物、图样和经验数据,初步拟订出零件的结构尺寸,然后根据工作能力准则所确定的理论校核公式进行校核计算。

2)经验设计

经验设计是根据同类机器及零部件已有的设计和长期积累的经验而归纳出的经验公式,或者根据设计者的经验用类比法所进行的设计。经验设计简单方便,对于使用要求变化不大且结构形状已典型化的零件,是比较实用可行的,如普通减速器箱体、齿轮、带轮等传动部件的结构设计。

3）模型实验设计

对于尺寸特大、结构复杂、难以进行理论计算的重要零件可采用模型实验设计。即把初步设计的零部件或机器做成小模型或小样机，通过模型或样机实验对其性能进行检验，根据实验结果修改初步设计，从而使设计结果满足工作要求。

常规设计大多数情况下是一个试错过程，通过试算、修正、再试算反复地修正，最后得到一个相对合理的设计结果。

2. 现代设计方法

现代设计方法是以满足市场产品的质量、性能、成本和价格等综合效益最优为目的，以计算机辅助设计技术为主体，研究、改进、创造产品活动过程中所用到的科学方法、理论和技术手段。现代设计方法主要有可靠性设计、动力学设计、计算机辅助设计、智能工程、人机工程、设计方法学、模块化设计、优化设计、人工神经网络方法、虚拟设计、并行设计、摩擦学设计、有限元法、反求工程等。

机械设计在近几十年来发生了相当大的变化，设计方法更趋于科学、完善、精确、高效。现代设计方法主要有以下几种。

1）计算机辅助设计

计算机辅助设计（computer aided design，CAD），即借助计算机进行设计、计算、信息处理，利用计算机具有运算快速准确、存储量大、逻辑判断功能强等特点，通过人和计算机的交互作用完成设计工作。为满足计算机辅助设计的需要，出现了众多的二维、三维设计软件，如 AutoCAD、ProE、UG 等。这些软件的使用极大地节省了设计人员计算和手工绘图的时间。有些软件还具有动态仿真功能。

2）模块化设计

模块化设计是在对一定范围内的不同功能，或相同功能不同性能、不同规格的产品进行功能分析的基础上，划分并设计出一系列功能模块，通过模块的选择和组合就可以构成不同的产品，以满足市场的不同需求。产品模块化的主要目标之一是以尽可能少的模块种类和数量组成尽可能多的种类和规格的产品，便于生产的组织与管理以及产品的维修。

3）优化设计

优化设计是将设计问题的物理模型转化为数学模型，运用最优化数学理论，以计算机为手段，根据设计所追求的性能目标，建立目标函数，在满足给定的各种约束条件下，寻求最优的设计方案。机械设计小到一个零件，大到一台机器或系统，都存在优化设计的问题。

4）专家系统

专家系统是一种能够在专家水平上工作的计算机程序系统。由于它既具有领域专家的丰富知识，又能进行逻辑推理，因此，它能够在特定的领域和范围内，运用领域专家的专门知识的推理能力，解决各种问题。在机械设计中应用机械设计专家系统，可以明显提高设计效率和设计质量，获得较好的综合效益。

5）机械动态设计与仿真

机械动态设计与仿真是现代机械设计区别于传统机械设计的重要特征之一，是根据机械产品的动载情况，以及对该产品提出的动态性能要求与设计准则，按动力学方法进行分析计算、优化与实验，并反复进行的设计。这种设计方法通过三维建模、虚拟仿真与样机技术可使机械产品的动态性能在设计时就得到预测和优化。

3.5　机械零件的设计准则

设计机械零件一般要满足预期的工作可靠性和经济指标的要求。要满足工作可靠性要求,就应在设计时使零件在强度、刚度、寿命等方面满足一定条件,这些条件往往是机械零件设计的基本准则。例如,齿轮往往以强度作为基本设计准则,轴承往往以寿命作为基本设计准则。经济指标要求所设计的机械零件成本低廉,这必须从设计和制造两方面着手,选择合适的材料、合理的尺寸和符合工艺要求的结构,并合理规定制造时的公差等级和技术要求等。

下面将针对机械零件设计中涉及的准则逐一展开介绍。

1. 强度准则

强度是机械零件首先应满足的基本要求,是指零件在载荷作用下抵抗断裂、塑性变形及表面损伤的能力。为了保证零件具有足够的强度,计算时,应使其在载荷作用下零件危险剖面或工作表面的工作应力 σ 不超过零件的许用应力 $[\sigma]$,其表达式为

$$\sigma \leqslant [\sigma] \tag{3-1}$$

满足强度要求的另一种表达方式是使零件工作时的实际安全系数 S 不小于零件的许用安全系数 $[S]$,即

$$S \geqslant [S] \tag{3-2}$$

2. 刚度准则

刚度准则是指零件在载荷作用下产生的弹性变形量 y,小于或等于机器工作性能所允许的极限值 $[y]$(许用变形量),即

$$y \leqslant [y] \tag{3-3}$$

注意:

(1) 弹性变形量和挠度是一个概念,即 θ、φ 分别表示扭转角、偏转角,其 $\theta \leqslant [\theta]$,$\varphi \leqslant [\varphi]$;

(2) 随着不同的使用场合,许用变形量 $[y]$ 的大小不同;

(3) 实践证明,能满足刚度要求的零件,一般来说,其强度总是足够的;

(4) $[y]$、$[\theta]$、$[\varphi]$ 分别表示许用挠度、许用扭转角、许用偏转角;

(5) 计算零件强度和刚度时所用的载荷是载荷系数与名义载荷的乘积。(载荷系数:机器在运转时,零件还会受到各种附加载荷,通常记作载荷系数 k。名义载荷:在理想的平稳工作条件下作用在零件上的载荷。)

3. 寿命准则

影响寿命的主要因素有腐蚀、磨损、疲劳。

注意:

(1) 腐蚀、磨损分别设有有效的寿命计算方法;

(2) 关于疲劳寿命,通常是求出零件达到使用寿命时的疲劳极限或额定载荷来作为计算依据。

4. 耐磨性准则

耐磨性是指做相对运动的零件其工作表面抵抗磨损的能力。关于磨损的计算,目前尚无可靠、定量的计算方法,常采用条件性计算:

(1) $P\leqslant[P]$,其中,P 为工作表面的压强,MPa;$[P]$为材料的许用压强,MPa。

目的:保证工作表面不至于由于油膜破坏而产生过度磨损。

(2) $Pv\leqslant[Pv]$,其中,Pv 为工作表面压强与工作速度的乘积,MPa·m/s;$[Pv]$为工作表面压强与工作速度乘积的许用值,MPa·m/s。

目的:保证单位接触表面上单位时间内产生的摩擦功不能过大,以避免产生胶合。

注意:

(1) 磨损会造成的后果有表面形状破坏、强度削弱、精度下降、振动和噪声增大甚至破坏;

(2) 80%的零件失效的基本原因是磨损。

5. 热平衡准则

热平衡准则是指单位时间内的发热量等于同时间内的散热量。

若传动件间有较大的相对滑动速度,则发热量大;若散热条件也差,则会引起工作温度过高,润滑油黏度降低,油膜破坏,引起润滑失效,导致齿面胶合,并加剧磨损。所以,对连续工作的闭式传动进行热平衡计算是为了使产生的热量及时散出去,不发生失效。其失效过程为:温度升高→润滑失效→加剧磨损、胶合→失效。

当热平衡不满足要求时,应采用下列措施,以增加传动的散热能力:①加散热片以增大散热面积;②加装风扇以加速空气的流速;③冷却处理;④提高润滑油的流动速度。

6. 振动稳定性准则

使机器中各个零件的固有频率与激振源的频率错开,以免发生共振为振动稳定性准则,即

$$0.85f > f_p \quad 或 \quad 1.15f < f_p \tag{3-4}$$

式中,f 为零件自振频率;f_p 为激振源的激振频率。

注意:固有频率为物体做自由振动时,其位移随时间按正弦或余弦规律变化的频率。固有频率与初始条件无关,仅与系统的固有特性有关(如质量、形状、材料等)。

3.6　设计中的标准化

1. 标准化的内容

标准化工作包括 3 方面的内容,即标准化、系列化和通用化。标准化是指对机械零件种类尺寸、结构要素、材料性质、检验方法、设计方法、公差配合和制图规范等制定出相应的标准,供设计、制造时共同遵照使用。系列化是指产品按大小分档,进行尺寸优选,或成系列地

开发新品种,用较少的品种规格来满足多种尺寸和性能指标的要求,如圆柱齿轮减速器系列。通用化是指同类机型的主要零部件最大限度地相互通用或互换。由此可见,通用化是广义标准化的一部分,因此它既包括已标准化的项目的内容,也包括未标准化的项目的内容。机械产品的系列化、零部件的通用化和标准化,简称为机械产品的"三化"。

2. 标准化的意义

机械产品的"三化"具有重要意义:①可减少设计工作量,缩短设计周期和降低设计费用,使设计人员将主要精力用于创新思维,用于多方案优化设计,从而更有效地提高产品的设计质量,开发更多的新产品。②便于专业化工厂批量生产,提高标准件(如滚动轴承、螺栓等)的质量,最大限度地降低生产成本,提高经济效益。③便于维修时互换零部件。

3. 我国标准的分类

我国现行标准中,有国家标准(GB)、行业标准(如 JB、YB 等)、地方标准和团体标准、企业标准。为有利于国际间的技术交流和进出口贸易,特别是我国加入世界贸易组织(WTO)以后,现有标准已向国际标准化组织(ISO)标准靠拢。

3.7　零件材料及其选用

1. 常见的零件材料

常见零件材料包括金属材料、高分子材料、陶瓷材料、复合材料等。

1) 金属材料

在各类工程材料中,金属材料(尤其是钢铁)使用最广。据统计,在机械制造产品中,钢铁材料占 90%以上。钢铁之所以被大量使用,是因为除了具有较好的力学性能(如强度、塑性、韧性等)外,其价格相对便宜和容易获得,而且能满足多种性能和用途的要求。在各类钢铁材料中,由于合金钢的性能优良,因而常用来制造重要的零件。除钢铁以外的金属材料均称为有色金属。在有色金属中,铝、铜及其合金的应用最多。其中,有的质量较小,有的具有导热和导电性能好等优点,通常还可用于有减摩及耐腐蚀要求的场合。

(1) 钢:强度很高、塑性较好、可承受很大载荷,且可进行热处理以提高和改善其机械性能。品种包括碳钢、合金钢、铸钢、锻钢。

(2) 铸铁:具有良好的铸造、切削加工、抗磨、抗压和减振性能。品种包括灰铸铁、球墨铸铁及特殊性能铸铁。

(3) 有色金属合金:具有某些特殊性能,如良好的减摩性、耐腐蚀性、导电导热性等。品种包括铜合金、铝合金等。

2) 高分子材料

高分子材料按特性通常可分为塑料、橡胶及纤维等类型。高分子材料有许多优点,如:原料丰富,可以从石油、天然气和煤中提取,获取时所需的能耗低;密度小,平均只有钢的1/6;在适当的温度范围内有很好的弹性;耐蚀性好等。例如,有"塑料王"之称的聚四氟乙烯有很好的耐蚀性,其化学稳定性也极好,在极低的温度下不会变脆,在沸水中也不会变软。因此,聚四氟乙烯在化工设备和冷冻设备中有广泛应用。

但是,高分子材料也有明显的缺点,如容易老化,其中不少材料阻燃性差,总体上讲,耐热性不好。

3) 陶瓷材料

用于工程结构的陶瓷材料,有以 Si_3N_4 和 SiC 为主要成分的耐高温结构陶瓷,有以 Al_2O_3 为主要成分的刀具结构陶瓷。陶瓷材料的主要特点是硬度极高、耐磨、耐腐蚀、熔点高、刚度大以及密度比钢铁低等。陶瓷材料被形容为“像钢一样强,像金刚石一样硬,像铝一样轻”的材料。目前,陶瓷材料已应用于密封件、滚动轴承和切削刀具等零件中。

陶瓷材料的主要缺点是比较脆、断裂韧度低、价格昂贵、加工工艺性差等。

4) 复合材料

复合材料是由两种或两种以上具有明显不同的物理和力学性能的材料复合制成的,不同的材料可分别作为材料的基体相和增强相。增强相起着提高基体相的强度和刚度的作用,而基体相起着使增强相定型的作用,从而获得单一材料难以达到的优良性能。

复合材料的基体相通常以树脂为主,按增强相的不同可分为纤维增强复合材料和颗粒增强复合材料。作为增强相的纤维织物的原料主要有玻璃纤维、碳纤维、碳化硅纤维、氧化铝纤维等。作为增强相的颗粒有碳化硼、碳化硅、氧化铝等颗粒。复合材料的制备是按一定的工艺将增强相和基体相组合在一起,利用特定的模具而成形的。

复合材料的主要优点是有较高的强度和弹性模量,而质量又特别小;但也有耐热性差、导热和导电性能较差的缺点。此外,复合材料的价格比较贵。所以目前复合材料主要用于航空、航天等高科技领域,如在战斗机、直升机和人造卫星等中有不少的应用。在民用产品中,复合材料也有一些应用,如体育娱乐业中的高尔夫球杆、网球拍、赛艇、划船桨等。

2. 零件材料的选用

机械零件的材料选择原则如下。

1) 使用要求

使用要求主要包括对材料力学性能、物理性能、化学性能和吸振性能等的要求,选择时应根据具体使用情况,满足主要、兼顾一般。

2) 制造工艺要求

选择材料时应使零件的制造加工方法简便、易于实现,如铸造件应选择热熔状态时易于流动等性能。零件尺寸及质量的大小与材料的品种及毛坯制取方法有关。用铸造材料制造毛坯时,可以不受尺寸及质量大小的限制;而用锻造材料制造毛坯时,则须注意锻压机械及设备的生产能力。此外,零件尺寸和质量的大小还和材料的比强度有关,应尽可能选用比强度大的材料,以便减小零件的尺寸和质量。结构复杂的零件宜选用铸造毛坯,或用板材冲压出结构件后再经焊接而成。结构简单的零件可用铸造法制取毛坯。

对材料工艺性的了解,在判断加工可能性方面起着重要的作用。铸造材料的工艺性是指材料的液态流动性、收缩率、偏析程度及产生缩孔的倾向性等。锻造材料的工艺性是指材料的延展性、热脆性及冷态和热态下塑性变形的能力等。焊接材料的工艺性是指材料的焊接性及焊缝产生裂纹的倾向性等。材料的热处理工艺性是指材料的可淬性、淬火变形倾向性及热处理介质对它的渗透能力等。冷加工工艺性是指材料的硬度、易切削性、冷作硬化程度及切削后可能达到的表面粗糙度等。在材料手册中,对上述各点均有简明的介绍。

3) 经济性要求

在满足使用要求的前提下,应尽量选用价格低廉的材料,同时还应考虑到使用和维护简便、费用低等问题。

(1) 材料本身的相对价格。当用价格低廉的材料能满足使用要求时,就不应选择价格高的材料。这对于大批量制造的零件尤为重要。

(2) 材料的加工费用。例如,制造某些箱体类零件,虽然铸铁比钢板价廉,但在小批量制造时,选用钢板焊接反而比较有利,因为可以省掉铸模的生产费用。

(3) 材料的利用率。例如,采用无切屑或少切屑毛坯(如精铸、模锻、冷拉毛坯等),可以提高材料的利用率。此外,在结构设计时也应设法提高材料的利用率。

4) 采用组合结构

如火车轮是在一般材料的轮芯外部套上一个硬度高而耐磨损的轮毂,这种选材的方法常称为局部品质原则。

第4章

执 行 元 件

全国大学生机械创新设计大赛、全国大学生工程训练综合能力竞赛、全国大学生电子设计竞赛这些学科竞赛的参赛作品,大多数设计的是机电一体化装置,因此,对于执行元件电动机的选择是否合适是取得好作品的关键因素。大学生在设计作品之前,需要对电动机的基本原理、规格、参数有基本的理解。当然,电动机的种类很多,在大赛作品设计中,常用的有直流伺服电动机、步进电动机等。本章分别对电动机的种类、原理和各类电动机做简要的介绍。

4.1　执行元件简介

4.1.1　执行元件的种类和特点

目前,工业机器人、计算机数控(computer numerical control,CNC)机床、各种自动机械、信息处理的计算机外围设备、车辆电子设备、医疗器械、家用电器等机电一体化系统都离不开执行元件为其提供动力,如数控机床的主轴转动,工业机器人的手臂升降、回转和伸缩运动等。执行元件的功能主要是能在电子控制装置控制下,将输入的各种形式的能量转换为机械能,如电动机、液动机、气缸、内燃机等分别把输入的电能、液压能、气压能和化学能转换为机械能。目前,由于大多数执行元件已作为系统化产品生产,故在设计机电一体化系统时,可作为标准件选用。

目前,执行元件的种类包括电磁式、液压式、气压式等,具体分类如图 4-1 所示。电磁式是将电能转换成电磁力,并用该电磁力驱动执行机构运动。液压式是将电能转换为液压能,并用电磁阀改变压力油的流向,从而使液压执行元件驱动执行机构运动。而气压式是将介质油改为气体,原理与液压式相同。其他执行元件与采用的材料相关,如采用形状记忆合金或压电元件、双金属片。

在设计机电一体化作品时,要考虑上述执行元件的优点和缺点,选择更适合系统需求的执行元件可以使性能达到最优化。表 4-1 给出了上述电磁式、液压式和气压式等执行元件的优缺点对比。

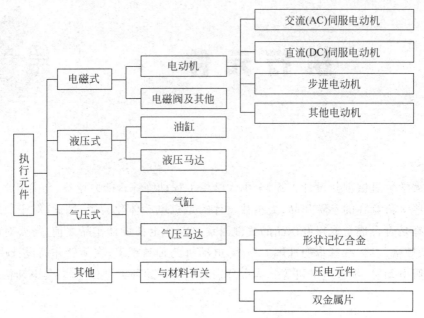

图 4-1　执行元件的种类

表 4-1　执行元件的优缺点

种类	优　　点	缺　　点
电磁式	操作简便,编程容易,能实现定位伺服,响应快,易与中央处理器(central processing unit,CPU)相接,体积小,动力较大,无污染	瞬时输出功率大,过载差,易受外部噪声影响
液压式	输出功率大,速度快,动作平稳,可实现定位伺服,易与 CPU 相接,响应快	设备难以小型化,对液压源或压力油要求严格,易泄漏且有污染
气压式	气源方便,成本低,无泄漏污染,速度快,操作比较简单	功率小,体积大,动作不够平稳,不易小型化,远距离传输困难,工作噪声大,难以伺服

4.1.2　机电一体化系统对执行元件的基本要求

在设计机电一体化系统时,除需要对执行元件的种类和特点进行考量外,还需要对执行元件提出以下需求。

1. 惯性小、动力大

表征惯性的性能指标,对直线运动为质量 m,对回转运动为转动惯量 J;表征输出动力的性能指标为推力 F、转矩 T 或功率 P。

设计直线运动时,设加速度为 a,则推力 $F=ma$,$a=F/m$。

对于回转运动来说,设角速度为 ω,角加速度为 ξ,则 $P=\omega T$,$T=J\xi$。a 和 ξ 表征了执行元件的加速性能。另外,表征动力大小的综合性能指标称为比功率。其包含功率、加速性能和转速 3 种因素。

$$比功率 = \frac{P\xi}{\omega} = \frac{T^2}{J} \tag{4-1}$$

2. 体积小、质量轻

设计机电一体化系统时,体积和质量也是需要考虑的因素。在选择执行元件时,既要尽量缩小执行元件的体积、减轻质量,又要增大其动力,通常用执行元件的单位质量所能达到的输出功率,即用指标功率密度来评价。设执行元件的重量为 G,则

$$功率密度 = \frac{P}{G} \tag{4-2}$$

3. 便于维修、安装

设计机电一体化系统时,最好选择便于安装和不需要维修的执行元件,当前常用的无刷直流(DC)及交流(AC)伺服电动机是不需要维修的。

4. 易于微处理器控制

目前,机电一体化系统执行元件的主流是电磁式,其次是液压式和气压式。电磁式更易于和各类微控制器(如 PLC、单片机、嵌入式处理器)通信,接口更方便。

4.2　机电一体化系统常用的控制用电动机

本书主要针对的是大学生实训和竞赛时设计的机电一体化系统,其常用的控制用电动机是指能提供正确运动或较为复杂动作的伺服电动机。图 4-2 给出了伺服电动机在典型数控机床上的应用。数控机床一般设置 3 个主要电动机,即带动主轴旋转的主轴伺服电动机

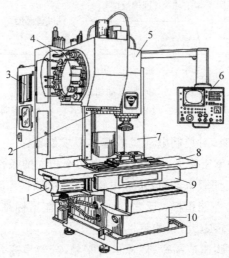

1—X 轴的直流伺服电动机;2—换刀机械手;3—数控柜;4—盘式刀库;5—主轴箱;6—操作面板;
7—驱动电源柜;8—工作台;9—滑座;10—床身。

图 4-2　伺服电动机在数控机床上的应用

(安装在图 4-2 中元件 5 中),驱动工作台(见图 4-2 中 8)运动的 X 轴的直流伺服电动机和 Y 轴的直流伺服电动机。除此之外,机床上还有切削液水泵电动机和控制刀架转动的电动机。如果机床配置了刀具库(见图 4-2 中元件 4),换刀机械手也会配置一台伺服电动机。

伺服电动机的基本控制方式主要有开环控制方式、半闭环控制方式和闭环控制方式 3 种,如图 4-3 所示。目标动作不同,电动机及其控制方式也不同。闭环方式可以得到比开环方式更精密的伺服控制。

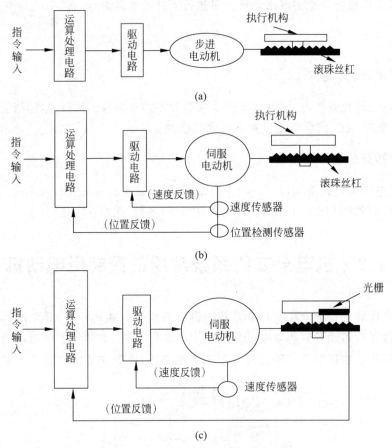

图 4-3　伺服电动机的控制方式
(a) 开环控制方式;(b) 半闭环控制方式;(c) 闭环控制方式

设计机电一体化系统时,对控制电动机的基本要求如下:

(1) 性能密度大,即功率密度大。在额定输出功率相同的条件下,比功率由低到高的顺序是交流伺服电动机、直流伺服电动机、步进电动机。对于启、停频率低,但要求低速平稳的系统,其功率密度是主要的性能指标;反之,其主要的性能指标是高比功率。

(2) 快速性好,即加速转矩大,频响特性好。

(3) 位置控制精度高,调速范围宽,低速运行平稳,分辨率高,振动噪声小。

(4) 适应频繁启、停的工作要求。

(5) 可靠性高,寿命长。

控制用电动机的种类,从控制形式来分,开环控制的电动机主要包括力矩电动机、脉冲电动机,闭环控制的电动机主要包括变频调速电动机、开关磁阻电动机和各种 AC/DC 伺服电动机,如图 4-4 所示。

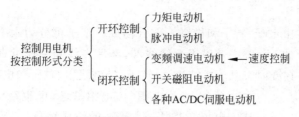

图 4-4 控制用电动机的分类(按控制形式)

按工作原理分类控制用电动机分为旋转磁场型和旋转电枢型,旋转磁场型又可分为同步电动机和步进电动机,旋转电枢型又可分为直流伺服电动机和感应电动机,如图 4-5 所示。

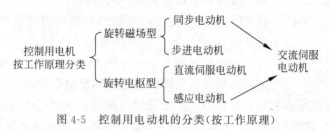

图 4-5 控制用电动机的分类(按工作原理)

4.3 直流伺服电动机

4.3.1 直流伺服电动机的特点及选用

直流伺服电动机通过电刷和换向器产生的整流作用使磁场磁动势和电枢电流磁动势正交,从而产生转矩,其电枢大多为永久磁铁。由于直流伺服电动机具有转速稳定,较高的响应速度、精度和频率,便于大范围平滑调速,启动转矩较大等优点,因此广泛应用于要求进行平滑、稳定、大范围的调速或需频繁正、反转和启、停,多单元同步协调运转的机电一体化系统中。

1. 直流伺服电动机的特点

直流伺服电动机的电势波形较好,对电磁干扰的影响小;调速范围宽广,调速特性平滑;过载能力较强,启动和制动转矩较大,易于控制,可靠性较高。但由于存在换向器,其制造复杂,价格较高。

2. 直流伺服电动机的选用

直流伺服电动机的选型需遵循以下准则:①电动机最大速度小于最大允许速度;②电动机所需转矩小于最大输出转矩;③电动机连续有效运行转矩小于额定转矩;④电动机转动惯量与其负载转动惯量之比在规定范围之内。根据以上准则,可初步确定电动机并作为备选。

4.3.2　直流伺服电动机的结构

直流伺服电动机由定子、转子和机座等部分构成。定子可分为永磁式和励磁式。永磁式是由永久磁铁制成的;励磁式是磁极上绕线圈,然后在线圈中通过直流电,形成电磁铁。图 4-6 所示为励磁式直流伺服电动机结构,由转子、励磁绕组、磁极和机座组成。

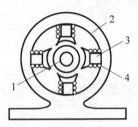

1—转子;2—机座;3—磁极;
4—励磁绕组。

图 4-6　励磁式直流伺服
电动机的结构

转子(又称电枢)由电枢铁芯、电枢绕组(线圈)、换向器组成。电枢铁芯既是主磁通的组成部分,又是电枢绕组的支撑部分,电枢绕组就嵌放在电枢铁芯的槽内。为减少电枢铁芯内的涡流损耗,铁芯一般用硅钢片叠压夹紧而成。

励磁绕组由带绝缘的导线绕制而成。换向器是由若干彼此间用云母片绝缘的铜片(即换向片)组成的。对于直流伺服电动机,换向器的作用是将外加的直流电动势逆变成励磁绕组的交流电流,以产生恒定的电磁转矩。

磁极的作用是建立主磁场。绝大多数直流伺服电动机的主磁极不是用永久磁铁而是由励磁绕组通以直流电流来建立磁场的。主磁极由主磁极铁芯和套装在铁芯上的励磁绕组构成。主磁极铁芯靠近转子一端的扩大的部分称为极掌,它的作用是使气隙磁阻减小,改善主磁极的磁场分布,并使励磁绕组容易固定。主磁极上装有励磁绕组,整个主磁极用螺杆固定在机座上。主磁极的个数一定是偶数,励磁绕组的连接必须使相邻主磁极的极性按 N、S 极交替出现。

机座通常由铸钢或厚钢板焊成。它有两个作用:一是用来固定主磁极、换向极和端盖;二是作为磁路的一部分。机座中有磁通经过的部分称为磁轭。

4.3.3　直流伺服电动机的工作原理

直流伺服电动机是将电能转变成机械能的旋转机械,是根据通电导体在磁场中会受到磁场力作用这一基本原理制成的。图 4-7(a)所示为直流伺服电动机的物理模型,N、S 为定子磁极,a、b、c、d 是固定在可旋转导磁圆柱体上的线圈,线圈连同导磁圆柱体称为电动机的转子或电枢。线圈的首末端 a、d 连接到两个相互绝缘并可随线圈一同旋转的换向器上。首先,把电刷 A、B 接到直流电源上,电刷 A 接正极,电刷 B 接负极。此时电枢线中将有电流流过,在磁场作用下,N 极下导体 a、b 的受力方向从右向左;S 极下导体 c、d 的受力方向从左向右,该电磁力形成逆时针方向的电磁转矩。当电磁转矩大于阻转矩时,电动机转子逆时针方向转动。

当电枢旋转到图 4-7(b)所示位置时,原 N 极下导体 a、b 转到 S 极下,受力方向从左向右;原 S 极下导体 c、d 转到 N 极下,受力方向从右向左。该电磁力形成逆时针方向的电磁转矩。线圈在该电磁力形成的电磁转矩作用下继续逆时针方向旋转。

实际直流伺服电动机的电枢是根据实际需要,设置多个线圈。线圈分布在电枢铁芯表面的不同位置,按照一定的规律连接起来,构成电动机的电枢绕组。磁极也是根据需要 N、S 极交替旋转多对。

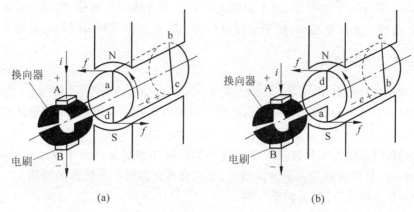

图 4-7　直流伺服电动机工作原理
(a) 直流伺服电动机的物理模型；(b) 直流伺服电动机的旋转状态

4.3.4　直流伺服电动机的控制方式

　　直流伺服电动机的控制方式主要有两种：一种是电枢电压控制，即在定子磁场不变的情况下，通过控制施加在电枢绕组两端的电压信号来控制电动机的转速和输出转矩；另一种是励磁磁场控制，即通过改变励磁电流的大小来改变定子磁场强度，从而控制电动机的转速和输出转矩。

　　采用电枢电压控制方式时，由于定子磁场保持不变，其电枢电流可以达到额定值，相应的输出转矩也可以达到额定值，因而这种方式又被称为恒转矩调速方式。而采用励磁磁场控制方式时，由于电动机在额定运行条件下磁场已接近饱和，因而只能通过减弱磁场的方法来改变电动机的转速。由于电枢电流不允许超过额定值，因而随着磁场的减弱，电动机转速增加，但输出转矩下降，输出功率保持不变，所以这种方式又被称为恒功率调速方式。

4.4　步进电动机

4.4.1　步进电动机的构造及特点

1. 步进电动机的构造

　　步进电动机又称为脉冲电动机，是将电脉冲信号转换成机械角位移的执行元件。图 4-8 所示为常用步进电动机的外形构造。

　　步进电动机主要由两部分构成：定子和转子。它们均由磁性材料构成。定子、转子的铁芯由软磁材料或硅钢片叠成凸极结构，定子、转子磁极上均有小齿，定子、转

图 4-8　常用步进电动机的外形构造

子的齿数相等。定子有 6 个磁极,定子磁极上套有 Y 型连接的三相控制绕组,每两个相对的磁极为一相,组成一相控制绕组,转子上没有绕组。转子上相邻两齿间的夹角称为齿距角。

2. 步进电动机的特点

步进电动机的特点如下:

(1) 输入一个电脉冲就转动一步,即电动机绕组每接收一个电脉冲,转子就转过一个相应的步距角。

(2) 转子角位移的大小及转速分别与输入的电脉冲数目及其频率成正比,并在时间上与输入脉冲同步,只要控制输入脉冲的数量、频率就可获得所需的转角和转速。

(3) 改变脉冲顺序,可改变转动方向。

(4) 角位移量或线位移量与电脉冲数成正比。

(5) 在工作状态下不易受各种干扰因素的影响,如电源电压波动、电流大小与波形的变化、温度等。

(6) 步距角有误差,转子转过一定步数以后也会出现累积误差,但转子转过 1 转以后,其累积误差为零,误差不累积。

(7) 控制性能好,在启动、停止、反转时不易丢步。因此,步进电动机广泛应用于开环结构的机电一体化系统,使系统简化,同时可获得较高精度的位置。

4.4.2 步进电动机的工作原理

步进电动机是利用电磁铁原理,将脉冲信号转换成线位移或角位移的电动机。每来一个电脉冲,电动机就转动一个角度,带动机械移动一小段距离。步进电动机的工作方式可分为三相单三拍、三相单双六拍、三相双三拍等。

1. 三相单三拍

(1) 三相绕组连接方式: Y 型。

(2) 三相绕组中的通电顺序为: A 相→B 相→C 相→A 相→B 相→C 相;通电顺序也可以为: A 相→C 相→B 相→A 相→C 相→B 相。

(3) 工作过程: 工作过程如图 4-9 所示。A 相通电,A 方向的磁通经转子形成闭合回路。若转子和磁场轴线方向原有一定角度,则在磁场的作用下,转子被磁化,吸引转子。由于磁力线总是要通过磁阻最小的路径闭合,因此会在磁力线扭曲时产生切向力而形成磁阻转矩,使转子转动,在转子、定子的齿对齐时停止转动。

A 相通电使转子 1、3 齿和 AA′ 对齐;B 相通电,转子 2、4 齿和 B 相轴线对齐,相对 A 相通电位置转 30°;C 相通电再转 30°。这种工作方式,因三相绕组中每次只有一相通电,而且一个循环周期共包括 3 个脉冲,所以称为三相单三拍。

(4) 三相单三拍的特点: 每来一个电脉冲,转子转过 30°,此角称为步距角,用 θ_s 表示;转子的旋转方向取决于三相线圈通电的顺序,改变通电顺序即可改变转向。

2. 三相单双六拍

三相绕组的通电顺序为: A→AB→B→BC→C→CA→A 共六拍。工作过程如图 4-10 所示。

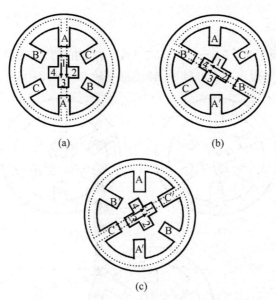

图4-9 三相单三拍步进电动机的工作过程

(a) A相通电；(b) B相通电；(c) C相通电

A相通电，转子1、3齿和A相对齐。

A、B相同时通电，BB'磁场对2、4齿有磁拉力，该拉力使转子顺时针方向转动；AA'磁场继续对1、3齿有磁拉力，所以转子转到两磁拉力平衡的位置上。相对AA'通电，转子转了15°。

B相通电，转子2、4齿和B相对齐，又转了15°。

总之，每个循环周期，有6种通电状态，所以称为三相单双六拍，步距角为15°。

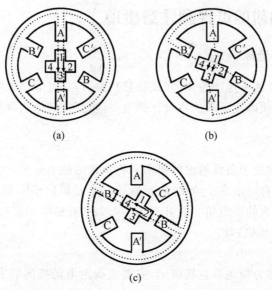

图4-10 三相单双六拍步进电动机的工作过程

(a) A相通电；(b) A、B相同时通电；(c) B相通电

3. 三相双三拍

三相绕组的通电顺序为：AB→BC→CA→AB 共三拍，工作过程如图 4-11 所示。工作方式为三相双三拍时，每通入一个电脉冲，转子也是转 30°，即 $\theta_s = 30°$。

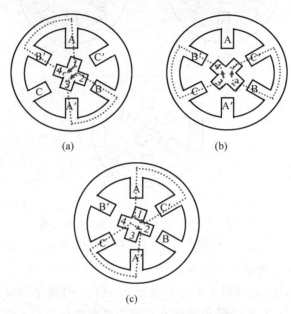

(a)　　　　　　　(b)

(c)

图 4-11　三相双三拍步进电动机的工作过程
（a）AB 相通电；（b）BC 相通电；（c）CA 相通电

以上 3 种工作方式，三相双三拍和三相单双六拍较三相单三拍稳定，因此较常被采用。

4.4.3　步进电动机的选择和注意事项

1. 步进电动机的选择

步进电动机的选择须考虑步距角（涉及相数）、静力矩、电流三大要素。一旦三大要素确定，步进电动机的型号便确定下来。在设计机电一体化系统时，选取步进电动机时需要考虑这 3 个要素。

1）步距角的选择

电动机的步距角取决于负载精度的要求。将负载的最小分辨率（当量）换算到电动机轴上，求出每个当量电动机应走多少角度（包括减速），电动机的步距角应等于或小于此角度。目前，市场上步进电动机的步距角一般有 0.36°/0.72°（五相电动机）、0.9°/1.8°（二、四相电动机）、1.5°/3°（三相电动机）等。

2）静力矩的选择

步进电动机的动态力矩很难直接确定，需要先确定电动机的静力矩。静力矩选择的依据是电动机工作的负载，而负载可分为惯性负载和摩擦负载两种。单一的惯性负载和单一的摩擦负载是不存在的。直接启动时（一般为低速）两种负载均要考虑，加速启动时主要考虑惯性负载，恒速运行时只要考虑摩擦负载。一般情况下，静力矩应为摩擦负载的 2～3 倍，静力矩一旦选定,电动机的机座及长度便能确定(几何尺寸)。

3)电流的选择

静力矩相同的电动机,由于电流参数不同,其运行特性差别很大,可依据矩频特性曲线图,判断电动机的电流(参考驱动电源及驱动电压)。

综上所述,选择步进电动机一般应遵循图 4-12 所示步骤。

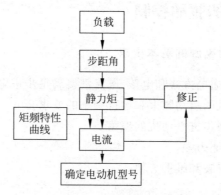

图 4-12 选择步进电动机的步骤

4)力矩与功率换算

步进电动机一般在较大范围内调速使用,其功率是变化的,一般只用力矩来衡量。力矩与功率换算如下:

$$P = \omega M = 2\pi n M / 60 \tag{4-3}$$

式中,P 为功率,W;ω 为角速度,rad/s,$\omega = 2\pi n/60$;n 为转速,r/min;M 为力矩,N·m。或

$$P = 2\pi f M / 400 (半步工作) \tag{4-4}$$

式中,f 为每秒脉冲数(简称 PPS)。

2. 步进电动机应用中的注意事项

(1)步进电动机应用于低速场合,转速不超过 1000r/min(0.9°时 6666PPS),最好在 1000~3000PPS(0.9°)间使用,可通过减速装置使其在此间工作,此时电动机工作效率高,噪声低。

(2)步进电动机最好不使用整步状态,整步状态时振动大。

(3)由于历史原因,除标称为 12V 电压的电动机使用 12V 外,其他电动机的电压值不是驱动电压值,可根据驱动器选择驱动电压(建议:57BYG 采用直流 24~36V,86BYG 采用直流 50V,110BYG 采用高于直流 80V)。当然,12V 的电压除 12V 恒压驱动外,也可以采用其他驱动电源,但是要考虑温升。

(4)转动惯量大的负载应选择大机座号电动机。

(5)电动机在较高速或大惯量负载时,一般不在工作速度启动,而采用逐渐升频提速的方式,一是使电动机不失步,二是可以减少噪声,同时可以提高停止的定位精度。

(6)要求高精度时,应通过机械减速、提高电动机速度,或采用高细分数的驱动器来解决;也可以采用五相电动机,但是其整个系统的价格较高,生产厂家少。

（7）电动机不应在振动区内工作，如若必须，可通过改变电压、电流或加一些阻尼来解决。

（8）电动机在 600PPS（0.9°）以下工作，应采用小电流、大电感、低电压来驱动。

（9）应遵循先选电动机后选驱动器的原则。

4.4.4 步进电动机的驱动控制

1．步进电动机对驱动电源的基本要求

（1）驱动电源的相数、通电方式和电压、电流都要满足步进电动机的需要。

（2）要满足步进电动机的启动频率和运行频率的要求。

（3）能最大限度地抑制步进电动机的振荡。

（4）工作可靠，抗干扰能力强。

（5）成本低，效率高，安装和维护方便。

2．步进电动机的驱动控制电路

脉冲信号一般由单片机或 CPU 产生，占空比一般为 0.3～0.4，电动机转速越高，占空比则越大。

步进电动机的驱动控制电路主要由脉冲混合电路、加减脉冲分配电路、加减速电路、环形分配器和功率放大器组成。

1）脉冲混合电路

脉冲混合电路将脉冲进给、手动进给、手动回原点、误差补偿等混合为正向或负向脉冲进给信号。

2）加减脉冲分配电路

加减脉冲分配电路将同时存在的正向或负向脉冲合成为单一方向的进给脉冲。

3）加减速电路

加减速电路将单一方向的进给脉冲调整为符合步进电动机加减速特性的脉冲，频率的变化要平稳，加减速具有一定的时间常数。

4）环形分配器

环形分配器将来自加减速电路的一系列进给脉冲转换成控制步进电动机定子绕组通、断电的电平信号，电平信号状态的改变次数及顺序与进给脉冲的个数及方向对应。

5）功率放大器

功率放大器将环形分配器输出的毫安级电流进行功率放大，一般由前置放大器和功率放大器组成。

图 4-13 所示为步进电动机驱动控制电路的组成原理。

图 4-13　步进电动机驱动控制电路的组成原理

常用机构

全国大学生机械创新设计大赛、全国大学生电子设计竞赛、全国大学生工程训练综合能力竞赛设计的机电一体化作品的类型多种多样,结构用途也不尽相同,但构成各种机器的构件类型却具备重复性,且不同作品可以由相同机构组成。因此,本章将以组成机电一体化作品的几类常用机构为研究对象,研究其特点及应用。

5.1 常用固定连接机构

连接是将两个或者两个以上的零件组合成一体的结构。连接分为固定连接和活动连接两大类,其中固定连接又分为可拆卸连接(螺纹连接、键连接等)和不可拆卸连接(铆接、焊接、胶接等)。具体连接的选择依据包括使用要求、经济要求,连接的加工条件,被连接零件的材料、形状和尺寸等。

5.1.1 螺纹连接

螺纹连接是一种应用非常广泛的可拆卸连接。它的特点是结构简单、装拆方便、连接可靠性高、适用范围广。螺纹连接的基本类型主要有螺栓连接、双头螺柱连接、螺钉连接和紧定螺钉连接 4 种,如图 5-1 所示。

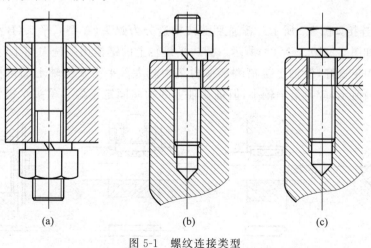

图 5-1　螺纹连接类型

（a）螺栓连接；（b）双头螺柱连接；（c）螺钉连接；（d）紧定螺钉连接

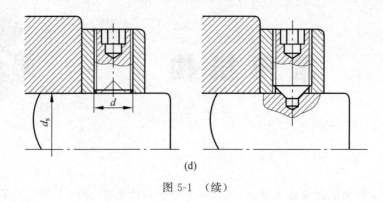

图 5-1 （续）

螺栓连接主要用于需要螺栓承受横向载荷或需靠螺杆精确固定被连接件相对位置的场合。双头螺柱连接主要用于其中一个零件较厚、结构紧凑和经常拆装的场合。螺钉连接主要用于其中一个零件较厚或另一端不能装螺母，且不需要经常装拆的场合。紧定螺钉连接是将螺钉末端顶住另一零件的表面或相应凹坑，以固定两个零件的相互位置，并可传递不大的力或力矩。

5.1.2　键连接

键连接是一种标准零件连接，通常用来连接轴与轴上的旋转零件（如齿轮、带轮）或摆动零件，起周向固定作用，以便传递转矩；有的键还可以用于轴上零件的轴向固定或作为轴向移动导向装置。键连接的主要类型有平键连接、半圆键连接、楔键连接、切向键连接。

1. 平键连接

平键连接具有结构简单、对中性好、装拆方便等特点。但平键连接不能承受轴向力，因而对轴向的零件不能起到轴向固定作用。按用途不同平键可分为 3 种：普通平键、导向平键和滑键。普通平键用于静连接，导向平键用于移动距离较小的动连接，滑键用于移动距离较大的动连接。

普通平键连接如图 5-2 所示。普通平键按构造分为圆头（A 型）、平头（B 型）、单圆头（C型）3 种，分别如图 5-2(b)、(c)、(d)所示。圆头平键轴上的键槽用端铣刀加工，如图 5-2(b)所示，键在槽中固定良好，但轴上键槽端部应力集中较大。平头平键轴上的键槽用盘铣刀加工，如图 5-2(c)所示，应力集中较小，但键在轴上的轴向固定不好。单头平键常用于轴的端

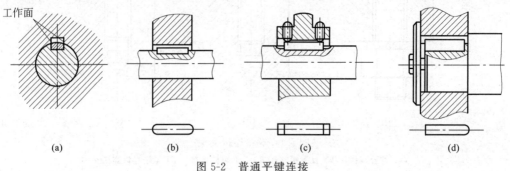

图 5-2　普通平键连接

部连接,轴上键槽常用端铣刀铣通,如图 5-2(d)所示。

导向平键连接如图 5-3 所示。导向平键是一种较长的平键,用螺钉固定在轴上的键槽中,为便于拆装,键的中间设有起键螺孔。当轴上零件在工作过程中须在轴上做较小距离的轴向移动时,采用导向平键。

滑键连接如图 5-4 所示。滑键固定在轮毂键槽中,与毂类零件同时在轴上的长键槽中做轴向滑移。当轴上零件滑移距离较大时,为避免制造大尺寸导向件,可采用滑键。

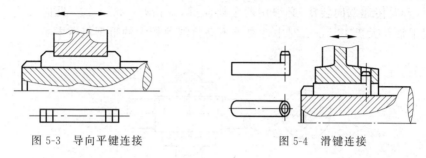

图 5-3　导向平键连接　　　　　图 5-4　滑键连接

2. 半圆键连接

半圆键连接如图 5-5 所示,它以两侧面为工作面,与平键一样具有定心较好的优点。半圆键能在轴槽中摆动以适应毂槽底面,装配方便。它的缺点是键槽对轴的削弱较大,只适用于轻载连接。

3. 楔键连接

楔键的上、下两面是工作面,键的上表面和轮毂键槽底面均具有 1∶100 的斜度。装配后,键楔紧于轴槽和毂槽之间。工作时,靠键的楔紧作用来传递转矩,同时还承受单向的轴向载荷,对轮毂起到单向的轴向固定作用。楔键的侧面与键槽侧

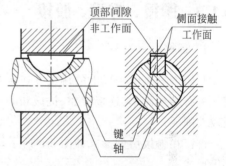

图 5-5　半圆键连接

面间有很小的间隙,当转矩过大而导致轴与轮毂发生相对转动时,键的侧面能像平键一样工作。因此,楔键连接在传递有冲击或转动较大的转矩时,仍能保证连接可靠。楔键主要用于轮毂类零件的定心精度要求不高和低转速场合。楔键分为圆头楔键、平头楔键和勾头楔键,如图 5-6 所示。

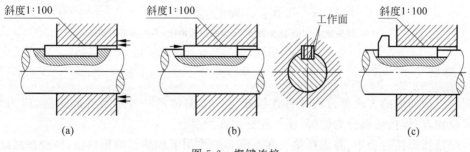

图 5-6　楔键连接

(a)圆头楔键;(b)平头楔键;(c)勾头楔键

4. 切向键连接

切向键连接如图 5-7 所示,由两个斜度为 1∶100 的普通楔键组成。装配时两个楔键分别从轮毂一端打入,使其两个斜面相对,共同楔紧在轴与轮毂的键槽内。其上、下两面(窄面)为工作面,其中一个工作面在通过轴心线的平面内,工作时工作面上的挤压力沿轴的切线作用。因此,切向键连接的工作原理是靠工作面的挤压来传递转矩。一个切向键只能传递单向转矩,若要传递双向转矩,必须用两个切向键,并错开 120°～135°反向安装。切向键连接主要用于轴径大于 100mm、对中性要求不高且载荷较大的重型机械中。

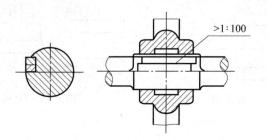

图 5-7　切向键连接

5.1.3　铆接、焊接、胶接

1. 铆接

利用铆钉将两个以上的铆接件连接在一起的不可拆卸连接,称为铆钉连接,简称铆接。铆接具有结构简单、连接可靠、抗振和耐冲击等优点,但是被连接件上由于制有钉孔,强度受到较大削弱。

铆钉在铆接后的形式如图 5-8 所示,有半圆头铆接、沉头铆接、平锥头铆接和扁平头铆接等形式。

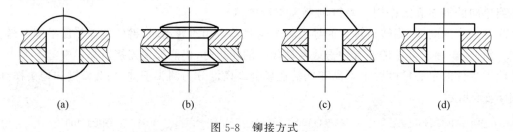

(a)　　　　　　　　　(b)　　　　　　　　　(c)　　　　　　　　　(d)

图 5-8　铆接方式

(a)半圆头铆接;(b)沉头铆接;(c)平锥头铆接;(d)扁平头铆接

2. 焊接

利用局部加热的方法将被连接件连接成为一个整体的一种不可拆卸连接,称为焊接。按照工业特点,焊接可以分为熔焊、压焊和钎焊 3 大类。

熔焊是指焊接过程中,将焊接接头在高温等的作用下加热至熔化状态,待冷却凝结后使两个工件焊在一起的方法。由于被焊工件是紧密贴在一起的,在温度场、重力等的作用下,不加压力,两个工件熔化的部分会发生混合,待温度降低后,熔化部分凝结,两个工件就被牢固地焊在一起。

压焊是在加压条件下,使两工件在固态下实现原子间结合。常用的压焊工艺是电阻对焊,当电流通过两工件的连接端时,该处因电阻很大而温度上升,当加热至塑性状态时,在轴向压力作用下连接成一体。压焊只适用于塑性较好的金属材料的焊接。

钎焊是使用比工件熔点低的金属材料作为钎料,将工件和钎料同时加热到钎料熔化温度后,利用液态钎料填充固态工件的缝隙使金属连接的焊接方法。

与铆接相比,焊接有许多优点,如连接性能好,具有较好的机械性能、密封性、导电性、耐腐蚀性、耐磨性等;省料、省工、成本低,生产周期短,质量轻;可以简化工艺,以小拼大,以简单拼复杂。但是焊接也存在一些缺点,如会产生残余应力和变形,降低承载能力;产生的焊接缺陷会引起应力集中,缩短使用寿命等。

3. 胶接

胶接是利用胶黏剂在一定条件下把预制的元件连接在一起,并且具有一定连接强度的不可拆卸连接。胶接不仅适用于同种材料,也适用于异种材料。胶接工艺简便,不需要复杂的工艺设备,胶接操作不必在高温高压下进行,因而胶接件不易产生变形,接头应力分布均匀。在通常情况下,胶接接头具有良好的密封性、电绝缘性和耐腐蚀性。

5.2　常用活动连接机构

连接分为固定连接和活动连接,其中活动连接又分为滑动轴承连接、滚动轴承连接、联轴器连接和离合器连接等。

滑动轴承和滚动轴承两者均起到支承轴及轴上零件,使其回转并保持一定的旋转精度的作用,其主要区别是摩擦性质不同。滑动轴承的主要优点是:易实现液体润滑、平稳、承载能力强,能获得很高的旋转精度和可在较恶劣的条件下工作,因此多用在低速、重载、大功率的情况下。滚动轴承具有摩擦阻力小、起动灵敏、效率高、旋转精度高、润滑简便和装拆方便等优点,被广泛应用于各种机器和机构中。滚动轴承已经标准化,由专门工厂大量生产,使用时只需按具体工作条件合理选择即可。

联轴器和离合器的作用是连接两轴使它们同时回转,以传递运动和转矩。两者的不同点是,用联轴器连接的两根轴,只有在机器停车后用拆卸的方法才能把两轴分离;而用离合器时,可在机器运转过程中随时使两轴分离或接合。由于各种联轴器多已标准化或规格化,设计时主要是根据机器的工作特点及要求,并结合联轴器的性能选定合适的类型。

5.2.1　滑动轴承连接

考虑轴系及轴承装拆的需要,滑动轴承可分为整体式、剖分式及调心式 3 类。

1. 整体式滑动轴承

典型的整体式径向滑动轴承的形式如图 5-9 所示,它由轴承座、整体轴套等组成。轴承座上面设有安装润滑油杯的螺纹孔,在轴套上开有油杯螺纹孔,并在轴套的内表面上开有油槽。这种轴承的优点是结构简单,成本低廉。但是轴套磨损后,轴承间隙过大时无法调节;另外,只能从轴颈端部装拆,对于质量大的轴或具有中间轴颈的轴,装拆很不方便,甚至在结构上无法实现,所以这种轴承多用在低速、轻载或间歇性工作的机器上。

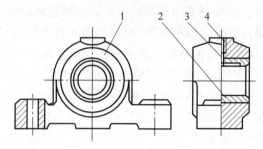

1—轴承座;2—整体轴套;3—螺纹孔;4—油杯螺纹孔。

图 5-9　整体式滑动轴承

2. 剖分式滑动轴承

剖分式径向滑动轴承的形式如图 5-10 所示,它由轴承座、轴承盖、双头螺柱、螺纹孔、油孔、油槽和剖分式轴瓦等组成。轴承盖和轴承座的剖分面常做成阶梯形,以便对中和防止横向错动。轴承盖上部分开有螺纹孔,用以安装油杯或油管。剖分式轴瓦由上、下两半轴瓦组成,通常是下轴瓦承受载荷,上轴瓦不承受载荷。为了节省贵重金属或其他需要,常在轴瓦内表面上贴附一层轴承衬。在轴瓦内壁不承受载荷的表面上开设油槽,润滑油通过油孔和油槽流进轴承间隙。轴承剖分面最好与载荷方向近于垂直,多数轴承的剖分面是水平的(也有作成倾斜的)。这种轴承装拆方便,并且轴瓦磨损后可以调整轴承间隙(调整后应修刮轴瓦内孔)。

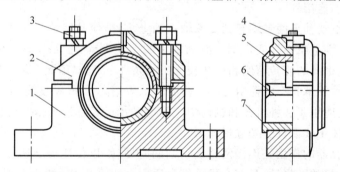

1—轴承座;2—轴承盖;3—双头螺柱;4—螺纹孔;5—油孔;6—油槽;7—剖分式轴瓦。

图 5-10　剖分式径向滑动轴承

3. 调心式滑动轴承

调心式滑动轴承的结构如图 5-11 所示。轴瓦 3 和轴承座 1 之间以球面形成配合,使轴瓦和轴相对于轴承座可在一定范围内摆动,从而避免安装误差或轴的弯曲变形较大时,造成轴颈与轴瓦端部的局部接触所引起的剧烈偏磨和发热。这种轴承通常应用于轴的刚度较差,或轴承座的安装精度较差的场合,利用轴瓦可在轴承座的球面内摆动,自动适应轴线方向的变化。

5.2.2　滚动轴承连接

滚动轴承是将运转的轴与轴承座之间的滑动摩擦变为滚动摩擦,从而减少摩擦损失的一种精密的机械元件。滚动轴承一般由内圈、外圈、滚动体和保持架 4 部分组成(见图 5-12)。内圈的作用是与轴相配合并与轴一起旋转;外圈的作用是与轴承座相配合,起支承作用;滚动体是借助于保持架均匀地将滚动体分布在内圈和外圈之间,其形状大小和数量直接影响着滚动轴承的使用性能和寿命;保持架能使滚动体均匀分布,引导滚动体旋转并起润滑作用。

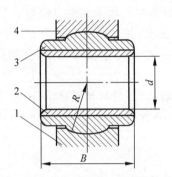

1—轴承座;2—轴承;3—轴瓦合金;4—轴承盖。

图 5-11　调心式滑动轴承

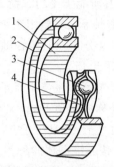

1—内圈;2—外圈;3—滚动体;4—保持架。

图 5-12　滚动轴承的结构

滚动体是滚动轴承的核心零件,它沿滚道滚动。为了适应不同类型滚动轴承的结构要求,滚动体有多种形状,如球形(见图 5-13(a))、短圆柱形(见图 5-13(b))、长圆柱形(见图 5-13(c))、圆锥形(见图 5-13(d))、鼓形(见图 5-13(e))和滚针形(见图 5-13(f))等。

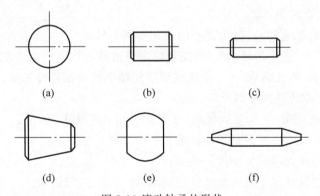

图 5-13 滚动轴承的形状

(a) 球形;(b) 短圆柱形;(c) 长圆柱形;(d) 圆锥形;(e) 鼓形;(f) 滚针形

滚动轴承的内、外圈与滚动体应具有较高的硬度和接触疲劳强度、良好的耐磨性和冲击韧性。一般用特殊轴承钢制造,常用材料有 GCr15、GCr15SiMn、GCr6、GCr9 等,经热处理后硬度可达 60～65HRC。滚动轴承的工作表面必须经磨削抛光,以提高其接触强度。

保持架使滚动体均匀分布在滚道上,以防止滚动体相互接触而增加摩擦磨损。保持架应具有良好的减摩性,多用低碳钢板通过冲压成形方法制造,也可以采用有色金属或塑料等材料制成。

为适应某些特殊要求,有些滚动轴承还要附加其他特殊组件或采用特殊结构,如轴承无内圈或外圈、带有防尘密封结构或在外圈上加止动环等。

滚动轴承具有旋转精度高、效率高、摩擦阻力小、起动灵敏、润滑简便和装拆方便等优点,被广泛应用于各种机器和机构中。滚动轴承为标准件,由轴承厂批量生产,设计者可以根据需要直接选用。

1. 滚动轴承的分类

1) 轴承按其所能承受的载荷方向或公称接触角分类

轴承按其所能承受的载荷方向或公称接触角,分为向心轴承和推力轴承。

(1) 向心轴承:主要用于承受径向载荷的滚动轴承,其公称接触角为 0°～45°。按公称接触角不同,又分为径向接触轴承(公称接触角为 0°)和向心角接触轴承(公称接触角大于 0°且小于或等于 45°)。

(2) 推力轴承:主要用于承受轴向载荷的滚动轴承,其公称接触角大于 45°且小于或等于 90°。按公称接触角不同,又分为轴向接触轴承(公称接触角为 90°)和推力角接触轴承(公称接触角大于 45°且小于 90°)。

2) 轴承按其滚动体的种类分类

轴承按其滚动体的种类,分为球轴承和滚子轴承。

(1) 球轴承:滚动体为球的轴承。

(2) 滚子轴承:滚动体为滚子的轴承。滚子轴承按滚子种类,又分为圆柱滚子轴承(滚动体是圆柱滚子,圆柱滚子的长度与直径之比小于或等于 3)、滚针轴承(滚动体是滚针,滚针的长度与直径之比大于 3,但直径小于或等于 5mm)、圆锥滚子轴承(滚动体是圆锥滚子)和调心滚子轴承(滚动体是球面滚子)。

3) 轴承按其工作时能否调心分类

轴承按其工作时能否调心,分为调心轴承和非调心轴承。

(1) 调心轴承——滚道是球面形的,能适应两滚道轴心线间的角偏差及角运动的轴承。

(2) 非调心轴承(刚性轴承)——能阻抗滚道间轴心线角偏移的轴承。

4) 轴承按滚动体的列数分类

轴承按滚动体的列数,分为单列轴承、双列轴承和多列轴承。

(1) 单列轴承:具有一列滚动体的轴承。

(2) 双列轴承:具有两列滚动体的轴承。

(3) 多列轴承:具有多于两列滚动体的轴承,如三列、四列轴承。

5) 轴承按其部件能否分离分类

轴承按其部件能否分离,分为可分离轴承和不可分离轴承。

(1) 可分离轴承:具有可分离部件的轴承。

(2) 不可分离轴承:轴承在最终配套后,套圈均不能任意自由分离的轴承。

2. 滚动轴承的选择

滚动轴承的类型多种多样,选用时可考虑以下因素。

1）载荷的大小、方向和性质

球轴承适于承受轻载荷,滚子轴承适于承受重载荷及冲击载荷。当滚动轴承受纯轴向载荷时,一般选用推力轴承;当滚动轴承受纯径向载荷时,一般选用深沟球轴承或短圆柱滚子轴承;当滚动轴承受纯径向载荷的同时,还有不大的轴向载荷时,可选用深沟球轴承、角接触球轴承、圆锥滚子轴承及调心球或调心滚子轴承;当轴向载荷较大时,可选用接触角较大的角接触球轴承及圆锥滚子轴承,或者选用向心轴承和推力轴承组合在一起,这在极高轴向载荷或特别要求有较大轴向刚性时尤为适合。

2）允许转速

因轴承的类型不同有很大的差异。一般情况下,摩擦小、发热量少的轴承,适于高转速。设计时应力求使滚动轴承在低于其极限转速的条件下工作。

3）刚性

轴承承受负荷时,轴承套圈和滚动体接触处会产生弹性变形,变形量与载荷成比例,其比值决定轴承刚性的大小。一般可通过轴承的预紧来提高轴承的刚性;此外,在轴承支承设计中,考虑轴承的组合和排列方式也可改善轴承的支承刚度。

4）调心性能和安装误差

轴承装入工作位置后,往往由于制造误差造成安装和定位不良。此时常因轴产生挠度和热膨胀等情况,使轴承承受过大的载荷,引起早期的损坏。自动调心轴承可自行克服由安装误差引起的缺陷,因而是适合此类用途的轴承。

5）安装和拆卸

圆锥滚子轴承、滚针轴承等,属于内、外圈可分离的轴承类型(即所谓分离型轴承),安装拆卸方便。

6）市场性

即使是列入产品目录的轴承,市场上也不一定有销售;反之,未列入产品目录的轴承有的却大量生产。因而,应清楚使用的轴承是否易购得。

5.2.3 联轴器、离合器连接

联轴器和离合器是机械传动中常用的部件。由于各种联轴器多已标准化或规格化,设计时主要是根据机器的工作特点及要求,并结合联轴器的性能选定合适的类型。

1. 联轴器

联轴器的作用是连接两轴(有时也可连接轴和其他回转零件),并传递运动和动力,有时也可用作安全装置。用联轴器连接的两根轴只有机器停止运转后,经过拆卸才能使两轴分离。联轴器的类型很多,根据内部是否包含弹性元件,可以分为刚性联轴器和挠性联轴器两大类。

刚性联轴器如图 5-14 所示,具有结构简单、成本低的优点,但对被连接的两轴间的相对位移缺乏补偿能力,故对两轴对中性要求很高。当两轴线发生相对位移时,就会在轴、联轴器和轴承上引起附加的载荷,使工作情况恶化,所以常用于无冲击、轴的对中性好的场合。

挠性联轴器如图 5-15 所示,又可分为无弹性元件挠性联轴器和有弹性元件挠性联轴器。无弹性元件挠性联轴器因具有挠性,故可补偿两轴的相对位移,但因无弹性元件,故不能缓冲减振,常见的有滑块联轴器、齿式联轴器、万向联轴器和链条联轴器等;有弹性元件挠性联轴器,由于安装有弹性元件,不仅可以补偿两轴间的相对位移,而且有缓冲和吸振的能力,故此适用于频繁起动、经常正反转、变载荷及高速运转的场合。弹性元件的材料有金属和非金属两种。非金属材料有橡胶、尼龙和塑料等,其特点为质量轻、价格便宜,有良好的弹性滞后性能,因而减振能力强。金属材料制造的弹性元件,主要是各种弹簧,其强度高、尺寸小、寿命长,主要用于大功率。这些联轴器可参考有关设计手册选用。

图 5-14　刚性联轴器　　　　　　　　图 5-15　挠性联轴器

选择联轴器类型时,应该考虑以下 4 个方面:

(1) 所需传递转矩的大小和性质,对缓冲、减振功能的要求以及是否可能发生共振等。

(2) 由制造和装配误差、轴受载和热膨胀变形以及部件之间的相对运动等引起两轴轴线的相对位移程度。

(3) 许用的外形尺寸和安装方法,为了便于装配、调整和维修所必需的操作空间。对于大型的联轴器,应能在轴不需要作轴向移动的条件下实现拆装。

(4) 工作环境、使用寿命以及润滑、密封和经济性等条件,再参考各类联轴器特性,选择一种合用的联轴器类型。

2. 离合器

离合器的作用是在机器工作时能随时使两轴接合或分离。对离合器的要求是:接合平稳,分离迅速彻底,操纵省力,调节和维修方便;结构简单,尺寸小,质量轻,转动惯量小;接合元件耐磨和易于散热等。离合器按其工作原理可分为牙嵌式离合器和摩擦式离合器两类。

1) 牙嵌式离合器

牙嵌式离合器主要由两个端面带牙的半离合器组成,如图 5-16 所示。一个半离合器(主动部分)用平键与主动轴连接,另一个半离合器(从动部分)用导向平键或花键与从动轴连接,并可用操纵机构操纵使其轴向移动以实现离合器的接合与分离。传递转矩是靠两半离合器端面上两相互啮合的牙齿来实现的。

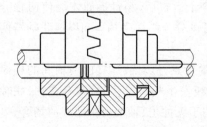

图 5-16　牙嵌式离合器

牙嵌式离合器常用的牙形有矩形、三角形、梯形和锯齿形等。

（1）矩形。无轴向分力，牙的强度低，磨损后间隙无法补偿，难以接合，只能用于静止状态下手动离合的场合，应用较少。

（2）三角形。便于结合与分离，强度较弱，用于传递小转矩的低速离合器，牙数一般为15～60。

（3）梯形。牙的强度高，承载能力大，能自行补偿磨损产生的间隙，并且接合与分离方便，但啮合齿间的轴向力有使其自行分离的可能。这种牙形的离合器应用广泛，牙数一般为3～15。

（4）锯齿形。牙的强度高，承载能力最大，但仅能单向工作，反向工作时齿面间会产生很大的轴向力使离合器自行分离而不能正常工作，牙数一般为 3～15。

牙嵌式离合器的特点是结构简单、尺寸紧凑、工作可靠、承载能力大、传动准确，但在运转时接合有冲击，容易打坏牙齿，所以一般离合操作只在低速或静止状况下进行。

2）摩擦式离合器

摩擦式离合器如图 5-17 所示，是应用得最广也是历史最悠久的一类离合器，它基本上是由主动部分（主动盘）、压紧摩擦机构（摩擦片）、从动部分（从动盘）和操纵机构（操纵滑环）4 部分组成的。主、从动部分和压紧机构是保证离合器处于接合状态并能传动动力的基本结构，而离合器的操纵机构主要是使离合器分离。在分离过程中，踩下离合器踏板，在自由行程内首先消除离合器的自由间隙，然后在工作行程内产生分离间隙，离合器分离。在接合过程中，

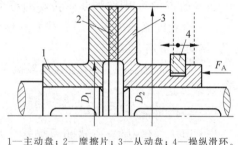

1—主动盘；2—摩擦片；3—从动盘；4—操纵滑环。

图 5-17　摩擦式离合器

逐渐松开离合器踏板，压盘在压紧弹簧的作用下向前移动，首先消除分离间隙，并在压盘、从动盘和飞轮工作表面上作用足够的压紧力；之后分离轴承在复位弹簧的作用下向后移动，产生自由间隙，离合器接合。

选择离合器时，首先应根据机器的工作特点和使用要求，结合各类离合器的特点，确定离合器的类型。然后再根据两轴的直径、转速、转矩等从有关手册中选取合适的规格，必要时可对其薄弱环节进行承载能力的校核。

5.3　常用传动机构

传动机构是把动力从机器的一部分传递到另一部分，使机器或机器部件运动或运转的构件或机构。常用的传动机构有带传动机构、链传动机构、齿轮传动机构和蜗轮蜗杆传动机构。

5.3.1　带传动机构

如图 5-18 所示，带传动一般由主动轮、从动轮、紧套在两轮上的传动带及机架等组成。当原动机驱动主动轮转动时，由于带与带轮间所产生的摩擦力的作用，使从动轮一起转动，

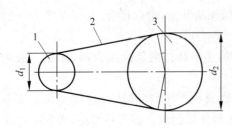

1—主动轮；2—传动带；3—从动轮。

图 5-18　带传动

从而实现运动和动力的传递。

带传动机构中所采用的带可分为同步带、平型带、三角带、多楔带。

1）同步带

这是一种特殊的带传动。带的工作面做成齿形，带轮的轮缘表面也做成相应的齿形，带与带轮主要靠啮合进行传动。同步带一般采用细钢丝绳作强力层，外面包覆聚氯酯或氯丁橡胶。强力层中

线定为带的节线，带线周长为公称长度。带的基本参数是周节 p 和模数 m。周节 p 等于相邻两齿对应点间沿节线量得的尺寸，模数 $m=p/\pi$。中国的同步带采用模数制，其规格用模数×带宽×齿数表示。

与普通带传动相比，同步带传动的特点是：

（1）钢丝绳制成的强力层受载后变形极小，同步带的周节基本不变，带与带轮间无相对滑动，传动比恒定、准确。

（2）同步带薄且轻，可用于速度较高的场合，传动时线速度可达 40m/s，传动比可达 10，传动效率可达 98%。

（3）结构紧凑，耐磨性好。

（4）由于预拉力小，承载能力也较小；制造和安装精度要求很高，要求有严格的中心距，故成本较高。同步带传动主要用于要求传动比准确的场合，如计算机中的外部设备、电影放映机、录像机和纺织机械等。

2）平型带

平型带传动工作时，带套在平滑的轮面上，借带与轮面间的摩擦进行传动。传动形式有开口传动、交叉传动和半交叉传动等，分别适应主动轮与从动轮不同相对位置和不同旋转方向的需要。平型带传动结构简单，但容易打滑，通常用于传动比为 3 左右的传动。

平型带有胶带、编织带、强力锦纶带和高速环形带等。胶带是平型带中用得最多的一种，强度较高，传递功率范围广。编织带挠性好，但易松弛。强力锦纶带强度高，且不易松弛。高速环形带薄而软、挠性好、耐磨性好，且能制成无端环形，传动平稳，专用于高速传动。平型带的截面尺寸都有标准规格，可选取任意长度，用胶合、缝合或金属接头连接成环形。

3）三角带

三角带传动工作时，带放在带轮上相应的型槽内，靠带与型槽两壁面的摩擦实现传动。三角带通常是数根并用，带轮上有相应数目的型槽。用三角带传动时，带与轮接触良好，打滑小，传动比相对稳定，运行平稳。三角带传动适用于中心距较短和较大传动比（7 左右）的场合，在垂直和倾斜的传动中也能较好工作。此外，因三角带数根并用，其中一根破坏也不致发生事故。

三角胶带是三角带中用得最多的一种，它是由强力层、伸张层、压缩层和包布层制成的无端环形胶带。强力层主要用来承受拉力，伸张层和压缩层在弯曲时起伸张和压缩作用，包布层的作用主要是增强带的强度。三角胶带的截面尺寸和长度都有标准规格。此外，尚有一种活络三角带，它的截面尺寸标准与三角胶带相同，而长度规格不受限制，便于安装调紧，

局部损坏可局部更换,但强度和平稳性等都不如三角胶带。三角带常多根并列使用,设计时可按传递的功率和小轮的转速确定带的型号、根数和带轮结构尺寸。

(1) 标准型三角带:用于家用设施、农用机械、重型机械。顶部宽度与高度之比为 1.6∶1。使用帘线和纤维束作为承拉元件的皮带结构比等宽窄型三角带传递的功率要小得多。由于它们的抗拉强度和横向刚度高,这种皮带适用于载荷突然变化的恶劣工作状况。皮带速度允许达到 30m/s,弯曲频率可达 40Hz。

(2) 窄型三角带:用于 20 世纪 60 年代和 70 年代的汽车和机器结构。顶部宽度与高度之比为 1.2∶1。窄型三角带是标准型三角带的一种改进变型,它取消了对功率传递作用不大的中心部分。它传递的功率要比同等宽度的标准型三角带高。

(3) 粗边型三角带:汽车用粗边型三角带,表层下面的纤维垂直于皮带的运动方向,使皮带具有高度的柔性,同时还有极好的横向刚度和高耐磨性。这些纤维还能对经过特殊处理的承拉元件提供良好的支承。特别是用在小直径的皮带轮上时,粗边型三角带比包边的窄型三角带更能提高皮带传动能力并具有更长的使用寿命。

4) 多楔带

多楔带柔性很好,皮带背面也可用来传递功率。如果围绕每个被驱动皮带轮的包容角足够大,就能够用一条这样的皮带同时驱动车辆的几个附件(交流发电机、风扇、水泵、空调压缩机、动力转向泵等)。它有 PH、PJ、PK、PL 和 PM 型等 5 种断面供选用,其中 PK 型断面近年来已广泛用于汽车上。这种皮带允许使用比窄型三角带更窄的皮带轮(直径 $d_{min} \approx 45mm$)。为了能够传递同样的功率,这种皮带的预紧力最好比窄型三角带增大 20% 左右。

5.3.2　链传动机构

链传动是通过链条将具有特殊齿形的主动链轮的运动和动力传递到具有特殊齿形的从动链轮的一种传动方式。

与带传动相比,链传动有许多优点:无弹性滑动和打滑现象,平均传动比准确,工作可靠,效率高;传递功率大,过载能力强,相同工况下的传动尺寸小;所需张紧力小,作用于轴上的压力小;能在高温、潮湿、多尘、有污染等恶劣环境中工作。

按照用途不同,链可分为起重链、牵引链和传动链 3 大类。起重链主要用于起重机械中提起重物,其工作速度 $v \leqslant 0.25m/s$;牵引链主要用于链式输送机中移动重物,其工作速度 $v \leqslant 4m/s$;传动链用于一般机械中传递运动和动力,通常工作速度 $v \leqslant 15m/s$。

传动链有齿形链和套筒滚子链两种。齿形链是用销轴将多对具有 60° 的工作面的链片组装而成。链片的工作面与链轮相啮合,为防止链条在工作时从链轮上脱落,链条上装有内导片或外导片,啮合时导片与链轮上相应的导槽嵌合。齿形链传动平稳,噪声很小,故又称无声链传动。齿形链允许的工作速度可达 40m/s,但制造成本高,质量大,故多用于高速或运动精度要求较高的场合。套筒滚子链由内链板、外链板、套筒、销轴、滚子组成。外链板固定在销轴上,内链板固定在套筒上,滚子与套筒间和套筒与销轴间均可相对转动,因而链条与链轮的啮合主要为滚动摩擦。套筒滚子链可单列使用和多列并用,多列并用时可传递较大功率。套筒滚子链比齿形链质量小、寿命长、成本低,在动力传动中应用较广。

套筒滚子链和齿形链链轮的齿形应保证链节能自由进入或退出啮合,在啮入时冲击很小,在啮合时接触良好。

5.3.3 齿轮传动机构

齿轮传动如图 5-19 所示,是机械传动中最重要、应用最为广泛的一种传动形式。齿轮的质量直接影响或决定着机械产品的质量与性能。

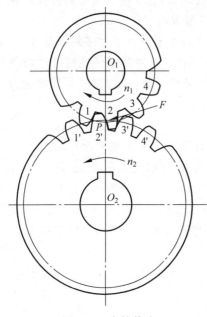

图 5-19 齿轮传动

齿轮传动的类型很多,按照不同的分类方法可分为不同的类型。

1)按传动比分类

根据一对齿轮传动的传动比是否恒定,可分为变传动比齿轮传动和定传动比齿轮传动。变传动比齿轮传动机构中的齿轮一般是非圆形的,所以又称为非圆齿轮传动,它主要用于一些具有特殊要求的机械中。而定传动比齿轮传动机构中的齿轮都是圆形的,所以又称为圆形齿轮传动。定传动比齿轮传动的类型很多,根据其主、从动轮回转轴线是否平行,又可分为两类,即平面齿轮传动和空间齿轮传动。

2)按齿廓形状分类

按齿廓曲线的形状不同,可分为渐开线齿轮传动、摆线齿轮传动、圆弧齿轮传动和抛物线齿轮传动等。其中渐开线齿轮传动应用最为广泛。

3)按工作条件分类

按齿轮传动的工作条件不同,可分为开式齿轮传动、闭式齿轮传动和半开式齿轮传动。开式齿轮传动中轮齿外露,灰尘易于落在齿面;闭式齿轮传动中轮齿封闭在箱体内,可保证良好的工作条件,应用广泛;半开式齿轮传动比开式齿轮传动工作条件要好,大齿轮部分浸入油池内并有简单的防护罩,但仍有外物侵入。

4)按齿面硬度分类

根据齿面硬度不同,分为软齿面齿轮传动和硬齿面齿轮传动。当两轮(或其中有一轮)齿面硬度小于或等于 350HBW 时,称为软齿面传动;当两轮的齿面硬度均大于 350HBW 时,称为硬齿面传动。软齿面齿轮传动常用于对精度要求不太高的一般中、低速齿轮传动,硬齿面齿轮传动常用于要求承载能力强、结构紧凑的齿轮传动。

5.3.4 蜗轮蜗杆传动机构

蜗轮蜗杆传动机构是由蜗杆和蜗轮组成的,常用来传递两交错轴之间的运动和动力,其两轴之间的交错角可为任意值,常用的为 90°,一般蜗杆是主动件,蜗轮是从动件。根据蜗杆形状的不同,蜗杆机构可分为圆柱蜗杆机构、环面蜗杆机构和锥蜗杆机构,如图 5-20 所示。

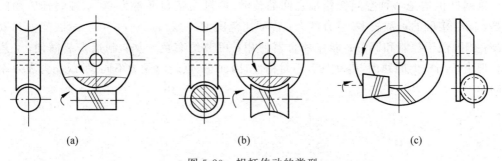

图 5-20 蜗杆传动的类型

(a) 圆柱蜗杆机构;(b) 环面蜗杆机构;(c) 锥蜗杆机构

1. 圆柱蜗杆机构

圆柱蜗杆机构的齿面一般是在车床上用直线刀刃的车刀车制的(ZK 型蜗杆除外)。根据车刀安装位置的不同,所加工出的蜗杆在不同截面中的轮廓曲线也不同。根据不同的齿廓曲线,普通圆柱蜗杆分为阿基米德蜗杆、渐开线蜗杆、法向直廓蜗杆和锥面包络蜗杆等。

(1) 阿基米德蜗杆,其端面齿廓为阿基米德螺旋线,轴向齿廓为直线,加工方法与普通梯形螺纹相似,应使刀刃顶平面通过蜗杆轴线。阿基米德蜗杆较容易车削,但难以磨削,不易得到较高精度,故常用于载荷较小、低速或不太重要的场合。

(2) 渐开线蜗杆,其端面齿廓为渐开线,加工时刀具的切削刃与基圆相切,两把刀具分别切出左、右侧螺旋面。渐开线蜗杆也可以用滚刀加工,并可在专用机床上磨削,制造精度较高,有利于成批生产,适用于功率较大的高速传动。

(3) 法向直廓蜗杆,又称延伸渐开线蜗杆。车制时刀刃顶面置于螺旋线的法面上,蜗杆在法向截面中为直线齿廓,故称为法向直廓蜗杆。这种蜗杆可用砂轮磨齿,加工较简单,常用作机床的多头精密蜗杆传动。

(4) 锥面包络蜗杆,是一种非线形螺旋齿面蜗杆,由盘状锥面铣刀或盘状锥面砂轮加工而成。加工时,工件做螺旋运动,刀具绕其自身轴线做回转运动,刀具的轴线相对蜗杆的轴线倾斜一个蜗杆的导程角,刀具回转曲面的包络面即为蜗杆的螺旋齿面,它在任何截面上的齿廓均为曲线齿形。这种蜗杆便于磨削,蜗杆的精度较高。

2. 环面蜗杆机构

环面蜗杆机构的分度圆是以蜗杆轴线为旋转中心、凹圆弧为母线的旋转体。环面蜗杆传动中蜗杆的节圆与蜗杆的节圆弧重合,同时啮合的齿对多,而且轮齿的接触线与蜗杆齿运动方向近似垂直,轮齿间具有良好的油膜形成条件,抗胶合能力强,所以环面蜗杆传动的承载能力是普通圆柱蜗杆传动承载能力的 2~4 倍,效率为 85%~90%。但是为保证环面蜗杆良好地啮合,它需要具有较高的制造和安装精度。

3. 锥蜗杆机构

锥蜗杆机构是一种空间交错轴之间的传动,两轴交错角通常为 90°。锥蜗杆传动的特点是:同时接触的点数较多,重合度大;传动比范围大(一般为 10～360);承载能力和效率较高;侧隙便于控制和调整;能作离合器使用;可节约有色金属;制造安装简便,工艺性好。但由于结构上的原因,传动具有不对称性,因而正、反转时受力不同,承载能力和效率也不同。

第 3 篇

控制系统与传感器技术篇

　　机电一体化系统实际上是对传统机械系统的一种升级,其根本是用非机械手段实现并强化了控制功能的现代机械系统,这种控制功能在设计机电一体化系统时尤为重要。因此,本篇主要围绕设计机电一体化系统的控制系统而展开。由于本书作为机械设计和电子专业的实训教材和各类竞赛培训的参考书,对于学生设计一个完整的机电一体化作品而言,需要对控制系统有很深的基础知识。

　　目前,大学生在设计机电一体化作品时控制系统大多数选用单片机,用于承担整个系统的核心部件。单片机是单片微型计算机的简称,对计算机的基本部件进行微型化,使基本部件以微机的形式集成在芯片上。单片机具有体积小、功能强、功耗低等特点,性价比较高,其在设计机电一体化系统时更加易于推广,而新型的单片机可用于图像处理、信号处理、机器人智能控制等方面。单片机技术在机电一体化产品中被广泛应用,产品在节能、性能、质量及效率方面表现出较高的水平。同时,单片机具有较强的逻辑能力,操作指令丰富,更能与机电一体的控制系统相适应。基于此,本篇第 6 章以大学生在学科竞赛中常用的单片机 STM32 作为代表,详细介绍其工作原理、开发环境和基础案例,让同学们在比赛前对单片机技术有一定的掌握,具备单片机技术的实践动手能力。

　　传感器是机电一体化系统的感知部件,是左右机电一体化系统(或产品)发展的重要技术之一,被广泛应用于各种自动化产品中。如工业机器人之所以能够准确操作,是因为它能够通过各种传感器来准确感知自身、操作对象及作业环境的状态,包括其自身状态信息的获取是通过内部传感器(位置、位移、速度、加速度等)来完成,操作对象与作业环境的感知是通过外部传感器来实现,这个过程非常重要,足以为机器人控制提供反馈信息。因此,在机电一体化系统中,传感器技术能快速、精确地获取信息并能经受严酷环境考验,是机电一体化系统达到高水平的保证。如果缺少这些传感器,就无法实现对系统状态进行精确而可靠的自动检测,以及系统的信息处理、控制决策等功能。本篇第 7 章给出大学生在设计机电一体化作品时常用的传感器如超声波传感器、人体接近传感器、压力传感器、红外线传感器和角速度传感器等的工作原理,以指导同学们在设计作品时选择合适的传感器并给予应用与参考。

在结合单片机技术和传感器技术的基础上,本篇第 8 章结合大学生在参加全国大学生机械创新设计大赛、全国大学生工程训练综合能力竞赛和全国大学生电子设计竞赛的需求,给出典型的综合应用案例,如电子秤、红外循迹小车、平衡小车等控制系统设计,给予参赛同学一个完整的控制系统实现过程,从总体方案、硬件电路、软件电路到实物调试,让同学们在设计自己的机电一体化作品时具备一定的控制系统理念,达到结构创新与控制系统创新的完美结合。

STM32 微控制器

目前,大多数学生在设计比赛作品时,选择的控制器以 51 系列单片机、Arduino 系列、STM32 系列为主。其中,51 系列单片机是初学者们的首选,最容易上手学习,其最早由英特尔公司推出,由于其典型的结构、完善的总线专用寄存器、众多的逻辑位操作功能,以及面向控制的丰富指令系统,堪称一代"经典"。但是 51 系列单片机的缺点是模拟数字转换(analog to digital converter,ADC)、带电可擦可编程只读存储器(electrically erasable programmable read only memory,EEPROM)等功能需扩展,从而增加硬件和软件负担;同时输入/输出(Input/Output)引脚高电平时无输出能力,这也是 51 系列单片机的最大软肋;另外,其运行速度过慢,保护能力很差,容易烧坏芯片。因此在设计复杂的机电一体化作品时,选择 51 系列单片机并不是一个最佳的选择方案。

Arduino 是一个主要以 AVR 单片机为核心控制器,配上周边器件,安装在一款印刷电路板上,能够独立完成特定功能的单片机应用开发板,其硬件设计搭建极其方便。针对 Arduino 编程,很多常用的 I/O 设备都自带库函数或样例程序,用户不需要了解其内部硬件结构和寄存器设置,只需知道它的端口作用,就可以用简单的 C 语言实现编程,简单易懂,非常适合快速开发,但简单高度抽象化带来的结果是成本高昂、效率低下、资源开销大,模块数量过多后系统就无法支持。因此,Arduino 单片机适合小系统开发,在完成复杂的机电一体化作品时,选择 Arduino 并不能完全满足设计要求。

STM32 是新一代微控制器,代表 ARM Cortex-M 内核的 32 位微控制器,现在越来越多的机电一体化系统控制器在往高级精简指令集机器(advanced RISC machines,ARM)发展,原因在于其成本低、功耗低和功能强大,同时还可以完成复杂的机电一体化运动。STM32 还具有一流的外设,在功耗和集成度方面也有不俗的表现。

STM32 在调用硬件接口和控制 I/O 方面,和 51 系列单片机一样,但是在软件环节上,STM32 强过 51 系列单片机,原因在于 STM32 自带一个官方库,库的源代码开源,而 51 系列单片机却没有,因此学生在设计一个具体项目时,用 STM32 来开发项目会比用 51 系列单片机要轻松、快捷、方便得多,且存在的漏洞较少。从选型方面考虑,STM32 的性价比比 51 系列单片机高。首先,STM32 常用的 STM32F10X 系列主频为 73MHz,有着足够强劲的主频,而 51 系列单片机的主频一般为 12MHz,随着设计产品的功能增多和要求越来越高,51 系列单片机无论是在速度还是在性能上都满足不了需求。

基于这样的考虑,本章选择 STM32 系列中典型的芯片 STM32F103 系列,下面介绍的内容围绕着该芯片展开。学习 STM32F103 微处理控制器的使用,必须先了解微处理控制器的内部结构,再具体学习内部功能部分的编程应用。

6.1　STM32 微控制器概述

STM32 是 2007 年意法半导体公司生产的一款以 Cortex-M3 为内核的 32 位微控制器，不但功能强大、功耗低，而且性价比可观。STM32 使用精简指令系统(reduced instruction set computing，RISC)，其指令字长固定、译码方便，相对于复杂指令系统(complex instruction set computer，CISC)，精简指令系统的处理效率更高。具有 32 位字长 CPU 的 STM32 系列微控制器的处理能力远高于 8 位和 16 位单片机，同时集成了与 32 位 CPU 相适应的强大外设，如双通道 ADC、多功能定时器、7 通道直接存储器访问(direct memory access，DMA)和串行外设接口(serial peripheral interface，SPI)等，能够完成过去一般单片机所无法达到的控制功能。现在已经形成了以 8 位单片机为主流的低端产品和以 32 位微控制器为主流的高端产品两大市场。对于机电一体化领域的学习人员，了解 32 位微控制器的结构、特点，掌握其使用方法，是很有必要的。

STM32 微控制器的结构与 51 系列单片机相似，也是用读写寄存器来使用内部各部件。但是，STM32 的规模比 51 系列单片机更庞大，完成一个复杂的功能可能需要操作多个寄存器的多个位，因此掌握其使用方法有一定难度。为解决此问题，意法半导体公司提供了大量的固件函数库，包含了 STM32 所有内外设功能的库函数。STM32 的编程有两种方式：一种是调用库函数，另一种是直接操作寄存器。STM32 的寄存器共有 300 个左右，数量非常庞大，从而给编程带来困难，而且由于 STM32 与 Arduino 的芯片架构不同，STM32 是不可以直接操作寄存器名称的，也就是说，不能像 Arduino 那样直接给寄存器的名称赋值，而只能通过宏定义让一个变量由指针指向寄存器所在的地址，即直接操作寄存器所在的地址。所以，每用到一个寄存器都需要宏定义一个寄存器。

STM32 集成了太多的外设，对于一个控制项目，可能很多外设是用不上的。为了尽量降低功耗，所有外设的时钟在复位后都是关闭的，这样外设就不工作也不耗电。如果要使用某个外设，需要打开它的时钟，并进行一些相关的初始化。

STM32 的优异性还体现在如下几个方面：

(1) 超低的价格。以 8 位机的价格得到 32 位机，是 STM32 最大的优势。

(2) 超多的外设。STM32 包括可变静态存储控制器(flexible static memory controller，FSMC)、定时器 TIMER、串行外设接口 SPI、集成电路总线(inter-integrated circuit，IIC)、通用串行总线(universal serial bus，USB)、控制器局域网络(controller area network，CAN)总线、安全数字输入输出(secure digital input and output，SDIO)、互联网信息服务(internet information services，IIS)、模数转换器 ADC、数模转换器 DAC、实时时钟(real_time clock，RTC)、DMA 等众多外设及功能，具有极高的集成度。

(3) 丰富的型号。STM32 仅 M3 内核就有 F100、F101、F102、F103、F105、F107、F207、F217 等 8 个系列上百种型号，封装形式具有方形扁平无引脚(quad flat no-leads，QFN)、薄型四方扁平式(low-profile quad flat，LQF)、球栅阵列(ball grid array，BGA)等可供选择。

(4) 优异的实时性能。STM32 具有 84 个中断、16 级可编程优先级，并且所有的引脚都可以作为中断输入。

（5）杰出的功耗控制。STM32 各个外设都有自己的独立时钟开关,可以通过关闭相应外设的时钟来降低功耗。

（6）极低的开发成本。STM32 的开发不需要昂贵的仿真器,只需要一个串口即可下载代码,并且支持串行调试（serial wire debug,SWD）和联合测试工作组（joint test action group,JTAG）两种调试口。

6.1.1　STM32 系列说明

STM32 系列满足了工业、医疗和消费类市场的各种应用需求,凭借该产品系列,意法半导体公司在全球 ARM Cortex-M 微控制器领域处于领先地位,同时树立了嵌入式应用的里程碑。该系列利用一流的外设和低功耗、低电压操作实现了高性能,同时还以可接受的价格、简单的架构和简便易用的工具实现了高集成度。STM32 系列产品均带 16 位定时器、6 通道 16 位脉宽调制（pulse width modulation,PWM）输出、RTC、看门狗、温度传感器、单周期乘法指令和硬件除法指令、超低功耗及快中断控制器。

1. STM32 产品特点

STM32 系列包含 5 个产品线,它们的引脚、外设和软件均兼容,下面具体介绍这 5 个产品的特点。

（1）超值型 STM32F100-24MHz CPU,具有电动机控制和消费电子控制功能。

（2）基本型 STM32F101-36MHz CPU,产品时钟频率为 36MHz,具有高达 1MB 的闪存。STM32 基本型以 16 位产品的价格得到比 16 位产品大幅提升的性能,是 16 位产品用户的最佳选择。基本型产品有 STM32F101R6、STM32F101C8、STM32F101R8、STM32F101V8、STM32F101RB 及 STM32F101VB。

（3）USB 基本型 STM32F102-48MHz CPU,具备 USB 全速接口（full-speed,FS）。

（4）增强型 STM32F103-72MHz CPU,产品系列时钟频率达到 72MHz,具有高达 1MB 的闪存、电动机控制、USB 和 CAN。STM32 增强型是同类产品中性能最高的产品,从闪存执行代码,到 90Mips（million instructions per second）消耗电流 36mA,是 32 位市场上功耗最低的产品,相当于 0.5mA/MHz。增强型产品有 STM32F103C8、STM32F103R8、STM32F103V8、STM32F103RB、STM32F103VB、STM32F103VE 及 STM32F103ZE。

（5）互联型 STM32F105/107-72MHz CPU,该系列产品除新增的功能强化型外设接口外,还提供与其他 STM32 微控制器相同的标准接口,这种外设共用性提升了整个产品家族的应用灵活性,使开发人员可以在多个设计中重复使用同一个软件。STM32 互联系列分为两个型号:STM32F105 和 STM32F107。其中,STM32F105 具有便携式 USB2.0（on-the-go,OTG）和 CAN2.0B 接口;STM32F107 在 USB OTG 和 CAN2.0B 接口基础上增加了以太网介质访问控制（medium access control,MAC）模块。片上集成的以太网 MAC 支持媒体独立接口（media independent interface,MII）和精简 MII 接口（reduced media independent interface,RMII）,因此,实现一个完整的以太网收发器只需一个外部物理层芯片。微处理器还能产生一个 25MHz 或 50MHz 的时钟输出,驱动外部物理层芯片。

2. STM32 命名规则

STM32 系列产品的分类命名规则如图 6-1 所示。

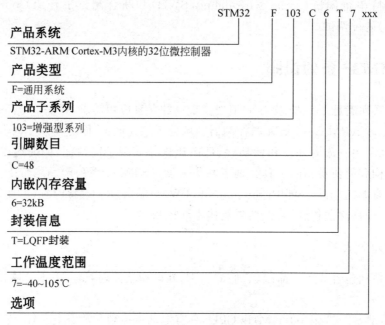

图 6-1　STM32 系列产品的分类命名规则

（1）产品系列：STM32 代表 ST 品牌 ARM Cortex-M 系列 32 位微控制单元（microcontroller unit，MCU）。

（2）产品类型：F 代表通用快闪，L 代表低电压（1.65～3.6V），W 代表无线系统芯片。

（3）产品子系列：103 代表 ARM Cortex-M3 内核，增强型；050 代表 ARM Cortex-M0 内核；101 代表 ARM Cortex-M3 内核，基本型；102 代表 ARM Cortex-M3 内核，USB 基本型；105 代表 ARM Cortex-M3 内核，USB 互联网型；107 代表 ARM Cortex-M3 内核，USB 互联网型、以太网型；215/217 代表 ARM Cortex-M3 内核，加密模块；405/407 代表 ARM Cortex-M4 内核，不加密模块等。

（4）引脚数目：F 为 20，G 为 28，K 为 32，T 为 36，H 为 40，C 为 48，U 为 63，R 为 64，O 为 90，V 为 100，Q 为 132，Z 为 144，I 为 176。

（5）内嵌闪存容量：4 代表小容量为 16kB，6 代表小容量为 32kB，8 代表中容量为 64kB，B 代表中容量为 128kB，C 代表大容量为 256kB，D 代表大容量为 384kB，E 代表大容量为 512kB，F 代表大容量为 768kB，G 代表大容量为 1MB。

（6）封装信息：H 代表 BGA 封装，T 代表 LQFP 封装，U 代表小型方块平面封装（VFQFPN），Y 代表晶圆片级芯片规模封装（wafer-level chip scale packaging，WLCSP）。

（7）工作温度范围：6 为工业级-40～85℃，7 为工业级-40～105℃。

（8）可选项：此部分可以用于标示内部固件版本号，也可以没有。

6.1.2 STM32F103 芯片主要特性

STM32F103 采用 Cortex-M3 内核,CPU 最高频率达 72MHz。该产品系列具有多种控制外设、USB 全速接口和 CAN,产品型号及对应的闪存大小、外设接口、工作频率和工作电压、封装类型见表 6-1。

表 6-1　器件功能和配置

外设		STM32F103Rx			STM32F103Vx			STM32F103Zx		
闪存/kB		256	384	512	256	384	512	256	384	512
RAM/kB		48	64		48	34		48	64	
FSUC		无			有			有		
定时器	通用	4								
	高级	2								
	基本	2								
通信	SPI(I^{2}S)[(1)]	3(2)								
	I^{2}C	2								
	USART	5								
	USB	1								
	CAN	1								
	SDIO	1								
通用 I/O 端口		51			80			112		
12 位同步 ADC		3 16 通道			3 16 通道			3 21 通道		
12 位 DAC		1 2 通道								
CPU 频率/MHz		72								
工作电压/V		2.0～3.6								
工作温度/℃		+85/-40～+105 结温,-40～+128								
封装		LQFP64			LQFP100,BGA100			LQFP144,BGA144		

STM32F103 芯片的功能特点如下。

(1) 内核:ARM 32 位 Cortex-M3 CPU,最高工作频率 72MHz,在存储器的 0 等待周期访问时 1.25DMips/MHz(1 秒每兆赫的速率能执行 1.25 兆个 Dhrystone 指令),单周期乘法和硬件除法。

(2) 存储器:片上集成 256～512kB 的闪存程序存储器,用于存放程序和数据;高达 64kB 的静态随机存储器(static randomaccess memory,SRAM),带 4 个片选的静态存储器控制器;支持 CF(compact flash)卡、SRAM、伪静态随机存储器(pseudo static random access memory,PSRAM)、NOR 和 NAND 存储器,并行液晶显示器(liquid crystal display,LCD)接口,兼容 8080/6800 模式。

(3) 时钟、复位和电源管理:2.0～3.6V 的电源供电和 I/O 接口的驱动电压。上电复

位(power on reset,POR)/断电复位(power down reset,PDR)和可编程的电压探测器(programmable voltage detector,PVD)。内嵌 4～16MHz 晶体振荡器,内嵌经出厂调校的 8MHz 的高速 RC 振荡器,内嵌带校准的 40kHz 的低速 RC 振荡器和带校准功能的 32kHz RTC 振荡器。

(4) 低功耗:3 种低功耗模式为休眠、停止、待机模式,通过内置的电压调节器提供所需的 1.8V 电源,当主电源 V_{DD} 掉电后,通过 V_{BAT} 脚为实时时钟 RTC 和备份寄存器提供电源。

(5) AD 转换器:3 个 12 位 1μs 级转换时间的模数转换器,多达 21 个输入通道,AD 测量范围是 0～3 倍采样和保持功能,片上集成一个温度传感器。

(6) DA 转换器:2 通道 12 位 DA 转换器。

(7) DMA:12 通道 DMA 控制器,支持定时器、ADC、DAC、SDIO、IIS、SPI、IIC 和 USART 等外设。

(8) I/O 端口:最多高达 112 个快速 I/O 端口。根据型号不同,有 51、80 和 112 个 I/O 端口,所有的端口都可以映射到 16 个外部中断向量,除了模拟输入口以外的所有 I/O 口都可以接受 5V 以内的输入。

(9) 调试模式:支持 SWD 和 JTAG 接口,Cortex-M3 嵌入式跟踪微单元(embedded trace macrocell,ETM)。

(10) 定时器:最多高达 11 个定时器,4 个 16 位定时器,每个定时器有 4 个用于输入捕获/输出比较/PWM 或脉冲计数的通道。2 个 16 位的 6 通道高级控制定时器,最多 6 个通道可用于 PWM 输出(带死区控制);2 个看门狗定时器(独立看门狗和窗口看门狗);系统时间定时器是一个 24 位自减型计数器;2 个 16 位基本定时器用于驱动 DAC。

(11) 通信接口:最多高达 13 个通信接口、2 个 IIC 接口,可支持系统管理总线(system management bus,SMBus)/电源管理总线(power management bus,PMBus);5 个通用同步/异步串行接收/发送器(universal synchronous/asynchronous receiver/transmitter, USART)接口可支持国际标准化传输协议 ISO7816、局域互联网络(local interconnect network,LIN)、红外数据组织(infrared data association,IrDA)接口和调制解调控制;3 个 SPI 接口,速率可达 18Mb/s;2 个可复用为 IIS 接口;一个 2.0B 的 CAN 接口,一个 USB 2.0 全速接口和一个 SDIO 接口。

6.1.3 STM32F103 芯片结构

STM32F103xx 是一个完整的系列,其成员之间是脚对脚兼容,软件和功能上也兼容。STM32F103xC、STM32F103xD 和 STM32F103xE 是 STM32F103x6/8/B/C 产品的延伸,它们具有更大的闪存存储器和 RAM 容量,更多的片上外设,如 SDIO、可变静态存储控制器(flexible static memory controller,FSMC)、IIS 和 DAC 等,同时保持与其他同系列的产品兼容,其结构如图 6-2 所示。

1. CPU 和内存

ARM 的 Cortex-M3 处理器是最新一代的嵌入式 ARM 处理器,它为实现 MCU 的需要提供了低成本的平台、缩减的引脚数目、降低的系统功耗,同时提供了卓越的计算性能和先

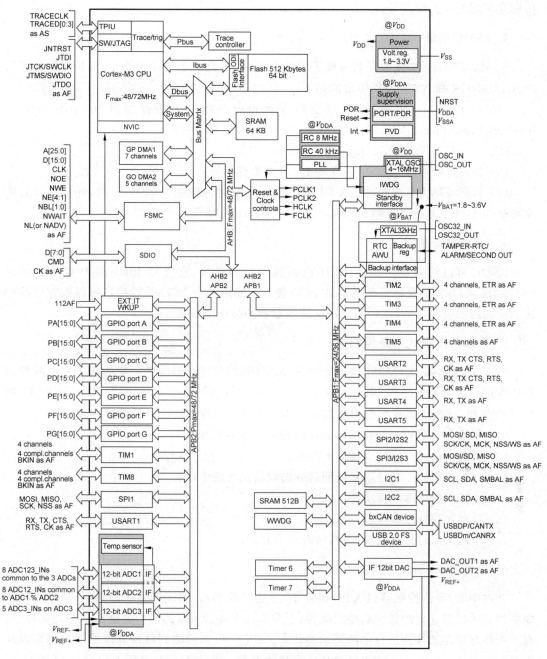

图 6-2　STM32F103xx 增强型系列结构框图

进的中断系统响应。STM32F103xC、STM32F103xD 和 STM32F103xE 增强型系列拥有内置的 ARM 核心,因此它与所有的 ARM 工具和软件兼容。

2. CRC 计算单元

循环冗余校验(cyclic redundancy check,CRC)计算单元使用一个固定的多项式发生器,从一个 32 位的数据字产生一个 CRC 码。在众多的应用中,CRC 技术被用于验证数据传输或存储的一致性。

3. FSMC 模块

STM32F103xx 增强型系列集成了 FSMC 模块,它具有 4 个片选输出,支持 CF、RAM、PSRAM、NOR 和 NAND,具体功能如下:

(1) 3 个 FSMC 中断源,经过逻辑或连到内嵌向量中断控制器(nested vectored interrupt controller,NVIC)单元。

(2) 写入先进先出(first input first output,FIFO)。

(3) 代码可以在除 NAND 闪存和 PC 片外存储器运行。

(4) 目标频率为系统时钟 SYSCLK/2,即当系统时钟频率为 72MHz 时,外部访问的频率可达 36MHz;系统时钟频率为 48MHz 时,外部访问的频率可达 24MHz。

4. LCD 并行接口

FSMC 可以配置成与多数 LCD 控制器的无缝连接,它支持 Intel 8080 和 Motorola 6800 的模式,并能够灵活地与特定的 LCD 接口。使用这个 LCD 并行接口可以很方便地构建简易的图形应用环境,或使用专用加速控制器的高性能方案。

5. 嵌套的向量式中断控制器

STM32F103xC、STM32F103xD 和 STM32F103xE 增强型内置嵌套的向量式中断控制器(NVIC),能够处理多达 60 个可屏蔽中断通道(不包括 16 个 Cortex™-M3 的中断线)和 16 个优先级,该模块以最小的中断延迟提供灵活的中断管理功能。具体特性如下:

(1) 紧耦合的 NVIC 能够达到低延迟的中断响应处理。

(2) 中断向量入口地址直接进入内核。

(3) 允许中断的早期处理和处理晚到的较高优先级中断。

(4) 支持中断尾部链接功能。

(5) 自动保存处理器状态。

(6) 中断返回时自动恢复,无需额外指令开销。

6. 外部中断/事件控制器

外部中断/事件控制器(EXTI)包含 15 个边沿检测器,用于产生中断/事件请求。每个中断线都可以独立地配置它的触发事件(上升沿或下降沿或双边沿),并能够单独地被屏蔽;有一个挂起寄存器维持所有中断请求的状态。EXTI 可以检测到脉冲宽度小于内部高级外围总线(advanced peripheral bus,APB)的时钟周期。多达 112 个通用 I/O 口连接到 16 个外部中断线。

7. 时钟和启动

在 STM32 中有 5 个时钟源,分别为高速内部(high speed internal,HSI)时钟信号、高速外部(high speed external,HSE)时钟信号、低速内部(low speed internal,LSI)时钟信号、低速外部(low speed external,LSE)时钟信号、锁相环(phase locked loop,PLL)倍频输出。时钟驱动框图如图 6-3 所示。

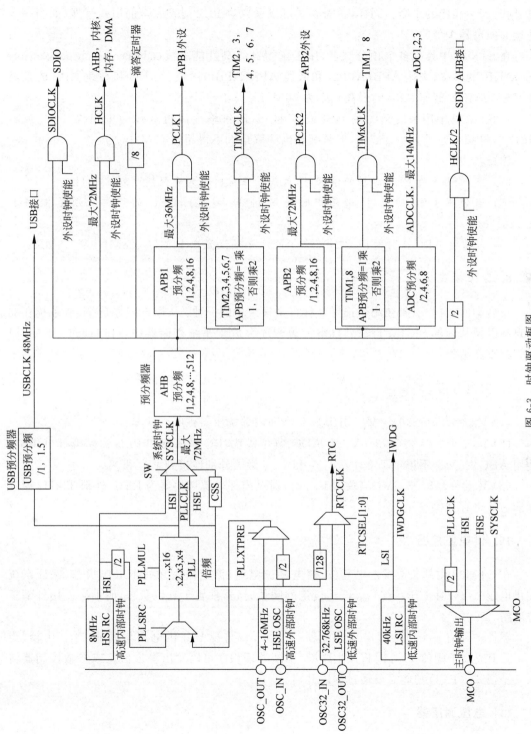

图 6-3　时钟驱动框图

系统时钟的选择是在启动时进行,复位时内部 8MHz 的 RC 振荡器被选为默认的 CPU 时钟,随后可以选择外部的、具失效监控的 4~16MHz 时钟;当外部时钟失效时,它将被隔离,同时产生相应的中断。同样,在需要时可以采取对 PLL 时钟完全的中断管理(如当一个外接的振荡器失效时)。

在 STM32 中具有多个预分频器,用于配置高级高性能总线(advanced high-performance bus,AHB)的频率、高速 APB(APB2)和低速 APB(APB1)区域。AHB 和高速 APB 的最高频率是 72MHz,低速 APB 的最高频率为 36MHz。

在 STM32 中用来倍频的是 HSI 或者 HSE,时钟输入源可选择为 HSI/2、HSE 或者 HSE/2,倍频可选择为 2~16 倍,但是其输出频率最大不得超过 72MHz。

注意:

(1) 当 HSI 作为 PLL 时钟的输入时,最高的系统时钟频率只能达到 64MHz。

(2) 当使用 USB 功能时,必须同时使用 HSE 和 PLL,CPU 的频率必须是 48MHz 或 72MHz。

(3) 当需要 ADC 采样时间为 $1\mu s$ 时,APB2 必须设置在 14MHz、28MHz 或 56MHz。

8. 自举模式

在启动时,自举引脚被用于选择 3 种自举模式中的一种:从用户闪存自举、从系统存储器自举以及从内部 SRAM 自举。自举加载程序存放于系统存储器中,可以通过 USART1 对闪存重新编程。

9. 供电方案

(1) $V_{DD}=2.0~3.6V$:V_{DD} 引脚为 I/O 和内部调压器供电。

(2) V_{SSA}、$V_{DDA}=2.0~3.6V$:为 ADC、复位模块、RC 振荡器和 PLL 的模拟部分供电。使用 ADC 时,V_{DD} 不得小于 2.4V,V_{DDA} 和 V_{SSA} 必须分别连接到 V_{DD} 和 V_{SS}。

(3) $V_{BAT}=1.8~3.6V$:当关闭 V_{DD} 时,通过内部电源切换器为 RTC、外部 32kHz 振荡器和后备寄存器供电。

10. 供电监控器

在 STM32 内部集成了上电复位/掉电复位电路,该电路始终处于工作状态,保证系统在供电超过 2V 时工作;当 V_{DD} 低于设定的阈值时,器件置于复位状态,而不必使用外部复位电路。

器件中还有一个可编程电压监测器(PVD),它监视 V_{DD} 供电并与阈值 V_{PVD} 比较,当 V_{DD} 低于或高于阈值 V_{PVD} 时将产生中断,中断处理程序可以发出警告信息或将微控制器转入安全模式。PVD 功能需要通过程序开启。

11. 电压调压器

调压器有 3 个操作模式:主模式、低功耗模式和关断模式。

（1）主模式用于正常的运行操作。

（2）低功耗模式用于 CPU 的停机模式。

（3）关断模式用于 CPU 的待机模式，此时调压器的输出为高阻状态。

内核电路的供电切断，调压器处于零消耗状态（但寄存器和 SRAM 的内容将丢失）。该调压器在复位后始终处于工作状态，在待机模式下关闭处于高阻输出。

12. 低功耗模式

STM32F103xC、STM32F103xD 和 STM32F103xE 增强型支持 3 种低功耗模式，可以在要求低功耗、短启动时间和多种唤醒事件之间达到最佳的平衡。

（1）睡眠模式：在睡眠模式，只有 CPU 停止，所有外设处于工作状态并可在发生中断/事件时唤醒 CPU。

（2）停机模式：在保持 SRAM 和寄存器内容不丢失的情况下，停机模式可以达到最低的电能消耗。在停机模式下，停止所有内部 1.8V 部分的供电，PLL、HSI 和 HSE 的 RC 振荡器被关闭，调压器可以被置于普通模式或低功耗模式。可以通过任一配置成 EXTI 的信号把微控制器从停机模式中唤醒，EXTI 信号可以是 16 个外部 I/O 口之一、PVD 的输出、RTC 闹钟或 USB 的唤醒信号。

（3）待机模式：在待机模式下可以达到最低的电能消耗。内部的电压调压器被关闭，因此所有内部 1.8V 部分的供电被切断；PLL、HSI 和 HSE 的 RC 振荡器也被关闭；进入待机模式后，SRAM 和寄存器的内容将消失，但后备寄存器的内容仍然保留，待机电路仍工作。从待机模式退出的条件是 NRST 上的外部复位信号、IWDG 复位、WKUP 引脚上的一个上升边沿或 RTC 的闹钟到时。

注意：在进入停机或待机模式时，RTC、IWDG 和对应的时钟不会被停止。

13. DMA

灵活的 12 路通用 DMA（DMA1 上有 7 个通道，DMA2 上有 5 个通道）可以管理存储器到存储器、设备到存储器和存储器到设备的数据传输；两个 DMA 控制器支持环形缓冲区的管理，避免了控制器传输到达缓冲区结尾时所产生的中断。

每个通道都有专门的硬件 DMA 请求逻辑，同时可以由软件触发每个通道：传输的长度、传输的源地址和目标地址都可以通过软件单独设置。

DMA 可以用于主要的外设包括 SPI、IIC、USART，通用、基本和高级控制定时器 TIMx、DAC、IIS、SDIO 和 ADC。

14. 实时时钟和后备寄存器

实时时钟（RTC）和后备寄存器通过一个开关供电，在 V_{DD} 有效时该开关选择 V_{DD} 供电，否则由 V_{BAT} 引脚供电。后备寄存器（42 个 16 位的寄存器）可以用于保存 84B 的用户应用数据，该寄存器不会被系统或电源复位，当从待机模式唤醒时，也不会被复位。

RTC 具有一组连续运行的计数器，可以通过适当的软件提供日历时钟功能，且具有闹钟中断和阶段性中断功能。RTC 的驱动时钟可以是一个使用外部晶体 32.768kHz 的振荡器、内部低功耗 RC 振荡器或高速的外部时钟经 128 分频，内部低功耗 RC 振荡器的典型频率为 40kHz。为补偿天然晶体的偏差,可以通过输出一个 512Hz 的信号对 RTC 的时钟进行校准。RTC 具有一个 32 位的可编程计数器,使用比较寄存器可以进行长时间的测量。有一个 20 位的预分频器用于基准时钟,默认情况下时钟为 32.768kHz 时,它将产生一个 1s 的时间基准。

15. 定时器和看门狗

中等容量的 STM32F103xx 增强型系列产品包含 2 个高级控制定时器、4 个通用定时器、2 个基本定时器、2 个看门狗定时器和 1 个窗口看门狗,以及 1 个系统时基(嘀嗒)定时器。下面详细比较以上各种定时器的功能。

1) 高级控制定时器

高级控制定时器(TIM1 和 TIM8)可以被看成是分配到 6 个通道的三相 PWM 发生器,还可以被当成完整的通用定时器。4 个独立的通道可以用于输入捕获、输出比较、产生 PWM(边缘或中心对齐模式)、单脉冲输出以及互补 PWM 输出(具备程序可控的死区插入功能)。

配置为 16 位标准定时器时,它与 TIMx 定时器具有相同的功能;配置为 16 位 PWM 发生器时,它具有全调制能力(0~100%)。

在调试模式下,计数器可以被冻结,同时 PWM 输出被禁止,从而切断由这些输出所控制的开关。

很多功能都与标准的 TIM 定时器相同,内部结构也相同,因此高级控制定时器可以通过定时器链接功能与 TIM 定时器协同操作,提供同步或事件链接功能。

2) 通用定时器

STM32F103xC、STM32F103xD 和 STM32F103xE 增强型系列产品中内置了多达 4 个可同步运行的标准定时器(TIM2、TIM3、TIM4 和 TIM5)。每个定时器都有一个 16 位的自动加载递增/递减计数器、一个 16 位的预分频器和 4 个独立的通道,每个通道都可用于输入捕获、输出比较、PWM 和单脉冲模式输出,在最大的封装配置中可提供最多 16 个输入捕获、输出比较或 PWM 通道。它们还能通过定时器链接功能与高级控制定时器共同工作,提供同步或事件链接功能。

在调试模式下,计数器可以被冻结,标准定时器都能用于产生 PWM 输出,每个定时器都有独立的 DMA 请求机制。

这些定时器还能够处理增量编码器的信号,也能处理 1~3 个霍尔传感器的数字输出。

3) 基本定时器

两个定时器(TIM6 和 TIM7)主要用于产生 DAC 触发信号,也可当成通用的 16 位时基计数器。

4) 看门狗定时器

独立的看门狗是基于一个 12 位的递减计数器和一个 8 位的预分频器,它由一个内部独立的 40kHz 的 RC 振荡器提供时钟,因为这个 RC 振荡器独立于主时钟,所以它可运行于停机和待机模式。它可以被当成看门狗,用于在发生问题时复位整个系统,或作为一个自由定时器为应用程序提供超时管理。通过选择字节可以配置成软件或硬件启动看门狗。在调试模式,计数器可以被冻结。

5）窗口看门狗

窗口看门狗有一个 7 位的递减计数器，并可以设置成自由运行。它可以被当成看门狗，在发生问题时复位整个系统。它由主时钟驱动，具有早期预警中断功能。在调试模式，计数器可以被冻结。

6）系统时基定时器

这个定时器专用于操作系统，也可当成一个标准的递减计数器。它具有 24 位的递减计数器、重加载功能、当计数器为 0 时能产生一个可屏蔽中断、可编程时钟源等特性。

16. IIC 总线

STM32F103xx 增强型系列产品多达两个 IIC 总线接口，能够工作于多主模式和从模式，支持标准模式和快速模式。IIC 接口支持 7 位或 10 位寻址，7 位从模式时支持双从地址寻址。内置了硬件 CRC 发生器/校验器。它们可以使用 DMA 操作并支持 SMBus 2.0 总线/PMBus 总线。

17. 通用同步/异步收发器

STM32F103xC、STM32F103xD 和 STM32F103xE 增强型系列产品内置了 3 个通用同步/异步收发器（USART1、USART2 和 USART3）和 2 个通用异步收发器（USART4 和 USART5）。这 5 个接口提供异步通信、支持红外线传输编解码、多处理器通信模式、单线半双工通信模式和 LIN 主/从功能。

USART1 接口的通信速率可达 4.5Mb/s，其他 USART 接口的通信速率可达 2.25Mb/s。USART1、USART2 和 USART3 接口具有硬件的请求发送（request to send，RTS）和允许发送（clear to send，CTS）、信号管理、兼容国际标准化传输协议 ISO7816 的智能卡模式和类 SPI 通信模式。除了 USART5，所有其他接口都可以使用 DMA 操作。

18. 串行外设接口

STM32F103xx 增强型系列产品多达 3 个串行外设 SPI 接口，在从或主模式下，全双工和半双工的通信速率可达 18Mb/s。3 位的预分频器可产生 8 种主模式频率，可配置成 8bit/帧或 16bit/帧。硬件的 CRC 支持基本的安全数字卡（secure digital card，SDC）和多媒体卡（multimedia card，MMC）。所有的 SPI 接口都可以使用 DMA 操作。

19. 控制器区域网络

控制器区域网络（CAN）接口兼容规范 2.0A 和 2.0B（主动），位速率高达 1Mb/s。它可以接收和发送 11 位标识符的标准帧，也可以接收和发送 29 位标识符的扩展帧。它具有 3 个发送邮箱和 2 个接收 FIFO，三级 14 个可调节的滤波器。

20. 通用串行总线

STM32F103xC、STM32F103xD 和 STM32F103xE 增强型系列产品内嵌一个兼容全速通用串行总线（USB）的设备控制器，遵循全速 USB 设备（12Mb/s）标准，端点可由软件配置,具有待机/恢复功能。USB 专用的 48MHz 时钟由内部主 PLL 直接产生(时钟源必须是一个 HSE 晶体振荡器)。

21. 通用输入输出接口

每个通用输入输出接口(general-purpose input/output,GPIO)引脚都可以由软件配置成输出(推挽或开漏)、输入(带或不带上拉或下拉)或其他的外设功能端口,多数 GPIO 引脚都与数字或模拟的外设共用。所有的 GPIO 引脚都有大电流通过能力,在需要的情况下,I/O 引脚的外设功能可以通过一个特定的操作锁定,以避免意外写入 I/O 寄存器。在 APB2 上的 I/O 引脚可达 18MHz 的翻转频率。

22. 模拟/数字转换器

STM32F103xC、STM32F103xD 和 STM32F103xE 增强型产品内嵌 3 个 12 位的模拟/数字转换器(ADC),每个 ADC 共用多达 21 个外部通道,可以实现单次或扫描转换。在扫描模式下,在选定的一组模拟输入上的转换自动进行。ADC 接口上额外的逻辑功能包括同时采样和保持、交叉采样和保持以及单次采样。ADC 可以使用 DMA 操作。

模拟看门狗允许非常精准地监视一路、多路或所有选中的通道,当被监视的信号超出预置的阈值时,将产生中断。由标准定时器(TIMx)和高级控制定时器(TIM1 和 TIM8)产生的事件,可以内部级联到 ADC 的开始触发和注入触发,应用程序能使 AD 转换与时钟同步。

23. 数字/模拟转换器

两个 12 位带缓冲的 DAC 通道可以用于转换两路数字信号为模拟电压信号并输出,这项功能内部通过集成的电阻串和反向的放大器实现。这个双数字接口支持功能包括8 位或 12 位单调输出、12 位模式下的左右数据对齐、同步更新功能,能产生噪声波和三角波、双 DAC 通道独立或同步转换,每个通道都可使用 DMA 功能、外部触发进行转换等。

STM32F103xC、STM32F103xD 和 STM32F103xE 增强型产品中有 8 个触发 DAC 转换的输入。DAC 通道可以由定时器的更新输出触发,更新输出也可连接到不同的 DMA 通道。

24. 芯片互联音频接口

两个标准的芯片互联音频(IIS)接口(与 SPI2 和 SPI3 复用)可以工作于主或从模式,这两个接口可以配置为 16 位或 32 位传输,也可配置为输入或输出通道,支持音频采样频率8~48kHz。当任一个或两个 IIS 接口配置为主模式时,它的主时钟可以以 256 倍采样频率输出给外部的 DAC 或解码器。

25. SDIO

SD/SDIO/MMC 主机接口可以支持 MMC 卡系统规范 4.2 版中的 3 个不同的数据总线模式:1 位(默认)、4 位和 8 位。在 8 位模式下,该接口可以使数据传输速率达到 48MHz,该接口兼容 SD 存储卡规范 2.0 版。SDIO 存储卡规范 2.0 版支持两种数据总线模式:1 位

（默认）和 4 位。

目前的芯片版本只能一次支持一个 SD/SDIO/MMC 4.2 版的卡，但可以同时支持多个 MMC 4.1 版或之前的卡。除了 SD/SDIO/MMC，这个接口完全与 CE-ATA（一种使用 MMC 接口界面、ATA 指令集的接口）数字协议版本 1.1 兼容。

26. 温度传感器

温度传感器产生一个随温度线性变化的电压，转换范围为 $2V < V_{DDA} < 3.6V$。温度传感器在内部被连接到 ADC1_IN16 的输入通道上，用于将传感器的输出转换到数字数值。

27. 串行单线 JTAG 调试口

内嵌 ARM 的串行/JTAG 调试接口，是一个结合了 JTAG 和串行调试的接口，可以实现串行调试接口或 JTAG 接口的连接。JTAG 的测试模式选择（test mode select，TMS）和测试时钟（test clock，TCK）信号分别与串行数据输入/输出（serial wire debug input/output，SWDI/O）和串行时钟线（serial wire debug clock，SWCLK）共用引脚，TMS 脚上的一个特殊的信号序列用于在 JTAG-DP（JTAG 调试接口）和 SW-DP（串行调试接口）间切换。

28. 内嵌跟踪模块

使用 ARM 的嵌入式跟踪微单元，STM32F10xxx 通过很少的 ETM 引脚连接到外部跟踪端口分析（trace port analysis，TPA）设备，从 CPU 核心中以高速输出压缩的数据流，为开发人员提供了清晰的指令运行与数据流动的信息。TPA 设备可以通过 USB、以太网或其他高速通道连接到调试主机，实时的指令和数据流向能够被调试主机上的调试软件记录下来，并按需要的格式显示出来。TPA 硬件可以从开发工具供应商处购得，并能与第三方的调试软件兼容。

6.1.4　STM32F103 芯片引脚功能

STM32F103xx 系列微控制器有 36 脚（VFQFPN36）、48 脚（LQFP48）、64 脚（LQFP64）、100 脚（LQFP100 和 BGA100）和 144 脚（LQFP144 和 BGA144）等多种封装形式。LQFP100 芯片的引脚功能如图 6-4 所示。

（1）电源：V_{DD}_x、$V_{SS}\_x (x=1,2,3,4,5)$供电电源为 $2.0\sim3.6V$；V_{BAT} 为 $1.8\sim3.6V$；V_{DDA}、V_{SSA}、V_{REF+}、V_{REF-} 为 ADC 专用。

（2）复位：NRST，低电平有效。

（3）时钟控制：OSC_IN、OSC_OUT 为 $4\sim16MHz$ 时钟，OSC32_IN、OSC32_OUT 为 32.768kHz 时钟。

（4）启动配置：BOOT0、BOOT1 配置启动模式。

（5）输入输出口：PAx、PBx、PCx、PDx、$PEx (x=0,1,2,\cdots,15)$可作为通用输入输出，还可配置实现特定的第二种功能，如 ADC、USART、IIC、SPI 等。

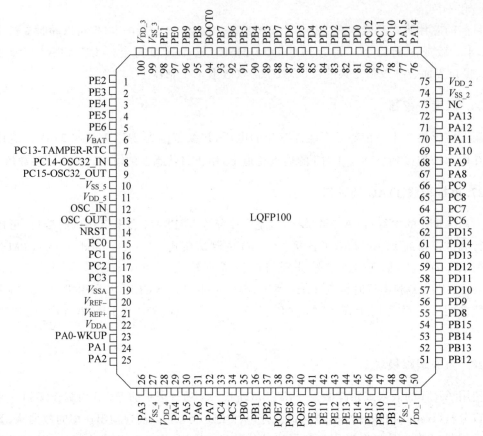

图 6-4 STM32F103xC、STM32F103xD 和 STM32F103xE 增强型 LQFP100 引脚分布

6.2 MDK5 软件开发环境

从接触 51 系列单片机开始,大家就知道有一个叫 Keil 的软件。在开发单片机时,使用的是 C 语言或汇编语言,这两种语言都不能直接烧写到单片机里,执不执行暂且不说,光是代码的体积,就足以撑破整个单片机。所以,我们需要一个软件,把 C 语言或汇编语言编译生成单片机可执行的二进制代码,而且它的体积也非常小,足够存放在单片机的存储器里。Keil 公司的软件恰好可以提供这样的功能,并且它还有很多优点,比如工程易于管理,自动加载启动代码,集编辑、编译、仿真于一体,调试功能强大等。

Keil 是一家出产编译软件的公司,提供了包括 C 编译器、宏汇编、连接器、库管理和一个功能强大的仿真调试器在内的完整开发方案,通过一个集成开发环境(μVision)将这些功能组合在一起。以前开发的软件是 Keil C51,专门针对 8051 单片机的,这个软件只有几十兆。2005 年 Keil 被 ARM 公司收购,成为 ARM 的公司之一。被 ARM 公司收购后,又推出了 Keil MDK。MDK 是 Keil 针对 ARM 一系列内核的编译开发包,这个软件有几百兆。

μVision 是 Keil 公司开发的一个集成开发环境(integrated development environment,IDE),它包括工程管理、源代码编辑、编译设置、下载调试和模拟仿真等功能。μVision 有

μVision2、μVision3、μVision4、μVision5 等 4 个版本。目前,最新的版本是 μVision5,它的界面和常用的微软 VC++ 的界面相似,界面友好、易学易用,在调试程序、软件仿真方面也有很强大的功能。它提供了一个环境,让开发者易于操作,因此很多开发 ARM 应用的工程师,都对它十分喜欢。μVisionu 通用于 Keil 的开发工具中,如 MDK、PK51、PK166、DK251 等。

本节将先对 STM32 常用的开发工具 Keil MDK 进行简单介绍,然后结合基础实验例子讲解 STM32 常用 I/O 资源以及内部资源的使用方法,最后给出基于 STM32 的实验程序。

6.2.1 MDK5 简介

MDK 源自德国的 Keil 公司,是 RealView MDK 的简称。在全球 MDK 被超过 10 万的嵌入式开发工程师使用。目前,最新版本为 MDK5.10,该版本使用 μVision5 IDE 集成开发环境,是目前针对 ARM 处理器尤其是 Cortex M 内核处理器的最佳开发工具。为了能够兼容 MDK5 之前的工程文件,Keil 另外提供了一个安装程序(mdkcmxxx.exe),安装好这个程序之后,可以直接打开原来用 MDK4 做的工程文件,编译下载等操作都不会出现问题。也就是说,安装好 MDK5 之后,再安装一个兼容文件,那么之前的 MDK4 工程不用任何设置都可以正常编译下载。MDK5 同时加强了针对 Cortex-M 开发的支持,并且对传统的开发模式和界面进行升级。MDK5 由两个部分组成:编译器(MDK Core)和包安装器(Software Packs),其中包安装器可以独立于工具链进行新芯片支持和中间库的升级,如图 6-5 所示。

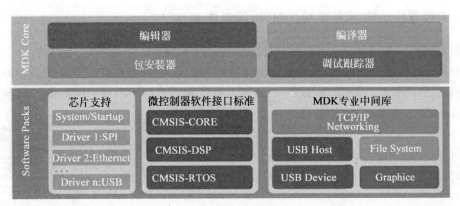

图 6-5　MDK5 组成

从图 6-5 可以看出,编译器分成 4 个部分:编辑器(μVision IDE with Editor)、编译器(ARMC/C++Compiler)、包安装器(Pack Installer)、调试跟踪器(μVision Debugger with Trace)。μVision IDE 从 MDK4.7 版本开始就加入了代码提示功能和语法动态检测等实用功能,相对于以往的 IDE 改进很大。包安装器又分为芯片支持(Device)、ARM Cortex 微控制器软件接口标准(CMSIS)和中间库(Middleware)3 个小部分。通过包安装器,我们可以安装最新的组件,从而支持新的器件、提供新的设备驱动库以及最新例程等,加速产品开发进度。

以往的 MDK 把所有组件都包含到一个安装包里,显得十分"笨重"。例如,Keil3.8 只有 122MB,到了 Keil4.6 已经达到 487MB 了。因为单片机的种类过一段时间就会增加,为了能够编译开发最新的芯片,MDK 不得不变得越来越大,但是我们并不是都能用到里面的芯片。为解决此问题,MDK5 进行了一次重大改版——将包安装器与编译器分离。编译器是一个独立的安装包,并不包含器件支持、设备驱动、CMSIS 等组件,容量不到 300MB,相对于 MDK4.70A 的 500MB,瘦身明显。也就是说,安装好编译器以后,编译器中没有任何器件。如果我们要对 STM32 进行开发,只需要再下载 STM32 的器件安装包(Packs)即可。

以前 MDK4 的最高频率为 10MHz,而 MDK5 的 SWD 下载频率达到了 50MHz,提升了 5 倍,下载程序只用一瞬间,因此不管是做实验还是量产,都有效提升了开发进度。

6.2.2　MDK5 软件安装

Keil MDK5 运行环境要求比较低,系统为 Windows 32 位/64 位(XP/WIN7/WIN8/WIN10);内存在 2GB 及以上,硬盘在 4GB 及以上;显示器分辨率在 1280×800 及以上。安装 Keil MDK5 软件主要分 3 大步。

1. 安装 MDK

MDK5 安装包可以从 Keil 官网下载,解压后直接双击可执行文件开始安装,如 mdk514.exe,这里要注意的是安装路径一定不要包含中文名字。最后单击"Finish"即可完成安装。安装 MDK5 后,CMSIS 和 MDK 中间软件就安装好了。

2. 安装器件支持、设备驱动、CMSIS 等组件

器件支持、设备驱动、CMSIS 等组件主要有两种安装方法。

(1) 采用"Pack Installer"安装程序。安装好 MDK5 后系统会自动弹出"Pack Installer"安装界面,或者单击 MDK5 编辑器中调试工具的最后一个"Packs Installer"图标,调出"Pack Installer"安装界面来进行各种组件的安装,如图 6-6 所示。这时,程序会自动从 Keil 官网下载各种支持包。但这个过程有可能失败,如果遇到这种情况,需要直接关闭这个包安装器,采用第二种方法完成组件安装。

图 6-6　安装器件选择图

(2) 先到 Keil 官网下载需要的支持包。例如,学习 STM32F103 系列单片机需要下载两个 STM32F103 的器件支持包:ARM.CMSIS.3.20.4.pack 用于支持 ST 标准库,也就是所谓的库函数;Keil.STM32F1xx_DFP.1.0.5.pack 即 STM32F1 的器件库。双击这两个安装包就可以进行组件安装了,如果以后还要增加器件,可以自行下载相应器件的支持包进行安装。

3. 注册

MDK5 软件需要输入注册码才可以正常使用。注册方法如下:

(1) 双击 Keil μVision5 图标(注意,如果直接双击则无法注册。请单击右键,以管理员

身份运行 MDK5,之后再注册),然后单击 File 目录下的 License Management,调出注册管理界面,如图 6-7 所示。可以看出,MDK 此时是评估版,使用是有限制的,不能编译超过 32kB 的代码。

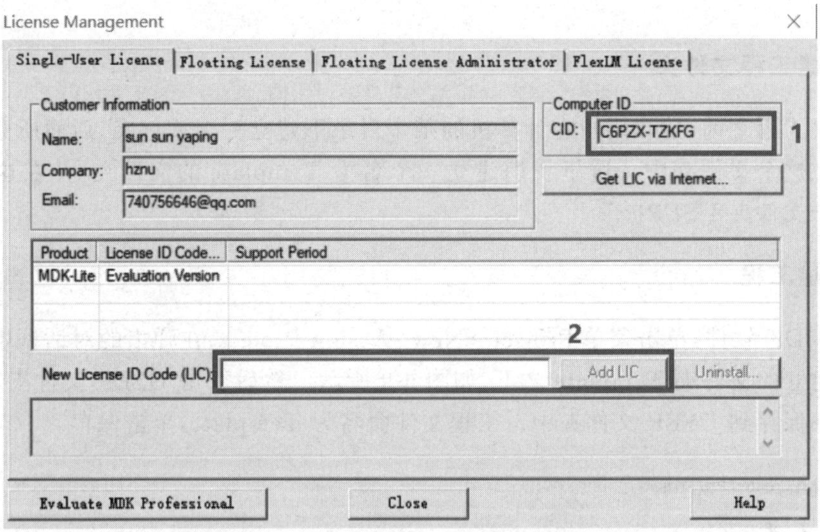

图 6-7   License Management 管理窗口

(2) 运行 keygen. exe(要先解压,如果杀毒软件误报误杀,就先关了杀毒软件再解压),如图 6-8 所示。在 keygen. exe 中,设置 Target 为 ARM,然后将 MDK License Management 界面里的 CID 号复制到 keygen. exe 中的 CID 栏,单击 Generate,即可获得注册码。

图 6-8   Keil 序列生成器窗口

(3) 将注册码复制到 License Management 中,单击 Add LIC 即可完成注册。如果软件使用过程中超过有效期,则可以多次生成许可号重新注册使用 Keil 编译软件。

6.2.3　新建工程模板

使用 Keil 开发嵌入式软件,开发周期和其他的平台软件开发周期差不多,大致有以下 4 个步骤:

(1) 创建一个工程,选择一块目标芯片,并且做一些必要的工程配置。

(2) 编写 C 或者汇编源文件。

(3) 编译应用程序,若有语法或逻辑错误,则修改源程序中的错误,并重新编译。

（4）联机调试。

因为用库新建工程的步骤较多，一般是先使用库建立一个空的工程，作为工程模板。以后直接复制一份工程模板，在它之上进行开发。下面介绍如何新建一个 STM32 的 MDK5 工程模板。

1. 新建工程文件夹

在建立工程之前，建议用户在计算机的某个目录下建立一个文件夹，后面所建立的工程都可以放在这个文件夹中。这里我们建立一个名为 Template 的文件夹，并在这个文件夹下面建立子文件夹 USER。

2. 新建工程

打开 MDK 软件，单击菜单 Project→New μVision Project，在弹出的对话框中将目录定位到刚才建立的文件夹 Template 之下，如图 6-9 所示。然后双击 USER 文件夹，我们的工程文件就都保存到 USER 文件夹中。工程文件命名为 Template，单击保存。

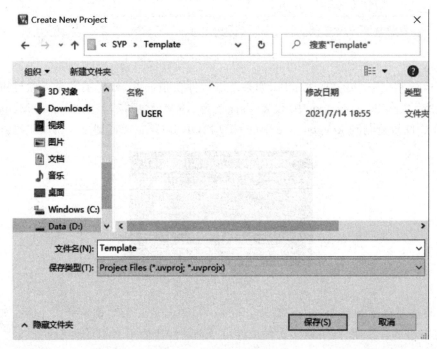

图 6-9　保存工程界面

3. 选择器件

单击保存后会弹出选择 CPU 器件对话框界面，就可选择芯片型号了。在这里选择 STMicroelectronics→STM32F1 Series→STM32F103→STM32F103VE，如图 6-10 所示。如果使用的是其他系列的芯片，选择相应的型号就可以了。如果这里没有出现你想要的 CPU 型号，或者一个型号都没有，那么肯定是 Keil μVision5 没有添加 Device 库。因为 Keil5 不像 Keil4 那样自带了很多 MCU 的型号，Keil5 需要自己添加，一定要安装对应的器

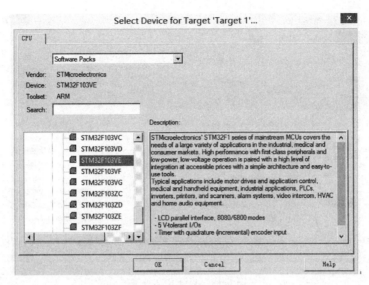

图 6-10 器件选择界面

件 Pack 才会显示这些内容。

4. 工程初步完成

单击 OK,MDK 会弹出 Manage Run-Time Environment 对话框,这是 MDK5 新增的一个功能,可以添加自己需要的组件,从而方便构建开发环境,这里不作介绍,直接单击 Cancel 后出现图 6-11 所示界面。

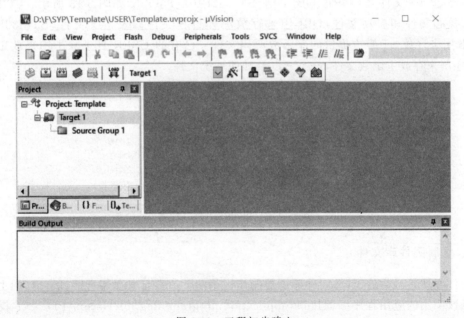

图 6-11 工程初步建立

打开 USER 文件夹,可以看到下面包含 3 个文件夹和 2 个文件,如图 6-12 所示,其中 Template. uvprojx 是工程文件,非常关键,不能轻易删除。

图 6-12 USER 文件夹

到这里,我们只是建立了一个项目框架,还需要添加很多库函数文件,包括启动代码以及 .c 文件等。

5. 新建管理文件夹

在 STM32 开发过程中,会涉及很多库函数文件以及编译过程产生的中间文件,这些文件放在一个文件夹下面,看起来很乱。为了方便管理与调试,在 Template 工程目录下面,自己再新建 3 个文件夹 CORE、OBJ 以及 STM32F10x_FWLib,如图 6-13 所示。CORE 用来存放核心文件和启动文件,OBJ 用来存放编译过程文件以及 hex 文件,STM32F10x_FWLib 用来存放 ST 官方提供的库函数源码文件。已有的 USER 目录除了用来放工程文件外,还用来存放主函数文件 main.c 以及其他系统文件。

图 6-13 Template 工程文件夹

6. 复制固件库文件

固件库就是函数的集合,固件库函数的作用是向下负责与寄存器直接打交道,向上提供用户函数调用的应用程序编程接口(application programming interface,API)。ST 提供固件库的完整包可以从官方网站下载,固件库是不断完善升级的,所以有不同的版本,本章使用的是 V3.5 版本的固件库 STM32F10x_StdPeriph_Lib_V3.5.0。固件库的介绍详见 6.2.7 节,具体操作步骤如下。

（1）打开 STM32F10x_StdPeriph_Lib_V3.5.0\Libraries\STM32F10x_StdPeriph_Driver 固件库，将目录下面的 src、inc 文件夹复制到刚才建立的 STM32F10x_FWLib 文件夹下面，如图 6-14 所示。src 存放的是固件库的 .c 文件，inc 存放的是对应的 .h 文件。

图 6-14　STM32F10x_FWLib 文件夹

（2）打开 STM32F10x_StdPeriph_Lib_V3.5.0\Libraries\CMSIS\CM3 文件夹，下面我们要将该文件夹里核心文件和相关的启动文件复制到工程目录 CORE 之下。首先打开该目录下的 CoreSupport 固件库包，将其中的 core_cm3.c 和 core_cm3.h 文件复制到 CORE 文件夹中。然后返回 CM3 文件夹，打开该目录下的 DeviceSupport\ST\STM32F10x\startup\arm 子文件夹，将其中的 startup_stm32f10x_hd.s 文件复制到 CORE 文件夹中，如图 6-15 所示。

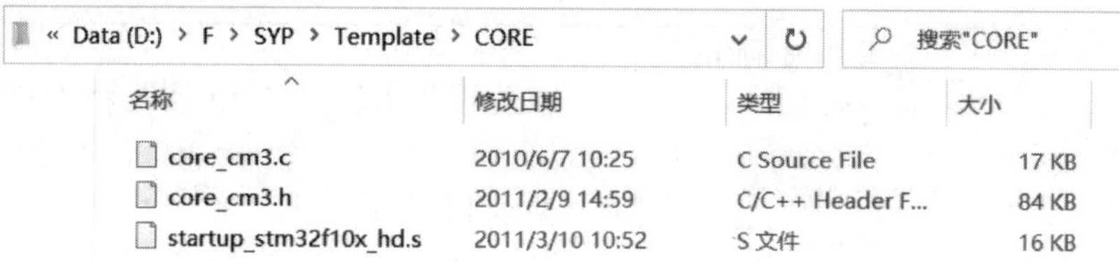

图 6-15　CORE 文件夹

startup_stm32f10x_hd.s 是启动文件，其代码是一段和硬件相关的汇编代码，是必不可少的，主要作用如下：堆栈（SP）的初始化；初始化程序计数器（PC）；设置向量表异常事件的入口地址；设置堆、栈的大小；配置外部 SRAM 作为数据存储器（这个由用户配置，一般的开发板没有外部 SRAM）；调用 SystemIni() 系统初始化函数配置 STM32 的系统时钟；调用 main 函数。

ST 公司提供了 3 个启动文件用于不同容量的 STM32 芯片，分别是 startup_stm32f10x_ld.s、startup_stm32f10x_md.s 及 startup_stm32f10x_hd.s。其中 ld.s 适用于小容量产品（闪存容量不超过 32KB），md.s 适用于中等容量产品（闪存容量为 64～128KB），hd.s 适用于大容量产品（闪存容量不低于 256KB）。本章实践环节采用的是 STM32F103VET6 开发板，该芯片的闪存容量为 512KB，属于大容量产品，所以选择 startup_stm32f10x_hd.s 作为启动文件。

（3）将 STM32F10x_StdPeriph_Lib_V3.5.0\Libraries\CMSIS\CM3\DeviceSupport\ST\STM32F10x 中的 3 个文件 stm32f10x.h、system_stm32f10x.c 和 system_stm32f10x.h 复制到 USER 目录之下，如图 6-16 所示。然后将 STM32F10x_StdPeriph_Lib_V3.5.0\Project\STM32F10x_StdPeriph_Template 下面的 4 个文件 main.c、stm32f10x_conf.h、stm32f10x_it.c 和 stm32f10x_it.h 复制到 USER 目录中。

到目前为止，建立的文件夹以及文件夹包含的具体文件见表 6-2。

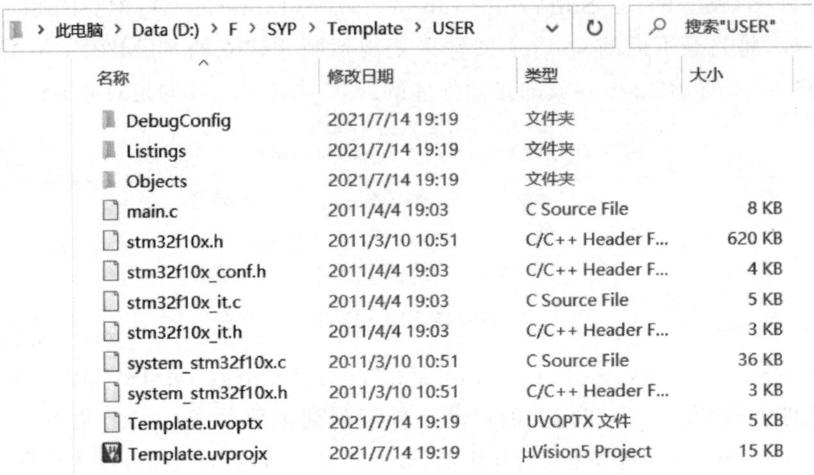

图 6-16　USER 文件夹具体内容

表 6-2　工程目录文件夹内容清单

文件夹名称	作　用	包含的文件
CORE	存放核心文件和启动文件	core_cm3. c,core_cm3. h,startup_stm32f10x_hd. s
OBJ	存放编译过程文件以及 hex 文件	由后期编译过程产生
STM32F10x_FWLib	库函数源码文件	src 文件夹下的全部. c 文件和 inc 文件夹下的全部. h 文件
USER	存放工程文件、主函数及其他	stm32f10x. h, system _ stm32f10x. h, system _ stm32f10x. c, main. c,stm32f10x_conf. h,stm32f10x_it. c,stm32f10x_it. h

7. 工程管理

为了方便项目的管理,对应建立 3 个小组,这个对于项目的运行是没有必要的。右击 Target1,选择 Manage Project Items。在 Project Targets 一栏将 Target 名字修改为 Template,然后在 Groups 一栏删掉一个 SourceGroup1,建立 3 个 Groups：USER、CORE、FWLIB。然后,单击 OK 就可以看到 Target 名字及 Groups 情况,如图 6-17 所示。

8. 工程里添加固件库文件

右击 Tempate,选择 Manage Project Items,然后选择需要添加文件的组,进行相应文件添加。这里如果觉得不知道使用了哪些库函数,不清楚添加哪些库文件进入工程,一个最简单的办法就是将所有的固件库函数添加到工程中,为了方便可以直接添加：

(1) 选择 FWLIB,单击右边的 Add Files,定位到刚才建立的目录 STM32F10x_ FWLib/src 下面,将里面所有的文件选中(Ctrl＋A),然后单击 Add,之后 Close,可以看到 Files 列表下面包含了所添加的文件,如图 6-18 所示。

(2) 用同样的方法,将 Groups 定位到 USER 下面,添加需要的文件。USER 组中增加

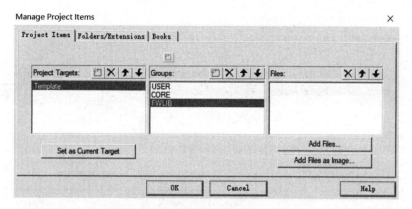

图 6-17 Manage Project Items 选项卡

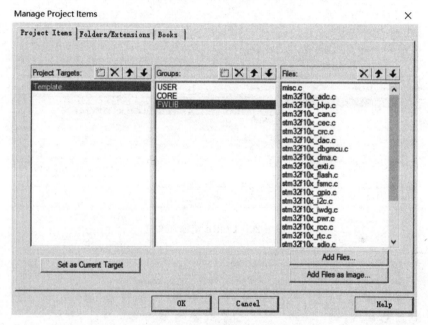

图 6-18 FWLIB 组添加文件

main. c、stm32f10x_it. c 以及 system_stm32f10x. c 文件,如图 6-19 所示。

(3) 用同样的方法,将 Groups 定位到 CORE 下面,添加需要的文件。CORE 组中增加 core_cm3. c 和 startup_stm32f10x_hd. s 文件,如图 6-20 所示。

9. 工程 option 设置

单击魔术棒,进行编译目录设置、头文件目录设置、. hex 文件生成、宏定义变量等。

1) 配置 Output

由于软件编译过程会自动生成很多过程文件,这些文件和真正有用的文件 Template. uvprojx 放在一起会变得杂乱无章,故用 OBJ 来存放编译过程中产生的过程文件(包括. hex 文件),如图 6-21 所示。选择 Output 选项下面的"Select Folder for Objects…",选择目录 为上面新建的 OBJ 目录作为编译目录。然后勾下面的 3 个选项,其中 Create HEX File 是

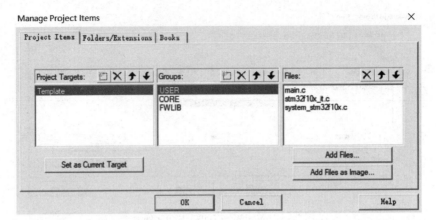

图 6-19   USER 组添加文件

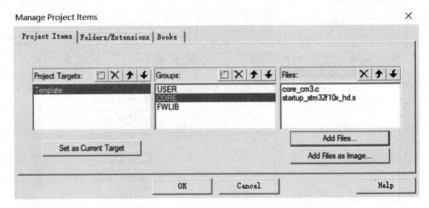

图 6-20   CORE 组添加文件

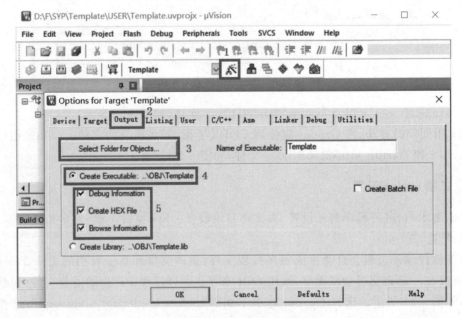

图 6-21   Output 选项卡设置

编译生成. hex 文件,串口下载时就是下载这个文件到 STM32 中。Browse Information 是可以查看变量和函数定义。

2) 设置头文件路径和宏定义变量

在 C/C++选项卡中添加处理宏及编译器编译时查找的头文件路径,因为如果头文件路径添加有误,则编译的时候会报错找不到头文件。

(1) 设置头文件目录:单击 C/C++选项,然后单击 Include Paths 右边的按钮,弹出一个添加路径的对话框,将上面的 3 个目录添加进去,如图 6-22 所示。Keil 在一级目录查找,所以如果此时目录下面还有子目录,记得路径一定要定位到最后一级子目录,然后单击 OK。

图 6-22　设置头文件目录

(2) 设置宏定义变量:因为库函数在配置和选择外设的时候是通过宏定义来选择的,所以需要配置一个全局宏定义变量。定位到 Define 输入框中,然后填写 STM32F10X_HD,USE_STDPERIPH_DRIVER,如图 6-23 所示(注意:两个标识符中间是逗号而不是句号)。在这个选项中添加宏,就相当于在文件中使用"♯define"定义宏一样。在编译器中添加宏的好处就是,只要用了这个模板,就不用在源文件中修改代码。

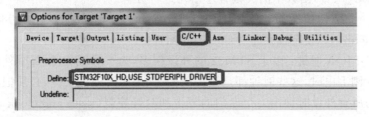

图 6-23　设置宏定义变量

STM32F10X_HD 宏是为了告诉 STM32 标准库,我们使用的芯片类型是大容量型号的,使 STM32 标准库根据选定的芯片型号来配置。如果选用的是中容量型号芯片,那么 STM32F10X_HD 修改为 STM32F10X_MD,小容量修改为 STM32F10X_LD。USE_

STDPERIPH_DRIVER 宏是为了让 STM32f10x. h 文件包含 STM32f10x_conf. h 这个头文件。

10. 编写源文件

打开工程 USER 下面的 main. c 文件,将其下面的代码复制到 main. c 文件中覆盖已有代码,然后进行编译。以下程序的功能是实现两个 LED 的轮流循环点亮。

```
#include "STM32f10x.h"
GPIO_InitTypeDef GPIO_InitStructure;                          // ①
void Delay(u32 count)
{
    u32 i=0;
    for(;i<count;i++);
}
void LED_Init(void)
{
    RCC_APB2PeriphClockCmd(RCC_APB2Periph_GPIOA, ENABLE);  // ②
    GPIO_InitStructure.GPIO_Pin = GPIO_Pin_0 | GPIO_Pin_1 ;    // ③
    GPIO_InitStructure.GPIO_Mode = GPIO_Mode_Out_PP;            // ④
    GPIO_InitStructure.GPIO_Speed = GPIO_Speed_50MHz;          // ⑤
    GPIO_Init(GPIOA, &GPIO_InitStructure);                     // ⑥
}
int main(void)
{
    LED_Init();
    while(1)
    {
        GPIO_SetBits(GPIOA, GPIO_Pin_0);              //set GPIOA.0=1
        GPIO_ResetBits(GPIOA, GPIO_Pin_1);            //set GPIOA.1=0
        Delay(1000000);
        GPIO_ResetBits(GPIOA, GPIO_Pin_0);            //set GPIOA.0=0
        GPIO_SetBits(GPIOA, GPIO_Pin_1);              //set GPIOA.1=1
        Delay(1000000);
    }
}
```

下面对 LED_Init()函数中的关键程序语句进行分析。

(1) 定义一个结构体变量:使用 GPIO_InitTypeDef 定义 GPIO 初始化结构体变量 GPIO_InitStructure,以便下面用于存储 GPIO 配置。

(2) 打开 GPIOA 时钟:由于 STM32 的外设很多,为了降低功耗,每个外设都对应着一个时钟,在芯片刚上电时,这些时钟都是被关闭的,如果想要外设工作,必须把相应的时钟打开。STM32 的所有外设时钟由一个专门的复位和时钟控制(reset and clock control,RCC)来管理,所有的 GPIO 都挂载到 APB2 总线上,具体的时钟由 APB2 外设时钟使能寄存器(RCC_APB2ENR)来控制,如图 6-24 所示。

GPIO 是挂载在 APB2 总线上的外设,在固件库中对挂载在 APB2 总线上的外设时钟使能是通过函数 RCC_APB2PeriphClockCmd()来实现的,详细代码见固件库文件 STM32f10x_rcc. c。

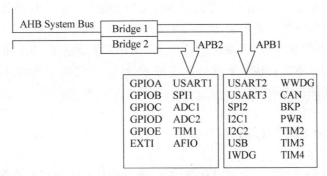

图 6-24 APB2 总线上的存储映射

void RCC_APB2PeriphClockCmd（uint32_t RCC_APB2Periph，FunctionalState NewState）函数有两个输入参数：第一个参数用于指示要配置的时钟，如本例中的"RCC_APB2Periph_GPIOA"，若有多个 GPIO 端口，应用时可以使用"｜"操作同时配置多个 GPIO 端口的时钟；第二个参数用于设置状态，可输入"Disable"关闭或"Enable"使能时钟。

（3）配置引脚：需要初始化的引脚为 GPIO_Pin_0 和 GPIO_Pin_1。

（4）I/O 模式设置：将这两个引脚的 I/O 模式设置为 GPIO_Mode_Out_PP，即推挽输出。

（5）时钟设置：I/O 口的最高输出频率初始化为 50MHz。

（6）初始化 GPIOA：调用 GPIO 口，初始化函数 GPIO_Init，初始化 GPIOA。

11. 编译

编译界面如图 6-25 所示，图中框 1 处为编译当前目标按钮，框 2 处为全部重新编译按钮。如果工程大的时候，按下全部重新编译按钮则会耗时较久，建议少用。出错和警告信息在下面的 Build Output 对话框中提示出来了。例如，出现一个警告"warning：♯1-D：last

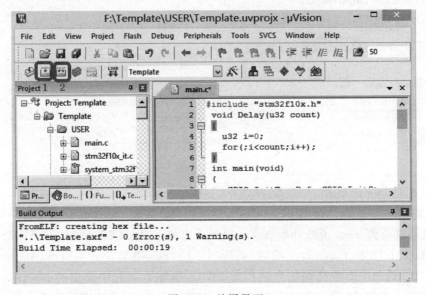

图 6-25 编译界面

line of file ends without a newline",那么表示这个警告在某个 C 文件的最后没有输入新行，只需要双击这个警告跳转到警告处，然后在后面输入一个回车键，多一个空行就好了。

至此，一个完整的 STM32 开发工程模板在 MDK5 下建立了，我们也可以看到生成了 hex 文件在 OBJ 目录下面。接下来就可以进行 STM32 的代码下载以及调试，这里的调试包括软件仿真和硬件在线调试。

6.2.4 STM32 软件仿真

MDK5 中一个强大功能就是提供软件仿真，通过软件仿真可以发现很多潜在的逻辑问题，因为在 MDK 的仿真环境下可以查看很多硬件相关的寄存器，通过观察这些寄存器可以知道代码是不是真正有效，可以很方便地检查程序存在的问题，避免了下载到 STM32 中难以查找这些错误的问题。另外一个优点是不必频繁地刷机，从而延长了 STM32 的闪存寿命（STM32 的闪存寿命不低于 1 万次）。当然，软件仿真不是万能的，很多问题还是要在线调试才能发现。接下来将介绍一个工程如何在 MDK5.10 的软件环境下仿真，以验证代码的正确性。下面以 6.2.3 节建立的工程模板为例开始进行软件仿真。

1. 设置仿真环境

开始软件仿真之前先检查一下配置是否正确。在 IDE 中单击魔术棒，确定仿真相关选项卡的设置。

1) 确定仿真的硬件环境

Target 选项卡如图 6-26 所示，主要检查芯片型号和晶振频率，其他的一般默认就可以。本例确认了芯片及外部晶振频率为 8.0MHz 之后，基本上就确定了 MDK5.10 软件仿真的硬件环境。

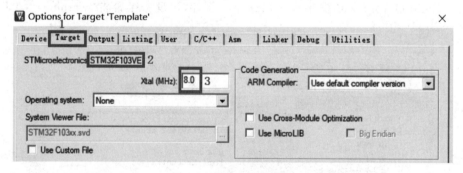

图 6-26 Target 选项卡

2) 配置 Debug 选项卡

单击 Debug 选项卡，选择 Use Simulator，即使用软件仿真。选择 Run to main()，即跳过汇编代码，直接跳转到 main 函数开始仿真。设置下方的 Dialog DLL 分别为 DARMSTM.DLL 和 TARMSTM.DLL，Parameter 均为-pSTM32F103ZE，用于设置支持 STM32F103ZE 的软硬件仿真。这两个参数是根据你使用的 MCU，例如本例程中使用的 MCU 为 STM 系列，那么 Dialog DLL 选项中就应该使用 DARMSTM.DLL 这个动态链接库文件，名字中的

STM 指厂商,Parameter 参数则是具体的 MCU 芯片型号。通过 Peripherals 选择对应外设的对话框就可以观察仿真结果,最后单击 OK 完成设置,如图 6-27 所示。

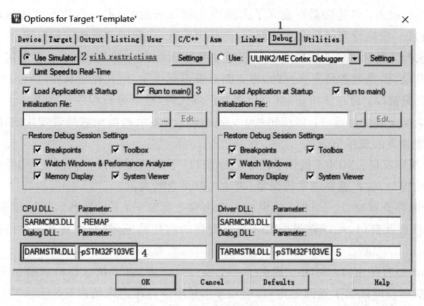

图 6-27　Debug 选项卡

2. 开始仿真

单击开始/停止仿真按钮,开始仿真。一旦进入调试状态,菜单栏就会自动出现 Debug 工具条,这个工具条在仿真的时候是非常有用的,其部分按钮的功能如图 6-28 所示。对 Debug 工具条的每一个按钮功能进行详细介绍如下。

图 6-28　Debug 工具条部分按钮的功能

(1) 复位:其功能等同于在硬件上按复位按钮,相当于实现了一次硬件复位。按下该按钮之后,代码会重新从头开始执行。

(2) 执行到断点处:该按钮用来快速执行到断点处。有时候并不需要知道程序每条指令是怎么执行的,而是想快速地执行到程序的某个地方看结果,这个按钮就可以实现这样的功能,前提是需要在查看的地方设置了断点。

(3) 停止运行:此按钮在程序一直执行的时候会变为有效,通过按该按钮,就可以使程序停止下来,进入单步调试状态。

(4) 执行进去:该按钮用来实现执行到某个函数里面去的功能,在没有函数的情况下,是等同于执行过去按钮的。

（5）执行过去：当碰到有函数的地方时，通过该按钮就可以单步执行这个函数，而无须进入这个函数单步执行函数里的每条语句。

（6）执行出去：该按钮是在进入了函数单步调试的时候，不必再执行该函数的剩余部分，而是直接一步执行完函数余下的部分，并跳出函数，回到函数被调用的位置。

（7）执行到光标处：该按钮可以迅速地使程序运行到光标处，看起来很像执行到断点处的按钮功能，但是两者是有区别的，因为断点可以有多个，而光标所在处只有一个。

（8）汇编窗口：通过该按钮，就可以查看汇编代码，这对分析程序很有用。

（9）堆栈局部变量窗口：该按钮按下，会弹出一个显示当前函数局部变量的窗口，可以查看各种想要看的变量值。

（10）观察窗口：MDK5 提供了两个观察窗口（下拉选择），按下该按钮，则会弹出一个显示变量的窗口，输入想要观察的变量/表达式即可查看其值。

（11）内存查看窗口：MDK5 提供了 4 个内存查看窗口（下拉选择），该按钮按下，会弹出一个内存查看窗口，可以在里面输入想要查看的内存地址，然后观察这一片内存的变化情况。

（12）串口打印窗口：MDK5 提供了 4 个串口打印窗口（下拉选择），该按钮按下，会弹出一个类似串口调试助手界面的窗口，用来显示从串口打印出来的内容。

（13）逻辑分析窗口：该图标下面有 3 个选项（下拉选择），一般用第一个，也就是逻辑分析窗口。单击即可调出该窗口，通过 SETUP 按钮新建一些 I/O 口，就可以观察这些 I/O 口的电平变化情况，以多种形式显示出来，比较直观。

（14）系统查看窗口：该按钮可以提供各种外设寄存器的查看窗口（下拉选择），选择对应外设即可调出该外设的相关寄存器表，并显示这些寄存器的值，方便查看设置是否正确。

Debug 工具条上其他几个按钮用得比较少，这里就不介绍了。以上介绍的是比较常用的，当然也不是每次都用得着这么多，具体看程序调试时有没有必要查看来决定。本例中，在上面的仿真界面选择逻辑分析窗口。

3. 配置逻辑分析窗口

按逻辑分析窗口按钮，单击 Setup，新建两个信号 PORTA.0（PORTA & 0x00000001）和 PORTA.1（PORTA & 0x00000002）>> 1），Display Type 都选择 Bit，如图 6-29 所示，然后单击 Close 关闭该对话框。

观察仿真结果：单击执行到断点处按钮，开始运行。运行一段时间之后，按停止运行按钮，暂停仿真回到逻辑分析窗口，可以看到图 6-30 所示的波形，与预期的一致。可以通过 Zoom 里面的 In 按钮来放大波形，通过 Out 按钮来缩小波形，或者按 All 显示全部波形。这里 Gird 要调节到 0.5s 左右比较合适，再次按下 🔍 结束仿真。

至此，软件仿真就结束了。通过软件仿真可以在 MDK5.10 中验证代码的正确性。接下来可将代码下载到硬件上，真正验证一下代码是否在硬件上也是可行的。本章后面的实验项目均采用广州市星翼电子科技有限公司（正点原子团队）开发的 STM32 精英版开发板作为教学平台。

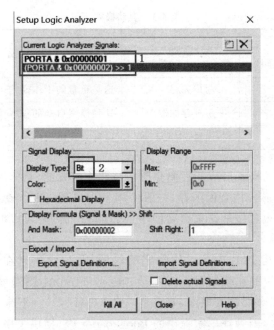

图 6-29　配置逻辑分析窗口

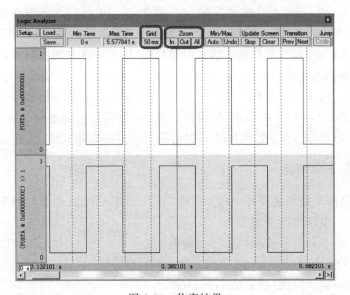

图 6-30　仿真结果

6.2.5　STM32 程序下载

1. STM32 启动模式介绍

STM32 不同于 51 系列单片机,在每个 STM32 的芯片上都有两个引脚 BOOT0 和 BOOT1,这两个引脚在芯片复位时的电平状态决定了芯片复位后从哪个区域开始执行程序,见表 6-3。

表 6-3　启动模式

启动模式选择引脚		启动模式	说　明
BOOT1	BOOT0		
×	0	用户闪存	这是正常的工作模式
0	1	系统存储器	这种模式启动的程序功能由厂家设置
1	0	内置 SRAM	这种模式可以用于调试

STM32 的 3 种启动模式对应的存储介质均是芯片内置的,具体说明如下。

(1) 用户闪存:是芯片内置的闪存,一般使用 JTAG 或 SWD 模式下载程序时,就是下载到这个里面,重启后也直接从这里启动程序。STM32 的闪存可以擦除 10 万次,所以是最常用的启动方式。

(2) 系统存储器:是芯片内部一块特定的区域,芯片出厂时在这个区域预置了一段 BootLoader,就是通常说的在线编程(in-system programming,ISP)程序。这个区域的内容在芯片出厂后没有人能够修改或擦除,即它是一个 ROM 区。一般来说,选用这种启动模式是为了从串口下载程序,因为在厂家提供的 BootLoader 中,提供了串口下载程序的固件,可以通过这个 BootLoader 将程序下载到系统的闪存中。

(3) 内置 SRAM:是芯片内置的 RAM 区,即内存。因为 SRAM 没有程序存储的能力,这个模式一般用于程序调试。假如只修改了代码中一个小小的地方,然后就需要重新擦除整个闪存,比较费时,可以考虑从这个模式启动代码,用于快速的程序调试,等程序调试完成后,再将程序下载到闪存中。

如果程序第一次下载的时候可以运行,但是掉电重启之后就不能运行了,那么就有可能是把 BOOT 设置成了串口下载模式,所以掉电之后,并不会自动运行。如果希望即使掉电重启也能直接运行程序,可以把 BOOT 设置为用户闪存启动模式。

2. 串口 ISP 下载电路

STM32 的串口下载只能通过串口 1 实现,即 PA9、PA10,其他串口都不具备这个功能。串口 ISP 最简单的电路如图 6-31 所示。

使用串口 ISP 下载程序按照以下步骤操作。

(1) 将 BOOT0 上拉接 3.3V,BOOT1 接 GND,然后按下复位键,这样才能从系统存储器启动 BootLoader。

(2) 在 BootLoader 的帮助下,通过串口 1 下载程序到闪存中。

(3) 程序下载完成后,又需要将 BOOT0 通过短路帽接 GND,手动复位后 STM32 才可以从闪存中启动。

利用串口 1 下载程序还是比较麻烦的,整个过程须跳动两次跳线帽、按两次复位。本章选用的 STM32 精英版开发板

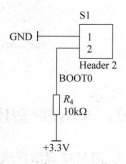

图 6-31　串口 ISP 下载电路

自带了一键下载电路,利用串口的 DTR 和 RTS 信号分别控制 STM32 的复位和 BOOT0,配合上位机软件(mcuisp),设置 DTR 的低电平复位,RTS 高电平进入 BootLoader。这样,

BOOT0 和 STM32 的复位完全可以由下载软件自动控制,从而实现一键下载。用户不需要去关心 BOOT0 和 BOOT1 的状态,即可自动实现串口下载。

3. 安装 USB 串口驱动程序

本章的 ALIENTEK MiniSTM32 实验平台不是通过 RS232 串口下载的,而是通过自带的 USB 串口来下载。其看起来像是 USB 下载(只需一根 USB 线,并不需要串口线),但实际上是通过 USB 转换成串口电路实现串口下载的。在进行串口下载之前,如果串口芯片的驱动程序没有安装,那么计算机不能识别串口,如图 6-32 所示,设备管理器里有一个未识别的设备。

在安装串口驱动程序之前,要先确定开发板所使用的串口芯片,本开发板使用的是 CH340 串口芯片。表 6-4 提供了几个常用串口芯片的驱动程序。如果使用其他的串口芯片,要安装对应的驱动程序。

图 6-32　安装 USB 驱动前
设备管理器

表 6-4　串口芯片对应的驱动程序

串口芯片型号	驱 动 程 序
CH340	CH340/CH341USB 转串口 Windows 驱动程序
PL2302	PL2303 Windows Driver Download
CP2102	CP210x USB 转 UART 桥接 VCP 驱动程序
FT232	FT232R USB UART Driver Download

如果驱动安装成功,在设备管理器里可以看到该设备对应的串口号,如图 6-33 所示(若找不到则重启计算机)。这里 USB 串口被识别为 COM6。注意,不同计算机可能不一样,但是 USB-SERIAL CH340 一定是一样的。如果没找到 USB 串口,则有可能是安装有误或者开发板的 USB 口插错了。

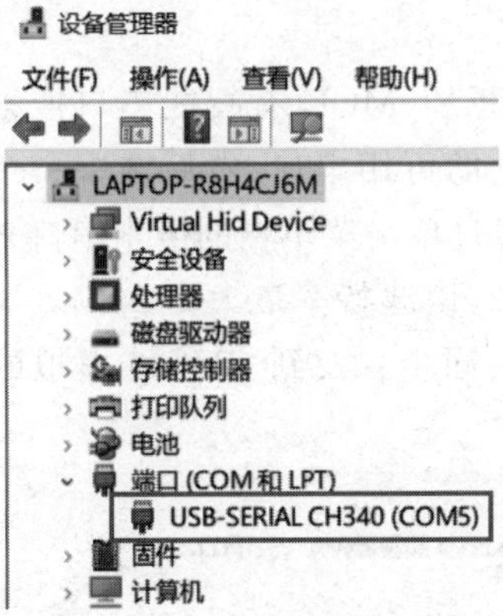

图 6-33　安装 USB 驱动后
设备管理器

4. 使用 FlyMCU 下载

在安装了 USB 串口驱动程序之后就可以开始下载代码了。STM32 串口下载软件主要有两个:一个是国人开发的 FlyMCU,另一个是 ST 官方的 Flash Loader Demonstrator。考虑到 FlyMCU 更简单易用,因此这里介绍 FlyMCU 串口下载软件。FlyMCU 属于第三方软件,是由单片机在线编程网开发的一款串口下载软件,可以去单片机在线编程网官方网站免费下载,下面介绍如何使用 FlyMCU 通过串口来给开发板下载程序。

1)加载 hex 文件

选择要下载的 hex 文件,以 6.2.3 节新建的工程模板为例,因为前面在工程建立的时候就已经设置了生成 hex 文件,所以编译的时候已经生成了 hex 文件,这里只需要找到这个 hex 文件下载即可。用 FlyMCU 软件打开 OBJ 文件夹,找到 Template. hex,打开并进行相应设置后如图 6-34 所示。

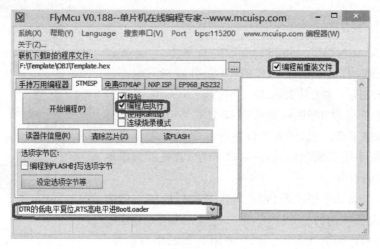

图 6-34　FlyMCU 设置界面

（1）编程后执行：这个选项在无一键下载功能的条件下是很有用的。选中该选项后可以在下载完程序后自动运行代码,而不用切换 BOOT 到主闪存启动模式。但是掉电重启,程序不会直接运行。如果上电即运行此程序,还需要把 BOOT 设置回主闪存启动模式 BOOT0＝0；否则,还需要按复位键才能开始运行刚刚下载的代码。

（2）编程前重装文件：该选项也比较有用。选中该选项之后,FlyMCU 会在每次编程之前将 hex 文件重新装载一遍,这在代码调试的时候是比较有用的。

（3）DTR 的低电平复位,RTS 高电平进 BootLoader：选中这个选择项,FlyMCU 就会通过 DTR 和 RTS 信号来控制板载的一键下载功能电路,以实现一键下载功能。如果不选择,则无法实现一键下载功能。这个是必要的选项（在 BOOT0 接 GND 的条件下）。

注意：不要选择使用 RamIsp,否则可能没法正常下载；编程到闪存时写选项字节也不要勾选这个选项,如果勾选,可能会导致下载失败,或者是运行失败,甚至会导致芯片锁死。

2）选择 COM 号

装载了 hex 文件之后,要下载代码还需要选择串口,这里 FlyMCU 有智能串口搜索功能。每次打开 FlyMCU 软件,软件会自动搜索当前计算机上的可用串口,然后选中一个作为默认串口（一般是最后一次关闭时选择的串口）。也可以通过单击菜单栏的搜索串口来实现自动搜索当前可用串口。串口波特率可设置,对于 STM32,该波特率最大为 230400b/s,这里一般选择最高的波特率 460800b/s,让 FlyMCU 自动去同步。找到 CH340 虚拟的串口,如图 6-35 所示。

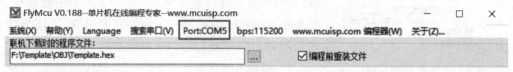

图 6-35　CH340 虚拟串口

从图 6-35 的 USB 串口安装可知,开发板的 USB 串口被识别为 COM6 了(如果计算机被识别为其他串口,则选择相应的串口即可),所以选择 COM6。

3) 下载程序

单击开始编程按钮,如果成功下载并运行,右边会输出下载的信息,如图 6-36 所示。如果提示"开始连接……",需要检查一下开发板的设置是否正确,是否有其他因素干扰等。

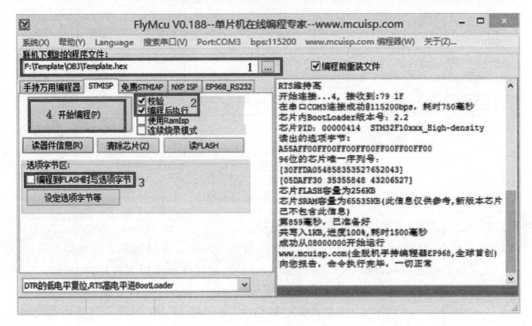

图 6-36　下载完成界面

6.2.6　STM32 硬件调试

虽然 STM32 系列可以使用串口下载程序,但擦除时间较长,需十几秒。同时,串口只能下载程序代码,不能进行实时跟踪调试,如果实际项目开发中代码工程比较大,难免会存在一些漏洞(bug),很难一次成功,这时就有必要通过硬件调试来解决问题。利用调试工具,比如 J-LINK、U-LINK、ST-LINK 等可以实时跟踪程序,从而找到程序中的 bug,使开发事半功倍。所以推荐大家尽量还是使用调试器来进行程序的下载和调试,方便又好用。

1. STM32 调试模式介绍

下面对 JTAG 接口和 SWD 接口以及 J-LINK、U-LINK 和 ST-LINK 仿真器进行介绍。

1) JTAG 接口

JTAG(Joint Test Action Group,联合测试行动小组)是一种国际标准测试协议(IEEE 1149.1 兼容),主要用于芯片内部测试。JTAG 调试接口必须使用电源(V_{cc})、地(GND)信号,以及模式选择(TMS)信号、时钟(TCK)信号、数据输入(TDI)和数据输出(TDO)4 根调试信号,可选 TRST、RESET 复位信号和 RTCK 同步时钟信号,电路如图 6-37 所示。

其中,TMS 是仿真器输出给目标 CPU 的模式设置信号,用来设置 JTAG 接口处于某

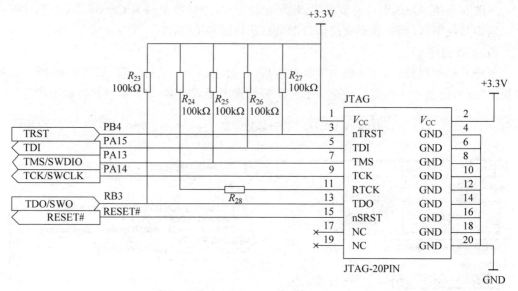

图 6-37　JTAG 连接电路

种特定的测试模式,必须在目标板上将此脚上拉。

　　TCK 是仿真器输出给目标 CPU 的 JTAG 时钟信号,建议在目标板上将此脚上拉。

　　TDI 是仿真器连接到目标 CPU 的数据输入信号,建议在目标板上将此脚上拉。

　　TDO 是目标 CPU 返回给仿真器的数据信号。

　　RTCK 是目标 CPU 提供给仿真器的时钟信号,用于将 JTAG 的输入与其内部时钟同步。仿真器利用此引脚的输入可动态地控制自己的 TCK 速率,若不用此功能,在目标板上将此引脚接地。

　　RESET 是仿真器输出到目标 CPU 的系统复位信号。虽然 TRST、RESET 是可选的信号,但一般建议都接上,使仿真器能够在连接器件前对器件进行复位,以获得较理想的初始状态,便于后续仿真。

　　2) SWD 接口

　　串行调试(serial wire debug,SWD)是 ARM 公司提出的另外一种和 JTAG 不同的调试模式,使用的调试协议也不一样,最直接的体现在调试接口引脚上,SWD 可以使用更少的信号,需要 4 个(或者 5 个)引脚。如 JTAGV6、JTAGV7 需要的硬件接口为 GND、RST、SWDIO、SWDCLK;JTAGV8 在此基础上又增加了 V_{CC} 引脚,其好处是仿真器对目标板的仿真需要用到 RST 引脚,就可以使用仿真器内部的 V_{CC} 实现这个功能,所以 JTAGV8 仿真器和目标板需共 GND,但不共 V_{CC}。SWD 结构简单,如图 6-38 所示。

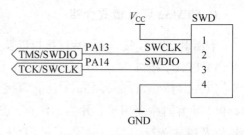

图 6-38　SWD 接口电路

　　RST 是仿真器输出至目标 CPU 的系统复位信号,是可选信号,但一般建议都接上,使仿真器能够在连接器件前对器件进行复位,以获得较理想的初始状态,便于后续仿真。

SWDIO 是串行数据输入输出,作为仿真信号的双向数据信号线,建议上拉。

SWDCLK 是串行时钟输入,作为仿真信号的时钟信号线,建议下拉。

JTAG 和 SWD 模式的区别如下:

(1) SWD 模式比 JTAG 模式在高速下更加可靠。在大数据量的情况下 JTAG 下载程序会失败,但是 SWD 失败的概率会小很多。基本使用 JTAG 仿真模式的情况下是可以直接使用 SWD 模式的,只要你的仿真器支持,所以推荐大家使用这个模式。

(2) 正常的 JTAG 需要 20 个引脚,而 J-Link 的 SWD 只需 2 根线(PA13/JTMS/SWDIO、PA14/JTCK/SWCLK)就够了(加上电源线也就 4 根),这样就节省了 3 个 I/O 口(PA15/JTDI、PB3/JTDO、PB4/JNTRST)为其他所用。所以在板子体积有限的时候推荐使用 SWD 模式,只需 4 个口就可以了,可节省一部分开发板的空间。

(3) JTAG 的使用范围比 SWD 广泛,ARM、数字信号处理器(digital signal processing,DSP)、可编程逻辑(field programmable gate array,FPGA)器件等都支持 JTAG 协议。

3) J-LINK 仿真器

J-LINK 是德国 SEGGER 公司推出基于 JTAG 的仿真器。简单地说,J-LINK 是一个 JTAG 协议转换盒,即一个小型 USB 到 JTAG 的转换盒,其连接到计算机用的是 USB 接口,而到目标板内部用的还是 JTAG 协议。它完成了一个从软件到硬件转换的工作。

4) U-LINK 仿真器

U-LINK 是 ARM/Keil 公司推出的仿真器,可以配合 Keil 软件实现仿真功能,并且仅可以在 Keil 软件上使用。它增加了 SWD 支持、返回时钟支持和实时代理等功能。开发工程师通过结合使用 RealView MDK 的调试器和 ULINK2,可以方便地在目标硬件上进行片上调试(使用 on-chip JTAG、SWD 和 OCDS)、闪存编程。要注意的是,ULINK 是 Keil 公司开发的仿真器,专用于 KEIL 平台下使用,ADS、IAR 下不能使用。

5) ST-LINK 仿真器

ST-LINK 是专门针对意法半导体公司 STM8 和 STM32 系列芯片的仿真器。ST-LINK/V2 指定的 SWIM 标准接口和 JTAG/SWD 标准接口的主要功能如下。

(1) 编程功能:可烧录程序到 FLASH ROM、EEPROM、AFR 等。

(2) 仿真功能:支持全速运行、单步调试、断点调试等调试方法,可查看 I/O 状态、变量数据等。

(3) 仿真性能:采用 USB2.0 接口进行仿真调试、单步调试、断点调试,反应速度快。

(4) 编程性能:采用 USB2.0 接口进行 SWIM/JTAG/SWD 下载,下载速度快。

2. J-LINK 程序下载

J-LINK 是一个通用的开发工具,可以用于 KEIL、IAR、ADS 等平台,其速度、效率、功能都很好,可以说是众多仿真器里最强悍的。这里以 J-LINK V8 为例介绍如何在线调试 STM32。

1) J-LINK 驱动安装

J-LINK V8 支持 JTAG 和 SWD 两种方法来调试,J-LINK 驱动程序可以到 J-LINK 官方网站下载驱动安装包,内含 USB driver、J-Mem、J-Link. exe and DLL for ARM、J-Flash and JLin RDI。

安装驱动程序很简单,只要将下载的.zip 包解压得到 Setup_JLinkARM_V408l.exe,然后双击直接安装即可。默认安装一路单击"NEXT"即可。

2) Debug 选项设置

安装了 J-LINK V8 的驱动程序之后接 J-LINK V8,并把 JTAG 口插到 ALIENTEK MiniSTM32 开发板上,打开前面新建的工程,单击魔术棒,打开 Options for Target 'Template' 对话框,在 Debug 选项卡中选择仿真工具为 J-LINK/J-TRACE Cortex,如图 6-39 所示。

图 6-39　Debug 选项设置

图 6-39 所示中还勾选了 Run to main()选项,只要单击仿真就会直接运行到 main 函数。如果没选择这个选项,则先执行 startup_STM32f10x_hd.s 文件中的 Reset_Handler,再跳到 main 函数。

单击 Settings,设置 J-LINK 的一些参数,如图 6-40 所示。这里使用 J-LINK V8 的 SWD 模式调试,因为 JTAG 比 SWD 模式需要占用更多的 I/O。另外,Max Clock 项可以单击 Auto Clk 来自动设置,图中设置 SWD 的调试频率为 10MHz。如果 USB 数据线比较差,可能会出问题,此时可以通过降低这里的频率来试一试,单击 OK 完成此部分设置。

图 6-40　J-LINK 模式设置

3) Utilities 选项设置

接下来还需要在 Utilities 选项卡中设置下载时的目标编程器,同样设置为 J-LINK/J-TRACE Cortex,如图 6-41 所示。勾选 Use Debug Driver,选择 J-LINK 来给目标器件的闪存编程。

然后,单击 Settings 按钮,进入编程设置,如图 6-42 所示。

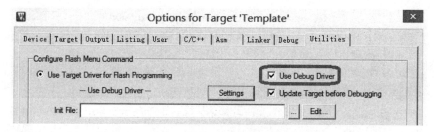

图 6-41 闪存编程器选择

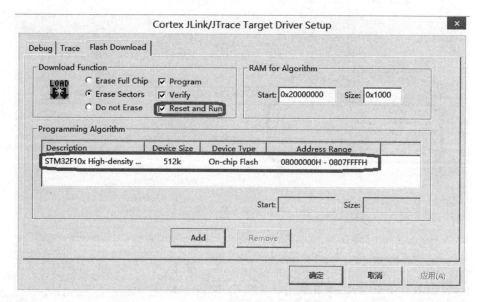

图 6-42 编程设置

选择目标板,具体选择多大的闪存要根据板子上的芯片型号决定。本章选用的是 STM32F103ZET6 芯片,故选 512KB。勾选上 Reset and Run,这样程序下载完之后就会自动运行,否则需要手动复位。擦除的闪存大小选择 Sectors 即可,不要选择 Full Chip,否则下载会比较慢。

4)下载程序

如果前面步骤都成功了,接下来就可以把编译好的程序下载到开发板上运行。下载程序不需要其他额外的软件,直接单击 Keil 中的 LOAD 按钮即可。程序下载后,Build Output 选项卡如果打印出 Application running... 则表示程序下载成功,如图 6-43 所示。如果没有出现,按复位键重新下载。

3. J-LINK 硬件调试

下面主要介绍通过 JTAG/SWD 实现程序在线调试的方法。这里只需要单击图 6-44 所示 图标就可以开始对 STM32 进行仿真(特别注意:开发板上的 BOOT0 和 BOOT1 都要设置到 GND,否则代码下载后不会自动运行)。

因为图 6-39 的 Debug 选项设置勾选了 Run to main()选项,所以,程序直接就运行到了 main 函数的入口处。随后把光标放到 Delay(1000000)语句的左边灰色处,然后单击鼠标左

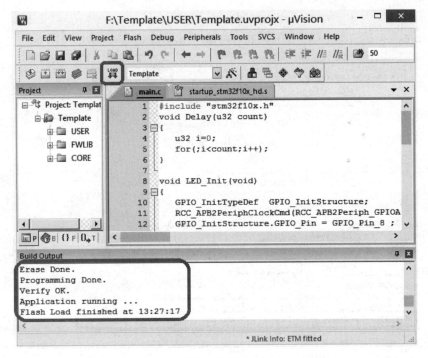

图 6-43　下载程序

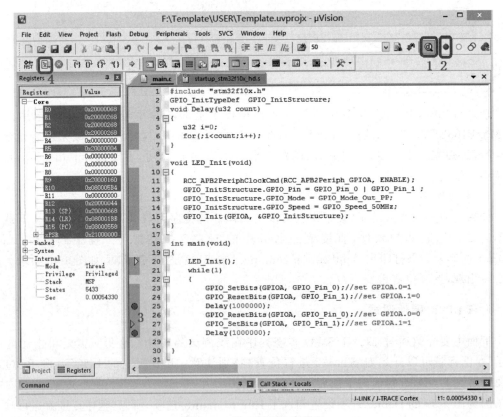

图 6-44　进入调试仿真界面

键或单击 ⊛ ,可以看到在该行的左边出现了一个红点,即表示设置了一个断点,再次单击则
取消。同样,在第二个 Delay(1000000)语句处再设置一个断点,单击 ▣ ,程序将会快速执行
到第一个断点处。接下来就可以采用 6.2.4 节软件仿真一样的方法开始单步执行、观察变
量等操作了。不过这里是真正在硬件上运行,而不是软件仿真,其结果更可信。可以看到两
个 LED 灯轮流点亮,与预期的一致,再次按下 ◶ 结束仿真。此时两个灯继续轮流点亮,说
明在调试的时候已将程序下载到芯片中。

4. 快速定位

在调试代码或编写代码的时候,一定有想看看某个函数是在哪个地方定义的,里面的具
体内容是怎么样的,也可能想看看某个变量或数组是在哪个地方定义的等。尤其在调试代
码或者看别人的代码时,如果编译器没有快速定位功能,就只能慢慢找,代码量比较少尚好,
如果代码量较大,则非常麻烦,有时要花很久来找这个函数。

MDK 提供了快速定位的功能,只要把光标放到这个函数/变量的上面,右击,找到 Go
to Definition of "GPIO_SetBits",然后单击就可以快速跳到 GPIO_SetBits 函数的定义处。
注意,要先在 Options for Target 的 Output 选项卡里勾选 Browse Information 选项,再编
译,再定位,否则无法定位。

对于变量,我们也可以按这样的操作来快速定位这个变量被定义的地方,从而大大缩短
查找代码的时间。在上面的操作中,还有一个类似的选项,就是 Go to Reference To "GPIO_
SetBits",这是快速跳到该函数被声明的地方,有时候也会用到,但不如前者使用得多。

利用 Go to Definition/Reference 看完函数/变量的定义/申明后,如果又想返回之前的
代码继续看,则可以通过菜单栏上的 ← 按钮,快速返回之前的位置。

6.2.7　STM32 固件库介绍

ST 为了方便用户开发程序,提供了一套丰富的 STM32 固件库。本节将介绍 STM32
固件库相关的基础知识,希望能够让大家对 STM32 固件库有一个初步的了解。

1. 固件库开发与寄存器开发的关系

很多用户都是从学 51 系列单片机开发转而想进一步学习 STM32 开发的,因此习惯了
51 单片机的寄存器开发方式,突然学习 ST 固件库就不知从何下手。下面将通过一个简单
的例子来解答 STM32 固件库和寄存器开发的关系。一句话概括:固件库就是函数的集合,
固件库函数的作用是向下负责与寄存器直接打交道,向上提供用户函数调用的接口。

在 51 系列单片机的开发中最常用的做法是直接操作寄存器。比如要控制某些 I/O 口
的状态,直接操作寄存器的语句是"P0=0x11;",而在 STM32 的开发中,同样可以操作寄存
器的语句是"GPIOx-> BRR=0x0011;"。

这种方法的劣势是需要掌握每个寄存器的用法,才能正确使用 STM32,然而对于
STM32 这种级别的 MCU,数百个寄存器记起来谈何容易。于是 ST 推出了官方固件库,将
这些寄存器底层操作都封装起来,提供一整套 API 接口供开发者调用,大多数场合下不需
要知道操作的是哪个寄存器,只需要知道调用哪些函数即可。比如上面语句对 BRR 寄存器
实现电平控制,官方库封装了如下函数:

```
void GPIO_SetBits(GPIO_TypeDef * GPIOx, uint16_t GPIO_Pin)
{
    assert_param(IS_GPIO_ALL_PERIPH(GPIOx)); /* Check the parameters */
    assert_param(IS_GPIO_PIN(GPIO_Pin));
    GPIOx-> BSRR = GPIO_Pin;
}
```

这个时候不需要直接操作 BRR 寄存器,只需要知道怎么使用 GPIO_ResetBits()这个函数就可以了。任何处理器,不管它有多么高级,归根结底都是要对处理器的寄存器进行操作。但是固件库不是万能的,我们还是要了解 STM32 的原理,在进行固件库开发过程中才可能得心应手。

2. CMSIS 标准介绍

下面介绍 STM32 和 ARM 的关系。ARM 其实是一个做芯片标准的公司,它负责的是芯片内核的架构设计;而 TI、ST 这样的公司并不做标准,它们是芯片公司,根据 ARM 公司提供的芯片内核标准设计自己的芯片,所以,任何一个 Cortex-M3 芯片,其内核结构都是一样的,但存储器容量、片上外设、I/O 以及其他模块有区别,如图 6-45 所示。所以不同公司设计的 Cortex-M3 芯片的端口数量、串口数量、控制方法等都是有区别的,可以根据它们自己的需求理念来设计。同一家公司设计的多种 Cortex-M3 内核芯片的片上外设也会有很大的区别,如 STM32F103RBT 和 STM32F103ZET,片上外设就有很大的区别,这些差异会导致软件在同内核、不同外设的芯片上移植困难。

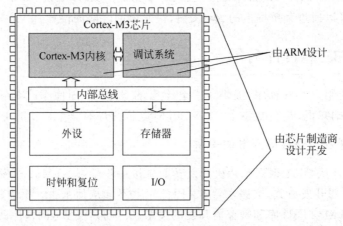

图 6-45　Cortex-M3 芯片结构图

ARM 公司为了能让不同的芯片公司生产的 Cortex-M3 芯片能在软件上基本兼容,和芯片生产商共同提出了一套微控制器软件接口标准(cortex microcontroller software interface standard,CMSIS),即 ARM Cortex™ 微控制器软件接口标准。如果没有 CMSIS标准,那么各个芯片公司就会自己根据喜欢的风格设计库函数,而 CMSIS 标准就是要强制规定芯片生产公司必须按照 CMSIS 这套规范来设计库函数。ST 官方库就是根据这套标准设计的。CMSIS 应用程序基本结构如图 6-46 所示,分为 3 个基本功能层。

(1)核内外设访问层:ARM 公司提供的访问,定义处理器内部寄存器地址以及功能函数。

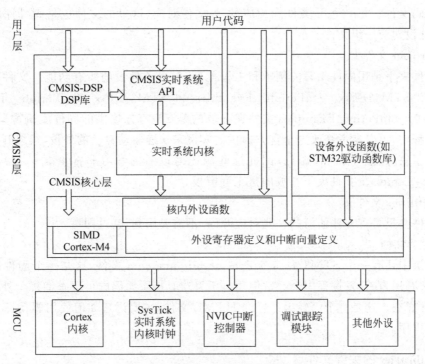

图 6-46　CMSIS 应用程序基本结构

（2）中间件访问层：定义访问中间件的通用 API，也是 ARM 公司提供的。

（3）外设访问层：提供了片上的核外外设的地址和中断定义。

图 6-46 中 CMSIS 层在整个系统中是处于中间层，提供了与芯片生产商无关的硬件抽象层，向下负责与内核和各个外设直接打交道，向上提供实时操作系统用户程序调用的函数接口，为接口外设、实时操作系统提供简单的处理器软件接口，屏蔽了硬件差异，这对软件的移植是有极大好处的。STM32 固件库就是按照 CMSIS 标准建立的。用一个简单的例子说明，我们在使用 STM32 芯片的时候首先要进行系统初始化，CMSIS 标准规定系统初始化函数的名称必须为 SystemInit，所以各个芯片公司写自己的系统初始化库函数时就必须用 SystemInit 作为函数名。CMSIS 还对各个外设驱动文件的文件名以及函数名字的规范化作了一系列规定，如函数 GPIO_SetBit 的名称也是遵循 CMSIS 规范而命名的。

3. STM32 官方库包介绍

本节以 V3.5 版本的固件库 STM32F10x_StdPeriph_Lib_V3.5.0 为例，讲解 ST 官方提供的 STM32 固件库完整包，该固件库中包含了 Libraries、Project 和 Utilities 文件夹。

1）Libraries 文件夹

该文件夹下是驱动库的源代码及启动文件，这个非常重要，里面的文件在每次建立工程时都会用到。Libraries 文件夹下面有 CMSIS 和 STM32F10x_StdPeriph_Driver 两个目录，这两个目录包含了固件库核心的所有子文件夹和文件。其中，CMSIS 目录下是启动文件，STM32F10x_StdPeriph_Driver 放的是 STM32 固件库源码文件。源文件目录下的 inc 目录存放的是 STM32f10x_xxx.h 头文件，无须改动。src 目录下是 STM32f10x_xxx.c 格式的固件库源码文件。每一个.c 文件和相应的.h 文件对应,这里的文件也是固件库的核心文件,每个外设对应一组文件。

2) Project 文件夹

该文件夹下是用固件库写的例子和工程模板,包含了外设的所有功能。文件夹下有两个文件夹 STM32F10x_StdPeriph_Examples 和 STM32F10x_StdPeriph_Template。STM32F10x_StdPeriph_Examples 文件夹存放的是 ST 官方提供的固件实例源码,在以后的开发过程中,可以参考修改这个官方提供的实例来快速驱动自己的外设,很多开发板的实例都参考了官方提供的例程源码,因此这些源码对以后的学习非常重要。STM32F10x_StdPeriph_Template 文件夹下存放的是工程模板。

3) Utilities 文件夹

该文件夹里是官方评估板的一些对应源码,不需要用到,略过即可。

4) 帮助文档

根目录中还有一个 STM32f10x_stdperiph_lib_um.chm 文件,这是一个固件库的帮助文档,非常有用,在开发过程中会经常使用。不喜欢直接看源码的可以查询每个外设的函数说明,非常详细。这是一个已经编译好的 HTML 文件,主要讲述如何使用驱动库来编写自己的应用程序。

4. Libraries 的关键文件

在使用固件库开发时需要把 Libraries 目录下的库函数文件添加到工程中,进入 Libraries 文件夹可以看到,关于内核与外设的库文件分别存放在 CMSIS 和 STM32F10x_StdPeriph_Driver 文件夹中。下面着重对 STM32 固件库中 Libraries 目录中的几个关键文件进行介绍。

1) 内核相关文件

CMSIS 的核心文件 core_cm3.c 和 core_cm3.h 位于 CMSIS\CM3\CoreSupport 目录下,提供进入 M3 内核的接口,这是由 ARM 公司提供的,对所有 CM3 内核的芯片都一样。

core_cm3.h 头文件里面实现了内核的寄存器映射,对应外设头文件 stm32f10x.h,区别就是一个针对内核的外设,一个针对片上(内核之外)的外设。core_cm3.c 文件实现了一个操作内核外设寄存器的函数,不需要修改这个文件,用得比较少。

2) 设置系统文件

和 CoreSupport 同一级还有一个 DeviceSupport 文件夹。DeviceSupport \ ST \ STM32F10x 文件夹中主要存放一些启动文件、比较基础的寄存器定义及中断向量定义的文件。这个目录下面有 3 个文件:system_stm32f10x.c、system_stm32f10x.h 以及 stm32f10x.h。

其中,system_stm32f10x.c 和对应的头文件 system_stm32f10x.h 的功能是设置系统及总线时钟,操作的是片上的 RCC 外设。这个文件包含了 STM32 芯片上电后初始化系统时钟、扩展外部存储器用的函数,如 SystemInit()函数,这个函数非常重要,在系统启动的时候都会调用,用于上电后初始化时钟,设置整个时钟系统。

STM32F103 系列的芯片系统在上电之后,首选会执行由汇编语言编写的启动文件,启动文件中的复位函数会调用库的 SystemInit 函数。调用完之后,系统的时钟就被初始化成

72MHz。如有需要可以修改这个文件的内容,设置成自己所需的时钟频率。但为了保持库的完整性,我们不会直接在这个文件里修改时钟配置函数,而是另外重写时钟配置函数。

stm32f10x.h 头文件实现了片上外设所有寄存器的映射,在内核中与之相对应的头文件是 core_cm3.h。打开这个文件可以看到,里面有非常多的结构体以及宏定义,主要实现系统寄存器定义申明以及包装内存操作。这个文件非常重要,在做 STM32 开发时会经常查看这个文件相关的定义。

3) 启动文件

在 DeviceSupport\ST\STM32F10x 同一级还有一个 startup 文件夹,里面放的文件是启动文件。在\startup\arm 目录下可以看到 8 个 startup 开头的.s 文件,6.2.3 节介绍的用于 STM32 不同容量芯片的 3 个启动文件 startup_STM32f10x_ld.s、startup_STM32f10x_md.s 及 startup_STM32f10x_hd.s 主要是针对 103 系列的,其他文件用于其他系列芯片的启动。启动文件使用汇编语言编写,当 STM32 芯片上电启动时,首先会执行启动文件的程序,从而建立起 C 语言的运行环境,最后执行 C 语言中的 main 函数。

启动文件由官方提供,一般有需要也是在官方的基础上修改,不会自己完全重写。该文件可以在 ST 固件库中找到,找到后把启动文件添加到工程里面即可。不同型号的芯片及不同编译环境下使用的汇编文件是不一样的,但功能相同。

4) 驱动文件

stm32F10x_StdPeriph_Driver 文件夹下有 inc(include 的缩写)跟 src(source 的简写)两个文件夹,这些文件属于 CMSIS 之外的芯片片上外设部分。src 中是每个设备外设的驱动源程序,inc 中则是相对应的外设头文件。

src 及 inc 文件夹是 ST 标准库的主要内容,src 和 inc 文件夹里的文件是 ST 公司针对每个 STM32 外设而编写的库函数文件,每个外设对应一个.c 和.h 后缀的文件。把这类外设文件统称为 stm32f10x_ppp.c 或 stm32f10x_ppp.h 文件,ppp 表示外设名称。如针对ADC 外设,在 src 文件夹下有一个 stm32f10x_adc.c 源文件,在 inc 文件夹下有一个 stm32f10x_adc.h 头文件,若我们开发的工程中用到了 STM32 内部的 ADC,则至少要把这两个文件包含到工程里。

这两个文件夹中还有一个很特别的 misc.c 文件,它提供了外设对内核中的 NVIC(中断向量控制器)的访问函数,在配置中断时必须把这个文件添加到工程中。

5) 中断文件

stm32f10x_it.c 和 stm32f10x_it.h 文件是专门用来编写中断服务函数的,在修改前,这个文件已经定义了一些系统异常(特殊中断)的接口,其他普通中断服务函数由用户自己添加。stm32f10x_it.h 是 stm32f10x_it.c 对应的头文件。

6) 配置头文件

当使用固件库编程的时候,如果需要某个外设的驱动库,就需要包含该外设的头文件 stm32f10x_ppp.h。包含一个还好,如果是用了多个外设,就需要包含多个头文件,这不仅影响代码美观,也不好管理。现用一个头文件 stm32f10x_conf.h 把这些外设的头文件都包含在里面,让这个配置头文件统一管理这些外设的头文件,在应用程序中只需要包含这个配置头文件即可。stm32f10x_conf.h 文件被包含进 stm32f10x.h 文件,所以最终只需要包含 stm32f10x.h 头文件即可。stm32f10x_conf.h 头文件默认情况下是包含所有头文件,我们可以把不需要的文件注释掉，只留下需要使用的即可。

7）库中各文件间的关系

库文件一般都不用修改而直接被包含到工程中，但有个别文件在使用时应根据具体的需要进行配置。接下来从整体上把握一下各个文件在库工程中的层次或关系，这些文件对应到 CMSIS 标准架构上，如图 6-47 所示。

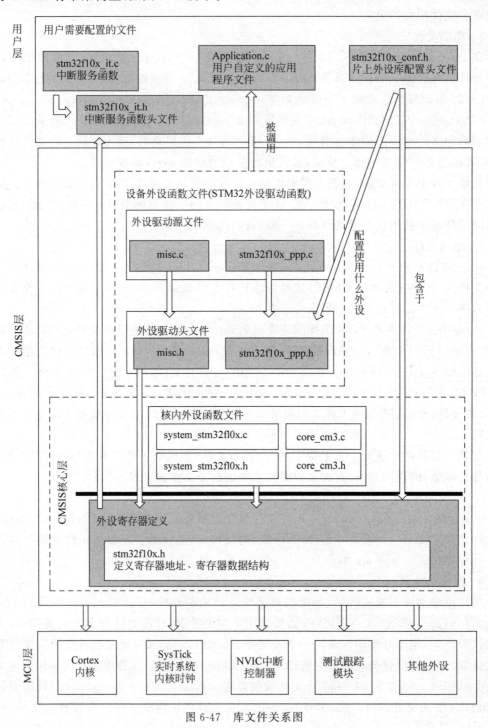

图 6-47　库文件关系图

图 6-47 描述了 STM32 库中各文件之间的调用关系,在实际的库函数开发工程的过程中,我们把位于 CMSIS 层的文件包含进工程,除了特殊系统时钟需要修改 system_STM32f10x.c,其他文件都不用修改,也不建议修改。对于位于用户层的几个文件,我们在使用库的时候,可以针对不同的应用对库文件进行增删(用条件编译的方法增删)和改动。

6.3 STM32 基础案例

6.3.1 基本数字输出 LED 灯闪烁

1. 项目需求

发光二极管(light emitting diode,LED)是一种常用的发光器件,通过电子与空穴复合释放能量发光。当它处于正向工作状态时(即两端加上正向电压),电流从 LED 阳极流向阴极,半导体晶体就发出从紫外到红外不同颜色的光线,光的强弱与电流有关,常用的是发红光、绿光或黄光的二极管。

发光二极管是基本的输出设备,通过 LED 有节奏的闪动显示系统的工作状态。LED 在电路中的作用一般用于电路状态提醒、广告装饰,也可以用于各类信号灯、普通照明和城市夜景灯领域。本节介绍简单的数字输出点亮 LED 灯。

2. 项目工作原理分析

I/O 接口是微控制器必须具备的最基本外设功能。在 STM32 里,所有 I/O 都是通用的,称为通用输入输出端口(GPIO),简单来说就是 STM32 可控制的引脚。STM32 芯片的 GPIO 引脚与外部设备连接起来,从而实现与外部通信、控制以及数据采集的功能。STM32 芯片的 GPIO 被分成很多组,每组有 16 个引脚,如 STM32F103VET6 型号的芯片有 GPIOA、GPIOB、GPIOC、GPIOD 及 GPIOE 共 5 组 GPIO,芯片一共 100 个引脚,其中 GPIO 就占了一大部分,所有的 GPIO 引脚都有基本的输入输出功能。最基本的输出功能是由 STM32 控制引脚输出高、低电平,实现开关控制。如把 GPIO 引脚接入 LED 灯,就可以控制 LED 灯的亮灭如把 GPIO 引脚接入到继电器或三极管,就可以通过继电器或三极管控制外部大功率电路的通断。最基本的输入功能是检测外部输入电平,如把 GPIO 引脚连接到按键,就可以通过电平高低区分按键是否被按下。

1) GPIO 结构分析

通过 GPIO 硬件结构框图(如图 6-48 所示),就可以从整体上深入了解 GPIO 外设及各种应用模式。该图从最右端看起,最右端就是代表 STM32 芯片引出的 GPIO 引脚,其余部件都位于芯片内部。

(1) 保护二极管

引脚的两个保护二极管可以防止引脚外部过高或过低的电压输入。当引脚电压高于 V_{DD} 时,上方的二极管导通,当引脚电压低于 V_{SS} 时,下方的二极管导通,防止不正常电压引入芯片导致芯片烧毁。

注意:尽管有这样的保护,并不意味着 STM32 的引脚能直接外接大功率驱动器件,如直

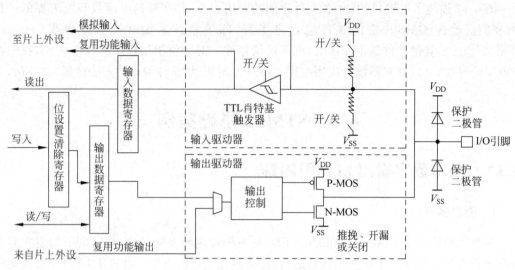

图 6-48　GPIO 硬件结构框图

接强制驱动电动机,电动机不转可能会导致芯片烧坏,故必须加大功率及隔离电路驱动。

(2) P-MOS 管和 N-MOS 管

GPIO 引脚线路经过两个保护二极管后,向上流向"输入模式"结构,向下流向"输出模式"结构。先看输出模式部分,线路经过一个由 P-MOS 和 N-MOS 管组成的单元电路,这个结构使 GPIO 具有了"推挽输出"和"开漏输出"两种模式。

所谓的推挽输出模式,是根据这两个 MOS 管的工作方式来命名的。在该结构中输入高电平时,经过反向后,上方的 P-MOS 导通,下方的 N-MOS 关闭,对外输出高电平;而在该结构中输入低电平时,经过反向后,N-MOS 管导通,P-MOS 关闭,对外输出低电平。当引脚高低电平切换时,两个管子轮流导通,P 管负责"灌"电流,N 管负责"拉"电流,使其负载能力和开关速度都比普通的方式有很大的提高。推挽输出的低电平为 0V,高电平为 3.3V。

在开漏输出模式时,上方的 P-MOS 管完全不工作。如果控制输出为 0,则 P-MOS 管关闭,N-MOS 管导通,使输出接地;如果控制输出为 1,则 P-MOS 管和 N-MOS 管都关闭,所以引脚既不输出高电平,也不输出低电平,为高阻态。因此在实际应用时都要外接合适的上拉电阻(通常采用 4.7~10kΩ)。开漏输出能够方便地实现"线与"逻辑功能,即多个开漏的引脚可以直接并在一起,只有当所有引脚都输出高阻态时,才由上拉电阻提供高电平,此高电平的电压为外部上拉电阻所接的电源电压。若其中一个引脚为低电平,线路就相当于短路接地,使整条线路都为低电平,即 0V。开漏输出的另一个用途是能够方便地实现不同逻辑电平之间的转换(如 3.3~5V),只需外接一个上拉电阻,而不需要额外的转换电路。

推挽输出模式一般应用在输出电平为 0V 和 3.3V,而且需要高速切换开关状态的场合。在 STM32 的应用中,除了必须用开漏模式的场合,都习惯使用推挽输出模式。

开漏输出一般应用在 IIC、SMBUS 通信等需要"线与"功能的总线电路中。除此之外,还用在电平不匹配的场合,如需要输出 5V 的高电平,就可以在外部接一个上拉电阻,上拉电源为 5V,并且把 GPIO 设置为开漏模式,当输出高阻态时,由上拉电阻和电源向外输出 5V 的电平。

（3）输出数据寄存器

双 MOS 管结构电路的输入信号是由 GPIO"输出数据寄存器 GPIOx_ODR"提供的,因此通过"置位/复位寄存器 GPIOx_BSRR"修改输出数据寄存器的值就可以修改 GPIO 引脚的输出电平。

（4）复用功能输出

复用功能输出中的"复用"是指 STM32 的其他片上外设对 GPIO 引脚进行控制,此时 GPIO 引脚用作该外设功能的一部分,算是第二用途。从其他外设引出来的"复用功能输出信号"与 GPIO 本身的数据寄存器都连接到双 MOS 管结构的输入中,通过图 6-48 中的梯形结构作为开关切换选择。例如,使用 USART 串口通信时,需要用到某个 GPIO 引脚作为发送引脚,这时就可以把该 GPIO 引脚配置成 USART 串口复用功能,由串口外设控制该引脚,发送数据。

（5）输入数据寄存器

在图 6-48 的上半部分中,GPIO 引脚经过内部的上、下拉电阻,可以配置成上、下拉输入,然后再连接到肖特基触发器,信号经过触发器后,模拟信号转化为 0、1 的数字信号,然后存储在"输入数据寄存器 GPIOx_IDR"中,通过读取该寄存器就可以了解 GPIO 引脚的电平状态。

（6）复用功能输入

与"复用功能输出"模式类似,在"复用功能输入"模式时,GPIO 引脚的信号传输到 STM32 其他片上外设,由该外设读取引脚状态。例如,使用 USART 串口通信时,需要用到某个 GPIO 引脚作为接收引脚,这时就可以把该 GPIO 引脚配置成 USART 串口复用功能,使 USART 通过该引脚接收远端数据。

（7）模拟输入输出

当 GPIO 引脚用于 ADC 采集电压的输入通道时,用作"模拟输入"功能,此时信号是不经过肖特基触发器的,因为经过肖特基触发器后的信号只有 0、1 两种状态,所以 ADC 外设要采集到原始的模拟信号,信号源输入必须在肖特基触发器之前。类似地,当 GPIO 引脚用于 DAC 作为模拟电压输出通道时,作为"模拟输出"功能,DAC 的模拟信号输出就不经过双 MOS 管结构,模拟信号直接输出到引脚。

2）GPIO 的工作模式

GPIO 的结构决定了 STM32 可以由软件配置成 8 种模式:浮空输入、上拉输入、下拉输入、模拟输入、开漏输出、推挽输出、推挽复用功能及开漏复用功能,见表 6-5。

表 6-5　**STM32 的 I/O 模式配置表**

配置模式		CNF1	CNF0	MODE1	MODE0	PxODR 寄存器
通用输出	推挽(push-pull)	0	0	输出模式见表 6-6		0 或 1
	开漏(open-drain)		1			0 或 1
复用功能输出	推挽(push-pull)	1	0			不使用
	开漏(open-drain)		1			不使用
输入	模拟	0	0	00		不使用
	浮空		1			不使用
	下拉	1	0			0
	上拉					1

8 种工作模式定义在 MDK 中是通过一个枚举类型定义的,其代码在 stm32f10x_gpio.h 文件中可看到如下所示:

```
typedef enum
{ GPIO_Mode_AIN = 0x0,                          //模拟输入
  GPIO_Mode_IN_FLOATING = 0x04,                 //浮空输入
  GPIO_Mode_IPD = 0x28,                         //下拉输入
  GPIO_Mode_IPU = 0x48,                         //上拉输入
  GPIO_Mode_Out_OD = 0x14,                      //开漏输出
  GPIO_Mode_Out_PP = 0x10,                      //推挽输出
  GPIO_Mode_AF_OD = 0x1C,                       //复用开漏输出
  GPIO_Mode_AF_PP = 0x18                        //复用推挽输出
}GPIOMode_TypeDef;
```

这 8 种细分的工作模式,大致可以归类为以下 3 类。

(1) 输入模式(模拟/浮空/上拉/下拉)

在输入模式时,施密特触发器打开,输出被禁止,可通过输入数据寄存器 GPIOx_IDR 读取 I/O 状态。其中输入模式可设置为上拉、下拉、浮空和模拟输入 4 种。上拉和下拉输入的默认电平由上拉或者下拉决定;浮空输入的电平是不确定的,完全由外部的输入决定,一般接按键的时候用的是这个模式;模拟输入则用于 ADC 采集。所有端口都有外部中断能力,为了使用外部中断线,端口必须配置成输入模式。

(2) 普通输出模式(推挽/开漏)

在推挽输出模式中,双 MOS 管以轮流的方式工作,输出数据寄存器 GPIOx_ODR 可控制 I/O 输出高低电平。开漏模式时,只有 N-MOS 管工作,输出数据寄存器可控制 I/O 输出高阻态或低电平。

推挽输出与开漏输出的区别具体如下: 推挽输出可以输出高、低电平,连接数字器件;开漏输出的输出端相当于三极管的集电极,要得到高电平状态需要上拉电阻才行,适合做电流型的驱动,其吸收电流的能力相对强(一般 20mA 以内)。

GPIO 输出频率可配置,支持 I/O 状态切换的频率有 2MHz、10MHz、50MHz 选项,可通过 MODE[1:0]进行配置,见表 6-6。

表 6-6 STM32 输出模式配置表

MODE[1:0]	意　义
00	保留
01	最大输出频率为 10MHz
10	最大输出频率为 2MHz
11	最大输出频率为 50MHz

I/O 口频率设置在 MDK 中是通过枚举类型定义的,代码如下:

```
typedef enum
{
  GPIO_Speed_10MHz = 1,
  GPIO_Speed_2MHz,
  GPIO_Speed_50MHz
}GPIOSpeed_TypeDef;
```

这个频率是指 I/O 口驱动电路的响应频率(即指 I/O 支持的高低电平状态最高切换频率),而不是输出信号的频率,输出信号的频率与程序有关。芯片内部在 I/O 口的输出部分安排了多个响应频率不同的输出驱动电路,用户能够依据自己的需要选择合适的驱动电路。通过选择频率来选择不同的输出驱动模块,达到最佳的噪声控制和减少功耗的目的。

对于频率的选择原则,关键是 GPIO 的引脚频率跟应用匹配,频率配置越高,噪声越大,功耗越大,故不需要高的输出频率时,请选用低频驱动电路,这样非常有利于提高系统的电磁干扰(electromagnetic interference,EMI)性能。如对于串口,假如最大波特率只需 115.2kHz,那么用 2MHz 的 GPIO 引脚频率就够了,既省电,噪声也小;对于 IIC 接口,假如使用 400kHz 波特率,若想把余量留大些,那么用 2MHz 的 GPIO 引脚频率或许不够,这时可以选用 10MHz 的 GPIO 引脚频率;对于 SPI 接口,假如使用 18MHz 或 9MHz 波特率,用 10MHz 的 GPIO 引脚频率显然不够,需要选用 50MHz 的 GPIO 引脚频率。当然如果要输出较高频率的信号,但却选用了较低频率的驱动模块,很可能会得到失真的输出信号。

在输出模式时肖特基触发器是打开的,即输入可用,通过输入数据寄存器 GPIOx_IDR 可读取 I/O 的实际状态。注意:GPIO 口设为输入时,输出驱动电路与端口是断开的,所以输出频率配置无意义。

(3) 复用功能(推挽/开漏)

复用功能模式中,输出使能,输出频率可配置,可工作在开漏及推挽模式,但输出信号源于其他外设,输出数据寄存器 GPIOx_ODR 无效;通过输入数据寄存器可获取 I/O 实际状态,但一般直接用外设的寄存器来获取该数据信号。在复位期间和刚复位后,复用功能未开启,I/O 端口被配置成浮空输入模式。

3) GPIO 的相关寄存器

对于 GPIO 引脚的使用是通过读写寄存器来控制的,通过对 GPIO 寄存器写入不同的参数,就可以改变 GPIO 的工作模式。在学习固件库开发时,并不需要记住每个寄存器的作用,而只是通过了解寄存器来对外设的一些功能有个大致的了解,这样对以后的学习也很有帮助。

每个 I/O 口可以自由编程,但 I/O 口寄存器必须要按 32 位字被访问。STM32 的很多 I/O 口都是 5V 兼容的,这些 I/O 口在与 5V 电平的外设连接时很有优势。具体哪些 I/O 口是 5V 兼容的,可以从该芯片的数据手册引脚查到(I/O Level 标 FT 的就是 5V 电平兼容的)。

STM32 的每个 I/O 端口都有 7 个寄存器来控制,见表 6-7。它们分别是:配置模式的 2 个 32 位的端口配置寄存器 CRL 和 CRH;2 个 32 位的数据寄存器 IDR 和 ODR;1 个 32 位的置位/复位寄存器 BSRR;1 个 16 位的复位寄存器 BRR;1 个 32 位的锁存寄存器 LCKR。

表 6-7　STM32 相关寄存器

名　　称	寄　存　器	意　　义
端口配置寄存器	GPIOx_CRL GPIOx_CRH	配置 GPIO 工作模式
端口输入数据寄存器	GPIOx_IDR	读取 GPIO 输入状态
端口输出数据寄存器	GPIOx_ODR	控制 GPIO 输出状态
端口位设置/复位寄存器	GPIOx_BSRR	用于位操作 GPIO 的输出状态:设置端口为 0 或 1
端口位复位寄存器	GPIOx_BRR	用于位操作 GPIO 的输出状态:设置端口为 0
端口配置锁定寄存器	GPIOx_LCKR	端口锁定后下次系统复位之前将不能再更改端口位的配置

（1）端口配置低寄存器 GPIOx_CRL（x＝A，…，E）

该寄存器的偏移地址为 0x00，复位值为 0x4444 4444，复位值其实就是配置端口为浮空输入模式。从图 6-49 可以得出 STM32 的 CRL 控制着每组 I/O 端口（A～E）的低 8 位的模式。

31 30	29 28	27 26	25 24	23 22	21 20	19 18	17 16
CNF7[1:0]	MODE7[1:0]	CNF6[1:0]	MODE6[1:0]	CNF5[1:0]	MODE5[1:0]	CNF4[1:0]	MODE4[1:0]
rw rw	rw rw	rw rw	rw rw	rw rw	rw rw	rw rw	rw rw

15 14	13 12	11 10	9 8	7 6	5 4	3 2	1 0
CNF3[1:0]	MODE3[1:0]	CNF2[1:0]	MODE2[1:0]	CNF1[1:0]	MODE1[1:0]	CNF0[1:0]	MODE0[1:0]
rw rw	rw rw	rw rw	rw rw	rw rw	rw rw	rw rw	rw rw

位31:30 27:26 23:22 19:18 15:14 11:10 7:6 3:2	CNFy[1:0]：端口x配置位(y=0, …, 7) 软件通过这些位配置相应的I/O端口，请参考表6-5端口位配置表 在输入模式(MODE[1:0]=00)： 00：模拟输入模式 01：浮空输入模式(复位后的状态) 10：上拉/下拉输入模式 11：保留 在输出模式(MODE[1:0]>00)： 00：通用推挽输出模式 01：通用开漏输出模式 10：复用功能推挽输出模式 11：复用功能开漏输出模式
位29:28 25:24 21:20 17:16 13:12 9:8, 5:4 1:0	MODEy[1:0]：端口x的模式位(y=0, …, 7) 软件通过这些位配置相应的I/O端口，请参考表6-5端口位配置表 00：输入模式(复位后的状态) 01：输出模式，最大速度10MHz 10：输出模式，最大速度2MHz 11：输出模式，最大速度50MHz

图 6-49   GPIO 配置低寄存器 CRL

每个 I/O 端口的位占用 CRL 的 4 个位，高两位为 CNF，用来配置各种输入输出模式；低两位为 MODE，用来配置输出的频率。这里可以记住几个常用的配置，比如 0X0 表示模拟输入模式（ADC 用）、0X3 表示推挽输出模式（做输出口用，50MHz 频率）、0X8 表示上/下拉输入模式（做输入口用）、0XB 表示复用输出（使用 I/O 口的第二功能，50MHz 频率）。CRH 的作用和 CRL 完全一样，只是 CRL 控制的是低 8 位输出口，而 CRH 控制的是高 8 位输出口。

在固件库开发中，操作寄存器 CRH 和 CRL 来配置 I/O 口的模式和频率通过 GPIO 初始化函数完成。void GPIO_Init(GPIO_TypeDef * GPIOx, GPIO_InitTypeDef * GPIO_InitStruct)，这个函数有两个参数：第一个参数用来指定 GPIO，取值范围为 GPIOA～GPIOE；第二个参数为初始化参数结构体指针，结构体类型为 GPIO_InitTypeDef。这个结构体的定义代码如下：

```
typedef struct
{
  uint16_t GPIO_Pin;
  GPIOSpeed_TypeDef GPIO_Speed;
  GPIOMode_TypeDef GPIO_Mode;
}GPIO_InitTypeDef;
```

这个结构体中包含了初始化 GPIO 所需要的信息,包括引脚号、工作模式、输出频率。设计这个结构的思路是:初始化 GPIO 前,先定义一个这样的结构体变量,根据需要配置 GPIO 的模式,对这个结构体的各个成员进行赋值,然后把这个变量作为“GPIO 初始化函数”的输入参数,该函数能根据这个变量值中的内容去配置寄存器,从而实现 GPIO 的初始化。

下面将连接 LED 灯的 GPIOA 的第 8 个端口为推挽输出模式,同时频率为 50MHz 作为初始化实例来讲解这个结构体的成员变量的含义。通过初始化结构体初始化 GPIO 的常用代码如下:

```
GPIO_InitTypeDef GPIO_InitStructure;
GPIO_InitStructure.GPIO_Pin = GPIO_Pin_8;              //第 8 端口配置
GPIO_InitStructure.GPIO_Mode = GPIO_Mode_Out_PP;       //推挽输出
GPIO_InitStructure.GPIO_Speed = GPIO_Speed_50MHz;      //频率 50MHz
GPIO_Init(GPIOB, &GPIO_InitStructure);                 //根据设定参数配置 GPIO
```

从上面初始化代码可以看出,结构体 GPIO_InitStructure 的第一个成员变量 GPIO_Pin 用来设置要初始化的具体 I/O 端口号(每个 GPIO 一共有 16 个端口);第二个成员变量 GPIO_Mode 用来设置对应 I/O 端口的输出输入模式(表 6-4 中所示的 8 种工作模式);第三个参数是 I/O 口频率设置,有 2MHz、10MHz 和 50MHz 共 3 个可选值。

(2) 端口输入数据寄存器 GPIOx_IDR(x=A,…,E)

IDR 是一个端口输入数据寄存器,只用了低 16 位。该寄存器为只读寄存器,并且只能以 16 位的形式读出。该寄存器各位的描述如图 6-50 所示。

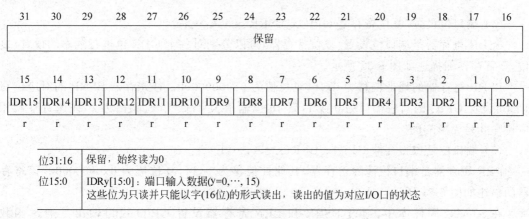

图 6-50　GPIO 数据输入寄存器 IDR

IDR 的地址偏移为 0x08,复位值为 0x0000 XXXX。要想知道某个 I/O 口的电平状态,只要读这个寄存器,再看某个位的状态就可以了。在固件库中操作 IDR 寄存器读取 I/O 端口数据是通过 GPIO_ReadInputDataBit 函数实现的,其返回值是 1 或者 0,如下代码所示:

uint8_t GPIO_ReadInputDataBit(GPIO_TypeDef * GPIOx, uint16_t GPIO_Pin)

比如要读 GPIOA.5 的电平状态,方法是:

GPIO_ReadInputDataBit(GPIOA, GPIO_Pin_5);

(3) 端口输出数据寄存器 GPIOx_ODR(x=A,…,E)

ODR 是一个端口输出数据寄存器,也只用了低 16 位。该寄存器为可读写,从该寄存器读出来的数据可用于判断当前 I/O 口的输出状态;而向该寄存器写数据,则可以控制某个 I/O 口的输出电平。该寄存器的各位描述如图 6-51 所示。

31	30	29	28	27	26	25	24	23	22	21	20	19	18	17	16
保留															

15	14	13	12	11	10	9	8	7	6	5	4	3	2	1	0
ODR15	ODR14	ODR13	ODR12	ODR11	ODR10	ODR9	ODR8	ODR7	ODR6	ODR5	ODR4	ODR3	ODR2	ODR1	ODR0
rw	rw	rw	rw	rw	rw	rw	rw	rw	rw	rw	rw	rw	rw	rw	rw

位31:16	保留,始终读为0
位15:0	ODRy[15:0]:端口输出数据(y=0,…,15) 这些位可读可写并只能以字(16位)的形式操作

图 6-51 GPIO 数据输出寄存器 ODR

数据输出寄存器 ODR 的地址偏移为 0Ch,复位值为 0x00000000。设置 ODR 寄存器的值来控制 I/O 口的输出状态是通过函数 GPIO_Write 来实现的,可对一个 GPIO 的多个端口设值,如下代码所示:

void GPIO_Write(GPIO_TypeDef * GPIOx, uint16_t PortVal);

(4) 端口位设置/复位寄存器 GPIOx_BSRR(x=A,…,E)

BSRR 寄存器是端口位设置/复位寄存器,可以分别对各个 ODR 位进行独立的设置/复位,该寄存器的描述如图 6-52 所示。

BSRR 寄存器的地址偏移为 0x10,复位值为 0x00000000。往寄存器 BSRR 的对应位写 1 即可设置 GPIO 的对应端口为 0 或 1,高 16 位输出为 0,低 16 位输出为 1,往该寄存器相应位写 0 是无影响的。

(5) 端口位复位寄存器 GPIOx_BRR(x=A,…,E)

BRR 寄存器是端口位清除寄存器,其地址偏移为 0x14,复位值为 0x00000000,该寄存器的描述如图 6-53 所示。

在 STM32 固件库中,通过 BSRR 和 BRR 寄存器设置 GPIO 端口输出是通过函数 GPIO_SetBits()和函数 GPIO_ResetBits()来完成的,如下代码所示:

void GPIO_SetBits(GPIO_TypeDef * GPIOx, uint16_t GPIO_Pin);
void GPIO_ResetBits(GPIO_TypeDef * GPIOx, uint16_t GPIO_Pin);

在多数情况下,都是采用这两个函数来设置 GPIO 端口的输入和输出状态。如果要设

31	30	29	28	27	26	25	24	23	22	21	20	19	18	17	16
BR15	BR14	BR13	BR12	BR11	BR10	BR9	BR8	BR7	BR6	BR5	BR4	BR3	BR2	BR1	BR0
w	w	w	w	w	w	w	w	w	w	w	w	w	w	w	w
15	14	13	12	11	10	9	8	7	6	5	4	3	2	1	0
BS15	BS14	BS13	BS12	BS11	BS10	BS9	BS8	BS7	BS6	BS5	BS4	BS3	BS2	BS1	BS0
w	w	w	w	w	w	w	w	w	w	w	w	w	w	w	w

位31:16	BRy: 复位端口x的位y（y=0, …, 15）（Port x Reset bit y） 这些位只能写入并只能以字（16位）的形式操作 0：对对应的ODRy位不产生影响 1：复位对应的ODRy位为0 注：如果同时设置了BSy和BRy的对应位，BSy位起作用
位15:0	BSy: 设置端口x的位y（y=0, …, 15）（Port x Set bit y） 这些位只能写入并只能以字（16位）的形式操作 0：对对应的ODRy位不产生影响 1：设置对应的ODRy位为1

图 6-52　GPIO 位设置/复位寄存器 GPIOx_BSRR

31	30	29	28	27	26	25	24	23	22	21	20	19	18	17	16
保留															
15	14	13	12	11	10	9	8	7	6	5	4	3	2	1	0
BR15	BR14	BR13	BR12	BR11	BR10	BR9	BR8	BR7	BR6	BR5	BR4	BR3	BR2	BR1	BR0
w	w	w	w	w	w	w	w	w	w	w	w	w	w	w	w

位31:16	保留
位15:0	BRy: 清除端口x的位y（y=0, …, 15）（Port x Reset bit y） 这些位只能写入并只能以字（16位）的形式操作 0：对对应的ODRy位不产生影响 1：清除对应的ODRy位为0

图 6-53　GPIO 位复位寄存器 GPIOx_BRR

置 GPIOA.8 的输出为 1,函数调用为 GPIO_SetBits(GPIOA,GPIO_Pin_8);反之,如果要设置 GPIOA.8 的输出为 0,函数调用为 GPIO_ResetBits(GPIOA,GPIO_Pin_8)。

（6）端口配置锁定寄存器 GPIOx_LCKR(x＝A,…,E)

通过将特定的写序列应用到 GPIOx_LCKR 寄存器可以冻结 GPIO 控制寄存器,从而锁定端口位的配置。该寄存器的描述如图 6-54 所示。

LCKR 寄存器的地址偏移为 0x18,复位值为 0x00000000,位[15:0]用于锁定 GPIO 端口的配置。在规定的写入操作期间,不能改变 LCKP[15:0]。当对相应的端口位执行了 LOCK 序列后,在下次系统复位之前将不能更改端口位的配置。每个锁定位锁定控制寄存器(CRL 和 CRH)中相应的 4 个位。

4）GPIO 库函数

STM32 的寄存器都是 32 位的,每次配置的时候都要对照《STM32F10X-中文参考手

31	30	29	28	27	26	25	24	23	22	21	20	19	18	17	16
						保留									LCKK
															rw

15	14	13	12	11	10	9	8	7	6	5	4	3	2	1	0
LCK15	LCK14	LCK13	LCK12	LCK11	LCK10	LCK9	LCK8	LCK7	LCK6	LCK5	LCK4	LCK3	LCK2	LCK1	LCK0
rw	rw	rw	rw	rw	rw	rw	rw	rw	rw	rw	rw	rw	rw	rw	rw

位31:17	保留
位16	LCKK：锁键（Lock key） 该位可随时读出，它只可通过锁键写入序列修改 0：端口配置锁键位激活 1：端口配置锁键位被激活，下次系统复位前GPIOx_LCKR寄存器被锁住 锁键的写入序列： 写1→写0→写1→读0→读1 最后一个读可省略，但可以用来确认锁键已被激活 注：在操作锁键的写入序列时，不能改变LCK[15:0]的值 操作锁键写入序列中的任何错误将不能激活锁键。
位15:0	LCKy：端口x的锁位y（y=0，…，15）（Port x Lock bit y） 这些位可读可写但只能在LCKK位为0时写入 0：不锁定端口的配置 1：锁定端口的配置

图 6-54　端口配置锁定寄存器

册》中寄存器的说明，然后根据说明对每个控制的寄存器位写入特定参数，因此在配置的时候非常容易出错，而且代码很不好理解，不便于维护。所以学习 STM32 最好的方法是用固件库，然后在固件库的基础上了解底层，学习寄存器。

固件库是指"STM32 标准函数库"，它是由 ST 公司针对 STM32 提供的函数接口（API），开发者可调用这些函数接口来配置 STM32 的寄存器，从而达到控制目的。在调用函数时不需要费力去了解库底层的寄存器操作，只要知道函数的功能、可传入的参数及其意义和函数的返回值就可以了。这样使开发人员得以脱离最底层的寄存器操作，有开发快速、易于阅读和维护成本低等优点。

实际上，库是架设在寄存器与用户驱动层之间的代码，向下处理与寄存器直接相关的配置，向上为用户提供配置寄存器的接口。在固件库中，GPIO 端口操作对应的库函数以及相关定义在文件 stm32f10x_gpio.h 和 stm32f10x_gpio.c 中。

3. 项目硬件电路设计

本项目中 STM32 芯片与 LED 灯的连接如图 6-55 所示，DS0 接 GPIOA.8，DS1 接 GPIOD.2。

图 6-55 中两个 LED 灯的阳极经过一个限流电阻连接到 3.3V 电源，阴极都是直接连接到 STM32 的 GPIO 引脚，只要把 GPIO 的引脚设置成推挽输出模式并且默认下拉，输出低电平，就能让 LED 灯亮起来了。所以控制 GPIO 引脚的电平输出状态，即可控制 LED 灯的

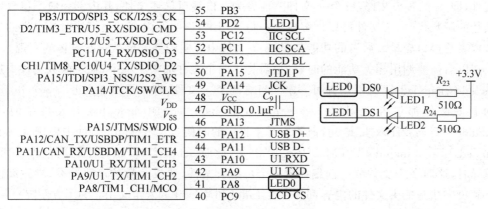

图 6-55　LED 与 STM32 连接原理图

亮灭。若同学们使用的实验板 LED 灯的连接方式或引脚不一样,只需根据自己的实际连接情况修改程序引脚即可,程序的控制原理相同。

4. 模块化程序设计思路

为了使工程更加有条理,采用模块化编程方法,将与硬件控制相关的代码分开存储,方便以后移植。

1) 工程文件管理

(1) 将 6.2.3 节中新建的模板工程 Template 文件夹复制并重新命名为 LED 文件夹,在该文件夹下新建一个 HARDWARE 文件夹,用来存储以后与硬件相关的代码,然后在 HARDWARE 文件夹下新建一个 LED 文件夹,用来存放与 LED 相关的代码,如图 6-56 所示。

图 6-56　新建 HARDWARE 文件夹

(2) 找到 USER 文件夹中的工程模板 Template. uvprojx,将其重命名为 LED. uvprojx。在 LED 文件夹中新增两个文件 bsp_led. c 和 bsp_led. h,其中的 bsp 为板级支持包 Board Support Packet 的缩写。这些文件不属于 STM32 标准库的内容,是由用户根据应用需要编写的,理论上来说文件可以是自由命名的,但要注意唯一性,并且最好见名知义。

2) 模块化编程宏定义

本项目利用 STM32 完成 LED0(GPIOA.8)和 LED1(GPIOD.2)两灯的循环交替闪烁,主要包括 LED 初始化和循环点亮灯的主函数组成。采用模块化编程方法,一个模块包含两个文件,即一个.h头文件,一个.c文件。前者为一份接口描述文件,其内部一般不包含任何实质性的函数代码,头文件可以理解成为一份说明书,说明的内容就是模块对外提供的接口函数或者是接口变量。后者的功能是对.h头文件中声明的外部函数进行具体的实现。

在以后需要调用相关功能的时候,只需将这两个文件加入工程中,在主函数文件中加上#include "bsp_led.h"的引用即可。本项目有两个.c文件,即一个bsp_led.c,一个main.c,这两个.c文件都包含(include)同一个头文件bsp_led.h。bsp_led.h文件中使用了#include "STM32f10x.h"语句,而我们写主程序的时候也会在main文件中使用#include "bsp_led.h"和#include "STM32f10x.h"语句,此时stm32f10x.h文件就被包含了两次。在编译时,这两个.c文件要一同编译成一个可运行文件,造成大量的声明冲突,导致编译出错。解决方法是把头文件的内容都放在#ifndef和#endif的宏定义中。为了方便统一管理,我们在编程时不管头文件会不会被多个文件引用,都要加上宏定义。如本例的bsp_led.h格式为

#ifndef __BSP_LED_H
#define __BSP_LED_H
……
#endif __BSP_LED_H

在头文件的开头,使用#ifndef关键字,判断标号"__BSP_LED_H"是否被定义,若没有,则从#ifndef至#endif关键字之间的内容都有效,头文件中紧接着使用#define关键字定义标号"__BSP_LED_H"。即这个头文件在第一次包含时就被包含到文件中了,当第二次被包含时,由于有了第一次包含中的#define __BSP_LED_H定义,这时再判断#ifndef __BSP_LED_H,判断的结果就是假了,从#ifndef至#endif之间的内容就都无效了,从而防止了同一个头文件被包含多次,编译时就不会出现redefine(重复定义)。

标号的命名规则一般是头文件名全大写,前面加下划线,并把文件名中的"."也变成下划线。这里用两个下划线来定义"__BSP_LED_H"标号。注意不要与系统普通宏定义重复了。如我们用"GPIO_PIN_0"来代替这个判断标号,就会因为stm32f10x.h已经定义了GPIO_PIN_0,结果导致bsp_led.h文件无效,而bsp_led.h文件一次都没被包含。

5. 项目软件设计

下面使用STM32标准固件库开发实现LED的闪烁实验,具体流程步骤如下。

1) 新建bsp_led.h文件

按■按钮(File→New...)新建一个文件,然后保存在HARDWARE→LED文件夹下面,命名为bsp_led.h。

在编写应用程序的过程中,要考虑更改硬件环境的情况,如LED灯的控制引脚与当前的不一样,我们希望程序只需要做最小的修改即可在新的环境下正常运行。这个时候一般把硬件相关的部分使用宏来封装,若更改了硬件环境,只修改这些硬件相关的宏即可。这些定义一般存储在头文件,即本例中的bsp_led.h文件中。bsp_led.h文件代码可扫描图6-57所示的二维码。

以上代码分别把控制LED灯的GPIO端口、GPIO引脚号以及GPIO端口时钟封装起来了。在实际控制的时候我们就直接用这些宏,以达到应用代码与硬件无关的效果。其中

的 GPIO 时钟宏 RCC_APB2Periph_GPIOA 和 RCC_APB2Periph_GPIOD 是 STM32 标准库定义的 GPIO 端口时钟相关的宏,它的作用与 GPIO_Pin_x 这类宏类似,是用于指示寄存器位的,方便库函数使用,下面初始化 GPIO 时钟的时候可以看到它的用法。

2) 新建 bsp_led.c 文件

保存好 bsp_led.h 代码,按同样的方法,新建一个 bsp_led.c 文件,也保存在 LED 文件夹中。该文件包含了一个 LED_Init()初始化函数,主要功能包括:配置时钟,使能 GPIOA 和 GPIOD 这两个端口的时钟,初始化 GPIOA.8 和 GPIOD.2 为推挽输出口,并输出 1。GPIO 初始化步骤比较简单,具体如下:

(1) 使能 GPIO 端口时钟,调用函数为 RCC_APB2PeriphClockCmd()。

(2) 初始化 GPIO 参数,调用函数 GPIO_Init(),设置目标引脚的工作模式。

(3) 编写程序操作 I/O,调用函数 GPIO_SetBits()和函数 GPIO_ResetBits(),控制 GPIO 引脚输出高、低电平。

利用上面的宏,编写 LED 灯的初始化函数,具体 bsp_led.c 文件代码可扫描图 6-58 所示的二维码。

图 6-57 bsp_led.h 代码

图 6-58 bsp_led.c 文件代码

LED_Init 初始化函数中先定义了一个 GPIO 初始化结构体变量 GPIO_InitStructure,对该变量的各个成员按点亮 LED 灯所需的 GPIO 配置模式进行赋值,然后调用 GPIO_Init 函数,让它根据结构体成员值对 GPIO 寄存器写入控制参数,完成 GPIO 引脚初始化。如果要对其他引脚进行不同模式的初始化,只要修改 GPIO 初始化结构体 GPIO_InitStructure 的成员值,把新的参数值输入到 GPIO_Init 函数再调用即可。

GPIOA 和 GPIOD 的 I/O 口的初始化参数都是设置在结构体变量 GPIO_InitStructure 中,因为两个 I/O 口的模式和频率都一样,所以只需初始化一次。

3) 添加 bsp_led.c 文件

在工程里添加用户新建文件有两种方法。

(1) 参照 6.2.3 节中工程里添加固件库文件的方法,在 Manage Project Items 管理界面新建一个 HARDWARE 的组,并把 bsp_led.c 加入到这个组中,如图 6-59 所示。

(2) 直接在 Project Workspace 中右击 Template,选择 Add Group 新建 HARDWARE 组,然后右击新建好的 HARDWARE 组,选择 Add Existing Files to Group "HARDWARE",选择添加前面新建的 bsp_led.c 文件,如图 6-60 所示。

以上两种方法完成的功能是一样的。

单击 OK,回到工程,在 Project Workspace 里面多了一个 HARDWARE 的组,在该组下面有一个 bsp_led.c 文件。然后参照 6.2.3 节将 bsp_led.h 头文件的路径加入到工程中,如图 6-61 所示。

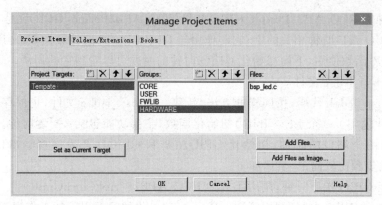

图 6-59 给工程新增 HARDWARE 组

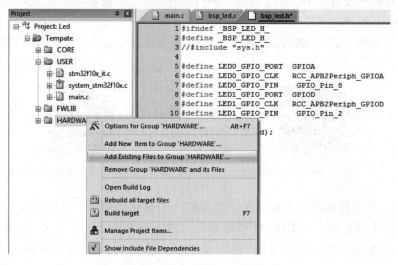

图 6-60 给 HARDWARE 组新增文件

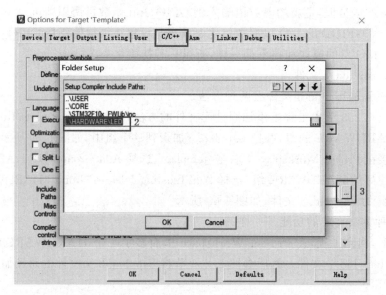

图 6-61 添加 bsp_led.h 头文件路径到 PATH

4) 新建 main. c 文件

回到主界面,在 main 函数里编写代码。main. c 文件代码可扫描图 6-62 所示的二维码。

代码中♯include "bsp_led. h"语句使 LEDx_GPIO_PORT、LEDx_GPIO_PIN 宏定义,以及 LED_Init 函数等能在 main()函数里被调用。这里需要重申的是,在固件库 V3. 5 中,系统在启动的时候会调用 system_stm32f10x. c 中的函数 SystemInit()对系统时钟进行初始化,在时钟初始化完毕之后会调用 main()函数。所以,不需要再在 main()函数中调用 SystemInit()函数。当然,如果有需要重新设置时钟系统,可以写自己的时钟设置代码,SystemInit()只是将时钟系统初始化为默认状态。

图 6-62　main. c 文件代码

main()函数非常简单,先调用 LED_Init()来初始化 GPIOA. 8 和 GPIOD. 2 为输出,最后在死循环里可直接使用 GPIO_SetBits 和 GPIO_Resetbits 函数控制输出高低电平,实现 LED0 和 LED1 两个灯交替闪烁,时间间隔为 300ms。

代码中新增的 Delay 函数,主要功能是延时,不延时的话指令执行太快,肉眼看不清楚 LED 闪烁现象。它的实现原理是让 CPU 执行无意义的指令,消耗时间。在此不要纠结它的延时时间,写一个大概输入参数值,下载到实验板实测,觉得太久了就把参数值改小,短了改大即可。需要精确延时的时候我们会用 STM32 的定时器外设进行精确延时。

5) 编译

单击 ▦按钮编译工程(工程首次编译按 ▦,修改后建议按 ▦,提高编译速度),得到结果如图 6-63 所示。

```
Build Output
compiling stm32f10x_usart.c...
compiling stm32f10x_wwdg.c...
linking...
Program Size: Code=1124 RO-data=336 RW-data=4 ZI-data=1636
FromELF: creating hex file...
"..\OBJ\Template.axf" - 0 Error(s), 0 Warning(s).
Build Time Elapsed:  00:00:18
```

图 6-63　编译结果

可以看到编译结果没有错误,也没有警告。从编译信息可以看出,我们的代码占用闪存的大小为 1456B(1136B+320B),所用的 SRAM 大小为 1632B(0B+1632B)。编译结果中几个数据的意义如下:

(1) Code,表示程序所占用闪存的大小(FLASH)。

(2) RO-data,即 Read Only-data,表示程序定义的常量,如 const 类型(FLASH)。

(3) RW-data,即 Read Write-data,表示已被初始化的全局变量(SRAM)。

(4) ZI-data,即 Zero Init-data,表示未被初始化的全局变量(SRAM)。

一定要注意的是程序的大小不是. hex 文件的大小,而是编译后的 Code 和 RO-data 数据之和。

6. 项目调试结果

编译没有错误,只能说是没有语法错误,并不代表程序正确,因为程序可能存在逻辑错误。可以先进行软件仿真,验证一下是否有错误的地方,具体操作可以参考6.2.4节。

在软件仿真没有问题之后就可以把代码下载到开发板上,看看运行结果是否与仿真的一致。本项目采用FlyMcu软件下载程序,如图6-64所示。

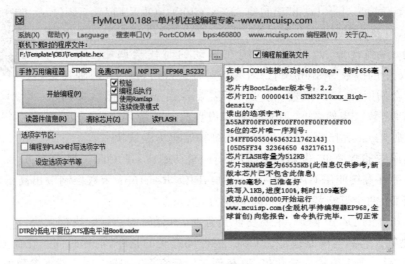

图 6-64　下载程序界面

程序一旦下载成功,就可以看到板子上的灯已经被轮流循环点亮了,LED闪烁项目至此结束。

本节作为STM32的入门第一个例子,详细介绍了STM32的I/O口操作,同时巩固了前面的学习,并进一步介绍了MDK的软件开发功能。

6.3.2　独立式按键控制LED灯亮灭

6.3.1节介绍了STM32F103的I/O口作为输出的使用方法,本节将介绍STM32F103的I/O口作为输入口的使用方法,实现开发板上的两个按键来控制两个LED灯的亮灭。

1. 项目需求

按键是一种人工控制的主令电器,主要用来发布操作命令、接通或开断控制电路、控制机械与电气设备的运行。按键的用途很广,例如车床的启动与停机、正转与反转等;塔式吊车的启动、停止、上升、下降,前、后、左、右、慢速或快速运行等,都需要按键控制。

在单片机应用系统中,除了复位按键有专门的复位电路及专一的复位功能外,其他按键都是以开关状态来设置控制功能或输入数据的。当所设置的功能键或数字键按下时,计算机应用系统应完成该按键所设定的功能,按键信息输入是与软件结构密切相关的过程。

2. 项目工作原理

1) 按键工作原理

按键按照结构原理分为两类:一类是触点式开关按键,如机械式开关、导电橡胶式开关等;另一类是无触点式开关按键,如电气式按键、感应按键等。前者造价低,后者寿命长。

目前,单片机系统中最常见的是触点式开关按键,其主要功能是把机械上的通断转换为电气上的逻辑关系。

机械式按键在按下或释放时,由于机械弹性作用的影响,通常伴随有一定时间的触点机械抖动,然后其触点才稳定下来,其抖动过程如图 6-65 所示。抖动时间的长短与开关的机械特性有关,一般为 5~10ms。在触点抖动期间检测按键的通与断,可能导致判断出错,即按键一次按下或释放错误地被认为是多次操作,这种情况是不允许出现的。为了克服按键触点机械抖动所导致的检测误判,必须采取消抖措施。按键较少时,可采用硬件消抖;按键较多时,采用软件消抖。

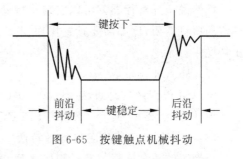

图 6-65　按键触点机械抖动

2) GPIO 位带操作

本项目中要对 LED 电平进行翻转,涉及 GPIO 位操作。位操作就是可以单独地对一个比特位读和写,这个在 51 系列单片机中非常常见。51 系列单片机中通过关键字 sbit 来实现位定义,STM32 中没有这样的关键字,而是通过访问位带别名区来实现。

在 STM32 中,有两个地方实现了位带:一个是 SRAM 区的最低 1MB 空间,另一个是外设区最低 1MB 空间。这两个 1MB 的空间除了可以像正常的 RAM 一样操作外,还有自己的位带别名区,位带别名区把这 1MB 空间的每一个位膨胀成一个 32 位的字,当访问位带别名区的这些字时,就可以达到访问位带区某个比特位的目的。图 6-66 为 STM32 位带示意图。

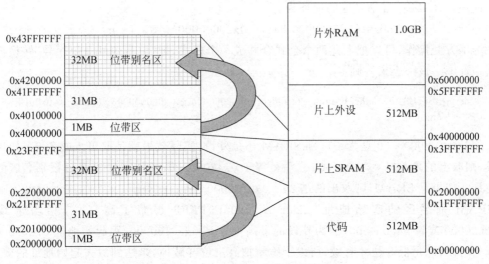

图 6-66　STM32 位带示意图

(1) 外设位带区

外设位带区的地址为 0x40000000~0X40100000,这 1MB 空间包含了 103 系列单片机中全部片上外设的寄存器,这些寄存器的地址为 0x40000000~0x40029FFF。外设位带区经过膨胀后的位带别名区地址为 0x42000000~0x43FFFFFF,这个地址仍然在片上外设的地址空间中。STM32 的全部寄存器都可以通过访问位带别名区的方式来达到访问原始寄存器比特位的效果,这比 51 系列单片机强大很多。因为 51 系列单片机并不是所有的寄存器都是可以比特位操作的,有些寄存器还是需要字节操作,比如 SBUF 寄存器。

虽然说全部寄存器都可以实现比特操作,但在实际项目中并不会这么做。有时候为了特定的项目需要,比如需要频繁操作很多 I/O 口,这时可以考虑把 I/O 相关的寄存器实现比特操作。

(2) SRAM 位带区

SRAM 位带区的地址为 0x20000000~x20100000,大小为 1MB,经过膨胀后的位带别名区地址为 0X22000000~0X23FFFFFF,大小为 32MB。操作 SRAM 的比特位用得很少。

(3) 位带区和位带别名区地址转换

位带区的一个比特位经过膨胀之后,虽然变大到 4B,但还是只有最低位才有效。虽然造成一定的空间浪费,但 STM32 的系统总线是 32 位的,按照 4B 访问是最快的,所以膨胀成 4B 来访问是最高效的。

可以通过指针的形式访问位带别名区地址从而达到操作位带区比特位的效果。下面简单介绍这两个地址之间是如何转换的。

对于片上外设位带区的某个比特,记它所在字节的地址为 A,位序号为 $n(0{\leqslant}n{\leqslant}7)$,则该比特在别名区的地址为

$$Addr=0x42000000+(A-0x40000000)\times8\times4+n\times4$$

其中,0x42000000 是外设位带别名区的起始地址,0x40000000 是外设位带区的起始地址,$(A-0x40000000)$ 表示该比特前面有多少个字节,1B 有 8 位,所以乘 8,一个位膨胀后是 4B,所以乘 4,n 表示该比特在 A 地址的序号,因为一个位经过膨胀后是 4B,所以也乘 4。

同理,SRAM 位带别名区的地址为

$$Addr=0x22000000+(A-0x20000000)\times8\times4+n\times4$$

为了方便操作,可以把上述两个公式合并成一个公式,把"位带地址+位序号"转换成别名区地址统一成一个宏。则

```
# define BITBAND(addr, bitnum) ((addr&0xF0000000)+0x02000000+((addr &0x00FFFFFF)<<5)+(bitnum<<2))
```

addr&0xF0000000 是为了区别 SRAM 还是外设,实际效果就是取出 4 或者 2。如果是外设,则取出的是 4,+0x02000000 之后就等于 0x42000000,0x42000000 是外设别名区的起始地址。如果是 SRAM,则取出的是 2,+0x02000000 之后就等于 0x22000000,0x22000000 是 SRAM 别名区的起始地址。addr & 0x00FFFFFF 屏蔽了高三位,相当于减去 0x20000000 或者 v40000000,因为外设的最高地址是 0x20100000,跟起始地址 0x20000000 相减的时候,总是低 5 位才有效,所以干脆就把高三位屏蔽掉,来达到减去起始地址的效果,具体屏蔽掉多少位跟最高地址有关。<<5 相当于×8×4,<<2 相当于×4。

最后就可以通过指针的形式操作这些位带别名区地址,最终实现位带区的比特位操作。

宏定义 # define MEM_ADDR(addr) * ((volatile unsigned long *)(addr)) 是把一个地址转换成一个指针;

宏定义 # define BIT_ADDR(addr,bitnum) MEM_ADDR(BITBAND(addr,bitnum)) 是把位带别名区地址转换成指针。

（4）GPIO 位操作

外设的位带区,覆盖了全部的片上外设的寄存器,可以通过宏为每个寄存器的位都定义一个位带别名地址,从而实现位操作。但这个在实际项目中不是很现实,也很少有人会这么做,在这里仅仅演示一下 GPIO 中 ODR 和 IDR 两个寄存器的位操作。

从手册中可以知道 ODR 和 IDR 两个寄存器对应 GPIO 基址的偏移是 12 和 8,我们先实现这两个寄存器的地址映射,其中 GPIOx_BASE 在 STM32f10X.h 库函数中有定义,然后再用位操作的方法来控制 GPIO 的输入和输出。为了方便以后的位操作控制,先将 GPIO 位操作宏定义代码都写入到 sys.h 文件中,具体代码可扫描图 6-67 所示的二维码。

图 6-67　GPIO 位操作宏定义代码

以上代码实现了用位操作的方法来控制 GPIO 的输入和输出,其中宏参数 n 表示具体是哪一个 I/O 口(共 16 个 I/O 口)。这里面包含了端口 A~E,并不是每个单片机型号都有这么多端口,使用这部分代码时,要查看你的单片机型号,如果是 64 引脚的则最多只能使用 C 端口。

3. 项目硬件电路设计

单片机控制系统中,当需要的按键数量较少时,可采用独立式按键结构。独立式按键是直接用 I/O 口线构成单个按键电路,其特点是每个按键单独占用一根 I/O 口线,每个按键的工作不会影响其他 I/O 口线的状态。本项目中,独立式按键与 STM32 的硬件连接电路如图 6-68 所示。

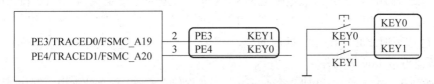

图 6-68　独立式按键与 STM32 的硬件连接电路

从按键的原理图可知,开发板上的按键 KEY0 连接在 STM32F103 的 PE4 上,KEY1 连接在 PE3 上。这些按键在没有被按下的时候,GPIO 引脚的输入状态为高电平(按键所在的电路不通,引脚通过内部上拉电阻接电源);当按键按下时,GPIO 引脚的输入状态为低电平(按键所在的电路导通,引脚接到地)。只要检测引脚的输入电平,即可判断按键是否被按下。若你使用的开发板按键的连接方式或引脚不一样,只需根据我们的工程修改引脚即可,程序的控制原理相同。

由于外部都没有上拉电阻,所以需要在 STM32F103 内部设置上拉、下拉。这里,我们用 KEY0 控制 LED0,按一次亮,再按一次就灭;KEY1 控制 LED1,效果同 KEY0。

独立式按键电路配置灵活,软件结构简单,但每个按键必须占用一个 I/O 口线,因此,在按键较多时,I/O 口线浪费较大,不宜采用。

4. 项目软件设计

为了简化操作步骤,将 6.3.1 节新建的包含所有 LED 灯闪烁项目工程文件的 LED 文件夹复制并重新命名为 KEY 文件夹,在该文件夹的 HARDWARE 文件夹下面新建一个 KEY 文件夹,用来存储与按键 KEY 相关的 bsp_key.c 及 bsp_key.h 文件代码。然后打开

USER 目录,把目录下面的 LED. uvprojx 重命名为 KEY. uvprojx。

使用 STM32 标准软件库开发实现独立式按键控制实验与 6.3.1 节 LED 灯闪烁项目工程流程步骤基本一致。

1) 修改 bsp_led. h 文件

bsp_led. c 和 bsp_led. h 文件在 6.3.1 节中已经编写完成,本项目中为了完成 LED 电平翻转,我们在 bsp_led. h 文件中增加位带操作的宏定义,如下为 3 条宏定义指令:

```
#include "sys. h"
#define LED0 PAout(8)                                         // LED0
#define LED1 PDout(2)                                         // LED1
```

2) 新建 bsp_key. h 文件

打开 MDK 工程模板文件,按 □ 按钮(File→New…)新建一个文件,然后保存在 HARDWARE→KEY 文件夹中,命名为 bsp_key. h。同样,在编写按键驱动程序时,也要考虑更改硬件环境的情况,我们把按键检测引脚相关的宏定义写入 bsp_key. h 文件中。详细的宏定义代码可扫描图 6-69 所示的二维码。

以上代码根据按键的硬件连接,把检测按键输入的 GPIO 端口、GPIO 引脚号以及 GPIO 端口时钟封装起来了。按键检测使用到了 GPIO 外设的基本输入功能,GPIO 引脚的输入电平可通过读取 IDR 寄存器对应的数据位来感知,而 STM32 标准库提供了库函数 GPIO_ReadInputDataBit()来获取位状态,该函数输入 GPIO 端口及引脚号,函数返回该引脚的电平状态,高电平返回 1,低电平返回 0,这里将其返回值宏定义为 KEY0 和 KEY1。本项目还定义了 KEY0_PRES 和 KEY1_PRES 两个宏定义,分别对应开发板上 KEY0 和 KEY1 按键按下时 KEY_Scan()返回的值。

3) 新建 bsp_key. c 文件

保存好 bsp_key. h 文件,新建一个 bsp_key. c 文件保存在 KEY 文件夹中。利用 bsp_key. h 文件定义的宏编写按键的初始化函数 void KEY_Init(void)和按键处理函数 unsigend char KEY_Scan(void),具体代码可扫描图 6-70 所示的二维码。

图 6-69 bsp_key. h 代码   图 6-70 bsp_key. c 代码

KEY_Init()用来初始化按键输入的 I/O 口。首先使能 GPIOE 时钟,然后实现 GPIOE. 3 和 GPIOE. 4 的输入设置,程序与 LED 的输出配置差不多,只是这里用来设置成的是输入而非输出。

KEY_Scan()函数用来扫描 KEY0 和 KEY1 两个按键的状态。其返回值有 3 种可能:0 表示没有任何按键按下,1 表示 KEY0 按下,2 表示 KEY1 按下。注意此函数有响应优先级,先扫描的按键具有较高优先级,故 KEY0 的优先级高于 KEY1。宏定义 KEY0 是 GPIO_ReadInputDataBit()函数的返回值,若检测到 KEY0 按键按下,则 KEY0 值为 0,然后使用 while 循环持续检测按键状态,直到按键释放,按键释放后 KEY_Scan 函数返回一个 KEY0_

PRES 值;若检测到 KEY1 按键按下,则函数直接返回 KEY1_PRES 值;若没有检测到按键按下,则函数直接返回 0 值。在本项目中按键的硬件没有做消抖处理,我们在 KEY_Scan 函数中采用 Delay()延时函数做软件滤波,防止波纹抖动引起误触发。

4) 添加 bsp_led.c 和 bsp_key.c 文件

参考 6.3.1 节,在 Manage Project Items 管理界面,把 bsp_led.c 和 bsp_key.c 都加入 HARDWARE 组里,并将这两个头文件的路径也加入工程里。

5) 新建 main.c 文件

回到主界面,在 main 函数中编写主函数代码,先进行一系列的初始化操作,然后在死循环中调用按键扫描函数 KEY_Scan()扫描按键值,最后根据按键值控制 LED 灯的翻转。具体可扫描图 6-71 所示的二维码。

6) 编译

单击 ▦ 按钮编译工程,直到程序没有错误,也没有警告,否则重新修改并编译。

图 6-71 main.c 代码

5. 项目调试结果

采用 FlyMcu 软件把代码程序下载到开发板上,一旦下载成功,就可以看到板子上的红色灯 LED0 可通过右侧黄色的按键点亮或关闭。

6.3.3 蜂鸣器控制发声

6.3.1 节和 6.3.2 节分别介绍了 STM32F103 的 I/O 口作为最简单的输入和输出的使用,本节将通过另外一个例子讲述 STM32F103 的 I/O 口作为输出的使用。在本项目中,我们将利用一个 I/O 口来控制板载的有源蜂鸣器,使其发出"嘀……嘀……"的间隔声,实现蜂鸣器控制。通过本节的学习可进一步了解 STM32F103 的 I/O 口作为输出口使用的方法。

1. 项目需求

蜂鸣器是一种一体化结构的电子讯响器,其用途都离不开报警、判断和通知 3 种功能。报警用的蜂鸣器用于火灾、烟浓度、漏气、防盗及汽车用的报警;通知用的蜂鸣器在探鱼机、仪器、医疗设备、自动售货机、洗衣机、电炉等作为通知使用,比光指示更为有利;另外,具有模拟声、复合声的蜂鸣器还可用于玩具、电视游戏等方面。

2. 蜂鸣器工作原理

蜂鸣器主要分为压电式蜂鸣器和电磁式蜂鸣器两种类型。压电式蜂鸣器主要由多谐振荡器、压电蜂鸣片、阻抗匹配器及共鸣箱、外壳等组成。多谐振荡器由晶体管或集成电路构成。当接通电源后(1.5~15V 直流工作电压),多谐振荡器起振,输出 1.5~2.5kHz 的音频信号,阻抗匹配器推动压电蜂鸣片发声。电磁式蜂鸣器由振荡器、电磁线圈、磁铁、振动膜片及外壳等组成。接通电源后,振荡器产生的音频信号电流通过电磁线圈,使电磁线圈产生磁场。振动膜片在电磁线圈和磁铁的相互作用下,周期性振动发声。本项目提供的蜂鸣器是电磁式的有源蜂鸣器,如图 6-72 所示。

图 6-72　有源蜂鸣器

这里的"有源"不是指有无电源,而是指有没有自带振荡电路。无源蜂鸣器的工作发声原理是方波信号输入谐振装置转换为声音信号输出,有源蜂鸣器的工作发声原理是直流电源输入经过振荡系统的放大取样电路在谐振装置作用下产生声音信号。有源蜂鸣器和无源蜂鸣器的主要差别是对输入信号的要求不一样,有源蜂鸣器工作的理想信号是直流电,一般标示为 V_{DD}、V_{CC} 等。因为蜂鸣器内部有一个简单的振荡电路,可以把恒定的直流电转变成一定频率的脉冲信号,从而产生磁场交变,带动钼片振动发出声音。

3. 项目硬件电路设计

根据 STM32 数据手册,芯片单个 I/O 最大可以提供 25mA 电流,而蜂鸣器的驱动电流是 30mA 左右,两者十分相近。但是全盘考虑,STM32 整个芯片的电流,最大也就 150mA,如果用 I/O 口直接驱动蜂鸣器,其他地方用电就得省着点了。所以,这里不用 STM32 的 I/O 口直接驱动蜂鸣器,而是通过三极管扩流后再驱动蜂鸣器,这样 STM32 的 I/O 只需要提供不到 1mA 的电流就足够了,如图 6-73 所示。

图 6-73　蜂鸣器与 STM32 连接原理图

蜂鸣器的驱动信号连接在 STM32 的 PB8 上,PB8 口通过一个 NPN 三极管 V_1 来驱动蜂鸣器。R_{31} 主要用于限制三极管基极电流,保证三极管能正常放大电流,R_{33} 主要用于防止蜂鸣器的误发声。当 PB8 输出高电平时,三极管 V_1 导通,驱动蜂鸣器发声;当 PB8 输出低电平时,三极管 V_1 截止,蜂鸣器失电停止发声。

4. 项目软件设计

为了简化操作步骤,将 6.3.1 节新建的包含所有 LED 灯闪烁项目工程文件的 LED 文件夹复制并重新命名为 BEEP 文件夹,在该文件夹的 HARDWARE 文件夹下面新建一个 BEEP 子文件夹,用来存储与蜂鸣器 BEEP 相关的 bsp_beep.c 及 bsp_beep.h 文件代码。然后打开 USER 目录,把目录下面的工程 LED.uvprojx 重命名为 BEEP.uvprojx。

使用 STM32 标准软件库开发实现蜂鸣器发声控制实验与 6.3.2 节独立式按键控制项目工程流程步骤完全一致。

1) 修改 bsp_led.h 文件

bsp_led.c 和 bsp_led.h 文件采用 6.3.2 节按键实验中已经编写完成的位带操作的宏定义程序直接进行位操作,当然也可以用 6.3.1 节 LED 灯闪烁实验中的程序,采用 GPIO_

ResetBits 或 GPIO_SetBits 进行置位或复位。

2）新建 bsp_beep.h 文件

打开 MDK 工程模板文件，按 □ 按钮（File→New…）新建一个文件，然后保存在 HARDWARE→BEEP。我们把蜂鸣器驱动引脚相关的宏定义到“bsp_beep.h”文件中。详细宏定义代码可扫描图 6-74 所示二维码。

和 6.3.2 节独立式按键控制项目一样，这里还是通过位带操作来实现某个 I/O 口的输出控制，BEEP 直接代表了 PB8 的输出状态。我们只需要令 BEEP＝1，就可以让蜂鸣器发声。当然，也可以不进行位带操作的宏定义进行位操作，而是采用 GPIO_ResetBits 或 GPIO_SetBits 进行置位或复位。

3）新建 bsp_beep.c 文件

保存好 bsp_beep.h 文件，新建一个 bsp_beep.c 文件保存在 BEEP 文件夹中。编写蜂鸣器的初始化函数 void BEEP_Init(void)，具体代码可扫描图 6-75 所示的二维码。

这段代码仅包含一个函数 void BEEP_Init(void)，该函数的作用包括了打开 PORTB 时钟，同时配置 PB8 为推挽输出。此外还加入了 LED0 的闪烁来提示程序运行，其闪烁频率与蜂鸣器频率相同。

4）添加 bsp_led.c 和 bsp_beep.c 头文件

参考 6.3.1 节，在 Manage Project Items 管理界面，把 bsp_led.c 和 bsp_beep.c 都加入 HARDWARE 组里，并将这两个头文件的路径加入工程里。

5）新建 main.c 文件

回到主界面，在 main 函数中编写主函数代码，主函数代码比较简单，先进行 LED 灯和 BEEP 蜂鸣器的初始化操作，然后在死循环中输出连续方波来驱动蜂鸣器发声。具体可扫描图 6-76 所示的二维码。

图 6-74　bsp_beep.h 代码　　　图 6-75　bsp_beep.c 代码　　　图 6-76　main.c 代码

6）编译

单击 ▦ 按钮编译工程，直到程序没有错误，也没有警告，否则重新修改并编译。

5. 项目调试结果

采用 FlyMcu 软件把代码程序下载到开发板上，一旦下载成功，就可以看到 LED0 亮的时候蜂鸣器不叫，而 LED0 灭的时候蜂鸣器叫（因为它们的有效信号相反），符合预期设计。

6.3.4　直流伺服电动机驱动控制

1. 项目需求

在机电一体化控制系统中，通常需要控制机械部件的平移和角度转动，这些执行元件的驱动大多数采用直流伺服电动机和步进电动机等。本节介绍学生在设计作品时常用的直流伺服电动机的工作原理及应用,包括 STM32 如何产生正确的驱动脉冲信号,控制直流伺服电动机实现电动机调速、正转、反转等功能。

2. 直流伺服电动机驱动工作原理

直流伺服电动机的控制是通过 PWM 方式实现的,通过单片机调整脉宽的占空比来实现直流伺服电动机的转速改变,从而实现电动机速度的调节。PWM 工作原理如图 6-77 所示。如果自动重装载寄存器(auto reload register,ARR)大于捕获/比较寄存器(capture/compare register,CCRx),则输出高电平,否则输出低电平。电动机控制是通过改变 CCRx 的值来改变 PWM 波的占空比来实现速度控制的。

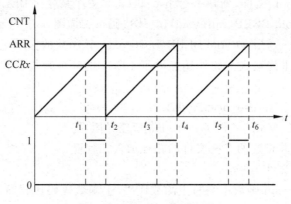

图 6-77　PWM 工作原理图

本项目中的直流伺服电动机采用永磁有刷直流减速电动机,具体型号为 MG513BP10,此电动机是学生参加全国大学生工程训练综合能力竞赛题目如智能物流搬运机器人的常用电动机。其工作电压为 7～13V,自带光电编码器。图 6-78 所示为直流伺服电动机的内部结构,可以看到此电动机有 6 根线,依次为电机线-、编码器 5V、编码器 A 相、编码器 B 相、编码器 GND 和电机线+。其中,排线中间的 4 根线是编码器的线,只用于测速,与直流伺服电动机本身没有联系,在本项目中因实现开环控制也无须使用;排序在两端的是电机线,这两根线还分别与两个焊点连接在一起,单片机只需控制施加在这两根电机线的直流电压大小和极性即可实现调速和转向。

由于单片机 I/O 的带载能力较弱,而直流伺服电动机是大电流感性负载,因此需要功率放大器件,本项目采用 TB6612FNG 驱动芯片,如图 6-79 所示。TB6612FNG 是东芝半导体公司生产的一款直流伺服电动机驱动器件,具有大电流 MOSFET-H 桥结构,双通道电路输出,可同时驱动两个电动机。相比于常用的电动机驱动芯片 L298N,TB6612FNG 无须外加散热片,外围电路简单,只需外接电源滤波电容就可以直接驱动电动机,利于减小系统尺寸,对于 PWM 信号输入频率范围高达 100kHz,足以满足大部分的需求。

TB6612FNG 的主要性能如下:

(1) 最大输入电压 $V_m = 15V$。

(2) 最大输出电流 $I_{out} = 1.2A$(平均)/3.2A(峰值)。

(3) 正反转/短路刹车/停机功能模式。

图 6-78　直流伺服电动机的内部结构

图 6-79　TB6612FNG 实物

（4）内置过热保护和低压检测电路。

3. 项目硬件电路设计

图 6-80 所示为 TB6612FNG 模块与直流伺服电动机及单片机的接线图。V_M 直接接 12V 电池；V_{CC} 为内部逻辑供电 3.3V 或 5V 时，STBY 置高模块才能正常工作。A01 和 A02 分别接电动机的两端。PWMA、AIN1、AIN2 接 STM32 单片机的 I/O 端口，其中 PWMA 接到单片机的 PWM(PA8)引脚，AINI 和 AIN2 连接 STM32 的两个 I/O 口(PB14 和 PB15)。

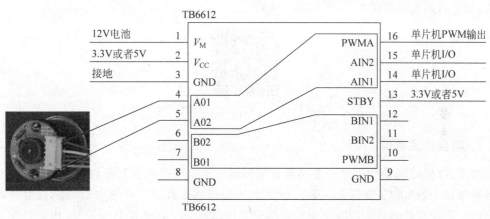

图 6-80　TB6612FNG 模块与直流伺服电动机及单片机的接线图

单片机控制输出 PWM 波的占空比来调节电动机的速度，控制 I/O 端口高低电平来实现电动机正转和反转转换。电动机状态真值表见表 6-8。

表 6-8　电动机状态真值表

电动机状态	停止	正转	反转
AIN1	0	1	0
AIN2	0	0	1

本项目还采用了 3 个独立式按键来控制电动机正、反转以及调速，按键 KEY0 连接 PE3，按键 KEY1 连接 PE4，按键 KEY UP 连接 PA0。

4. 项目软件设计

本项目采用 C 语言完成直流伺服电动机控制系统软件的编程,系统采用模块化设计方法,流程如图 6-81 所示。首先进行时钟以及 I/O 端口的初始化,然后是按键扫描与处理,最后根据按键完成直流伺服电动机驱动调速、正转、反转等相应功能。

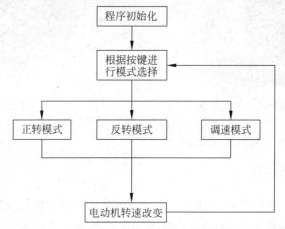

图 6-81　单片机控制直流伺服电动机程序流程

根据程序流程图的设计思想实现 STM32 控制直流伺服电动机的正反转、调速和停止功能,核心代码可扫描图 6-82 所示的二维码。

图 6-82　单片机控制直流伺服电动机程序核心代码

5. 项目调试结果

使用 STM32 标准软件库开发实现直流伺服电动机驱动控制实验与 6.3.2 节独立式按键控制项目工程流程步骤完全一致。程序成功编译后下载到芯片 STM32 中,接好电源进行测试。单片机控制直流伺服电动机系统包括电动机、STM32 控制开发板、电动机驱动电路、电源稳压模块等,如图 6-83 所示。

图 6-83　单片机控制直流伺服电动机实物照片

6.3.5　步进电动机驱动控制

1. 项目需求

步进电动机又被称作脉冲电动机,是数字控制系统中的一种执行元件,其主要功能就是将脉冲电信号转变成相应的角位移或者直线位移,同时它的输出转角、转速与输入脉冲个数、频率之间有着严格的同步关系。步进电动机由于本身的特点,在实际的应用中,有利于装置或者设备的小型化,同时成本低。因此,在机电一体化控制系统中被广泛运用,如电加工机床、小功率机械加工机床、测量仪器、光学和医疗仪器以及包装机械等。本节介绍步进电动机的驱动工作原理和单片机 STM32 如何控制四相步进电动机的正转、反转和调速。

2. 步进电动机工作原理

步进电动机是将电脉冲信号转变为角位移或线位移的开环控制执行元件,在非超载的情况下,电动机的转速、停止的位置只取决于脉冲信号的频率和脉冲数,而不受负载变化的影响。

现在比较常用的步进电动机分为 3 种：反应式步进电动机(variable-reluctance step motor,VR)、永磁式步进电动机(permanent magnet stepper motor,PM)和混合式步进电动机(hybrid stepping motor,HB)。本项目以反应式步进电动机为例,介绍其基本原理与应用方法。反应式步进电动机可实现大转矩输出,步进角一般为 1.5°。反应式步进电动机的转子磁路由软磁材料制成,定子上有多相励磁绕组,利用磁导的变化产生转矩。常用的小型步进电动机实物照片如图 6-84 所示。

图 6-84　步进电动机实物照片

1) 步进电动机的参数

在应用选型时可以根据电动机的不同参数来决定应用范围,一般步进电动机主要由以下几个参数决定：力矩、相数、步距角、保持转矩、静止矩、拍数。

(1) 力矩：电动机一旦通电,在定子和转子间将产生磁场(磁通量 Φ)。当转子与定子错开一定角度 θ 时,产生的力 F 与磁通量变化 $d\Phi/d\theta$ 成正比,磁通量 $\Phi = B \times S$,其中 B 为磁通密度,S 为导磁面积。F 与 $L \times D \times B$ 成正比,其中 L 为铁芯有效长度,D 为转子直径。

$$B = N \times I/R \tag{6-1}$$

式中,$N \times I$ 为励磁绕组安匝数；R 为磁阻。

$$力矩 = 力 \times 半径 \tag{6-2}$$

力矩与电动机有效体积、安匝数、磁通密度成正比。因此,电动机有效体积越大,励磁安匝数越大,定子和转子间气隙越小,电动机力矩越大。

(2) 相数：电动机内部产生不同对 N、S 极磁场的激磁线圈对数,常用 m 表示,目前,常用的有二相、三相、四相、五相。应用最广泛的是两相和四相,四相一般用作两相,五相的成本较高。

（3）步距角：控制系统每发一个步进脉冲信号电动机所转动的角度。一般电动机出厂时都给出一个固有步距角的值，如86BYG250A 型电动机给出的值为 $0.9°/1.8°$（表示半步工作时为 $0.9°$、整步工作时为 $1.8°$）。这个步距角不一定是电动机实际工作时的真正步距角，真正的步距角还和驱动器有关。电动机转子转过的角位移 $\theta=360°/$（转子齿数 $J\times$ 运行拍数）。以常规二、四相、转子齿为 50 齿电动机为例，四拍运行时步距角为 $\theta=360°/(50\times4)=1.8°$（俗称整步），八拍运行时步距角为 $\theta=360°/(50\times8)=0.9°$（俗称半步）。

（4）保持转矩：步进电动机通电但没有转动时，定子锁住转子的力矩。它是步进电动机最重要的参数之一，通常步进电动机在低速时的力矩接近保持转矩。由于步进电动机的输出力矩随速度的增大而不断衰减，输出功率也随速度的增大而变化，所以保持转矩就成为衡量步进电动机最重要的参数之一。

（5）静力矩：在额定静态电作用下，电动机不做旋转运动时，电动机转轴的锁定力矩。此力矩是衡量电动机体积（几何尺寸）的标准，与驱动电压及驱动电源等无关。

（6）拍数：完成一个磁场周期性变化所需脉冲数或电动机转过一个齿距角所需脉冲数，用 n 表示。

2）步进电动机的控制

步进电动机的驱动电路依据控制信号工作，控制信号由单片机产生，完成以下 3 种功能。

（1）控制换相顺序：通电换相称为脉冲分配，对于四相步进电动机而言，其各相通电顺序按照 A→B→C→D，通电控制脉冲必须严格按照顺序执行。

（2）控制步进电动机的转向：如果按照给定工作方式的正序通电换相，步进电动机正转；如果按照反序通电换相，电动机反转。

（3）控制步进电动机的速度：如果给步进电动机发一个控制脉冲，它就转一步，再发一个脉冲，它会再转一步。两个脉冲间隔越短，步进电动机转得越快，调整单片机的发出脉冲频率，即可以对步进电动机进行调速。

3）步进电动机的驱动器

本项目所选用的驱动器为 TB6600，如图 6-85 所示。TB6600 为步进电动机专用驱动器，可实现正反转控制，通过 3 位拨码开关选择 8 挡电流控制（0.5A、1A、1.5A、2A、2.5A、2.8A、3.0A、3.5A），适合驱动 57、42 型两相和四相混合式步进电动机，能达到低振动、小噪声、高速度的效果。

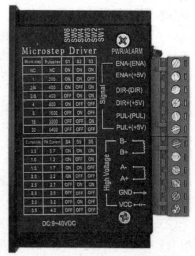

TB6600 驱动器的主要特点如下：

（1）原装全新步进电动机驱动芯片。

（2）电流由拨码开关选择。

（3）接口采用高速光耦隔离。

（4）7 种细分可调（1、2/A、1/B、4、8、16、32）。

（5）自动半流减少发热量。

（6）大面积散热片不惧高温环境使用。

（7）抗高频干扰能力强。

（8）输入电压防范接保护。

（9）过热、过流短路保护。

图 6-85　TB6600 实物照片

TB6600 驱动器的电气参数如下：

（1）输入电压：DC9～40V。

（2）输入电流：推荐使用开关电源电流为 5A。

（3）输出电流：0.5～4.0A。

（4）最大功耗：160W。

（5）湿度：不能结露，不能有水珠。

（6）温度：工作温度－10～45℃，存放温度－40～70℃。

（7）气体：禁止可燃气体和导电灰尘。

3. 项目硬件电路设计

TB6600 驱动器输入信号共有 3 路：第一路是步进脉冲信号 PUL＋、PUL－，第二路是方向电平信号 DIR＋、DIR－，第三路是脱机信号 EN＋、EN－。输入信号接口有两种接法：共阳极接法和共阴极接法。这里以共阳极接法为例，图 6-86 所示给出了 TB6600 驱动器与步进电动机、电源的接线。

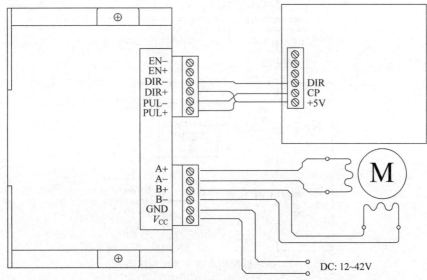

图 6-86 TB6600 驱动器与步进电动机、电源的接线图

TB6600 驱动器的 EN＋、DIR＋和 PUL＋引脚分别连接 STM32 的 PE6、PE5 和 PC7，其他引脚（EN－、DIR－、PUL－）连接 GND。

TB6600 驱动器各引脚功能说明见表 6-9。

表 6-9 TB6600 驱动器各引脚功能说明

信号输入端		电动机绕组连接		电源电压连接	
引脚	功　能	引脚	功　能	引脚	功　能
PUL＋	脉冲信号输入正	A＋	连接电动机绕组 A＋相	V_{CC}	电源正端＋
PUL－	脉冲信号输入负	A－	连接电动机绕组 A－相	GND	电源负端－
DIR＋	电动机正反转控制正	B＋	连接电动机绕组 B＋相		

续表

| 信号输入端 | | 电动机绕组连接 | | 电源电压连接 | |
引脚	功　能	引脚	功　能	引脚	功　能
DIR−	电动机正反转控制负	B−	连接电动机绕组 B−相		
EN＋	电动机脱机控制正				
EN−	电动机脱机控制负				

4. 项目软件设计

本项目采用 C 语言完成步进电动机控制系统软件的编程,系统采用模块化设计方法,流程如图 6-87 所示。首先进行时钟、中断以及 I/O 端口的初始化,然后是按键扫描与处理,最后根据按键完成步进电动机两种速度之间的切换。

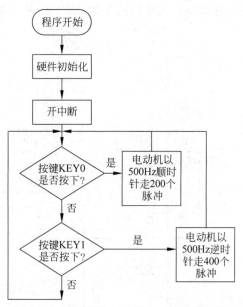

图 6-87　单片机控制步进电动机程序流程

STM32 根据按键控制步进电动机的速度,核心代码可扫描图 6-88 所示的二维码。

图 6-88　单片机控制步进电动机程序核心代码

步进电动机调速代码的两个关键函数如下:

(1) 驱动器初始化函数 void Driver_Init(void),主要作用是初始化与驱动器 ENA＋、DIR＋相连的两个 I/O 为推挽输出。

(2) TIM8_CH2 初始化函数 void TIM8_OPM_RCR_Init(u16 arr,u16 psc)。本项目产生脉冲所使用的定时器均是 TIM8_CH2(PC7),定时器工作在单脉冲＋重复计数模式,需要注意的是定时器必须初始化为 1MHz 计数频率。

5. 项目调试结果

对步进电动机的调速调试中,需设置驱动器的细分和电流,完成硬件电路连接并检查无误后,给整个控制系统上电,最后给驱动器上电。电动机调速采用拨码开关分几挡调速,具体的步数见表 6-10。

表 6-10　调速参数表

步数/圈	SW1	SW2	SW3	SW4
Default	On	On	On	On
800	Off	On	On	On
1600	On	Off	On	On
3200	Off	Off	On	On
6400	On	On	Off	On
12800	Off	On	Off	On
25600	On	Off	Off	On
51200	Off	Off	Off	On
1000	On	On	On	Off
2000	Off	On	On	Off
4000	On	Off	On	Off
5000	Off	Off	On	Off
8000	On	On	Off	Off
10000	Off	On	Off	Off
20000	On	Off	Off	Off
40000	Off	Off	Off	Off

图 6-89 所示为单片机控制步进电动机的实物照片。

图 6-89　单片机控制步进电动机实物照片

第7章 传感器技术

在机电一体化设计中,传感检测技术用来监测系统和过程的性能。传感检测技术还可用来评价机电一体化系统的运行和健康状况、检查工作的进展情况及确认零部件和工具。机电一体化系统中最常测量的一些变量是温度、速度、位置、力、转矩和加速度。测量这些变量时,系统的特性如传感器的动态特性、稳定性、分辨率、精度、鲁棒性、尺寸及信号处理等都是非常重要的。随着半导体制造技术的进步,集成多种传感功能成为可能,目前,已经出现的智能传感器不但可感知信息而且可处理信息,这些传感器为由控制算法执行的噪声自动滤除、灵敏度线性化、自校验等操作提供了方便。

传感器技术是实现自动控制、自动调节的关键环节,也是设计机电一体化作品不可缺少的关键技术。学生在完成一套完整的机电一体化作品时,如果不能利用传感检测技术对被控对象的各项参数及时准确地进行检测并转换成易于传送和处理的信号,用于系统控制的反馈信息就无法获得,进而使整个系统无法正常有效地工作。因此,大学生在设计机电一体化竞赛作品时如何选择合适的传感器非常关键。

基于此,本章对学生设计机电一体化参数作品时常用的传感器如超声波传感器、人体接近传感器、压力传感器、红外传感器、角速度传感器、加速度传感器等的工作原理和性能进行详细介绍,同时结合第 6 章单片机 STM32 的内容,列出各类传感器在单片机的代码实现。

7.1 传感器概述

传感器是能够感受规定的被测量并按一定规律转换成可用输出信号的器件或装置的总称。通常被测量为非电物理量,输出信号一般为电量。当今世界正面临一场新的技术革命,这场革命的主要基础是信息技术,而传感器技术被认为是信息技术三大支柱之一。一些发达国家把传感器技术列为与通信技术和计算机技术同等位置。随着现代科学的发展,传感技术作为一种与现代科学密切相关的新兴学科也得到迅速发展,并且在工业自动化测量和检测、航空航天、军事工程、医疗诊断等领域被越来越广泛地利用,同时对各学科发展还有促进作用。以下介绍一些机电一体化系统中常用的传感器。

7.2　超声波传感器

超声波传感器经常用于距离的测量,如测距仪和物位测量仪等都可以通过超声波传感器来实现。利用超声波检测往往比较迅速、方便,计算简单,易于做到实时控制,并且在测量精度方面能达到工业实用的要求,因此在移动机器人研制上也得到了广泛的应用。

7.2.1　超声波测距原理

1. 超声波发生器的类型

超声波发生器总体可以分为两大类:一类是用电气方式产生超声波;另一类是用机械方式产生超声波。电气方式包括压电型、磁致伸缩型和电动型等。目前,较为常用的是压电式超声波发生器。

2. 压电式超声波发生器工作原理

压电式超声波发生器实际上是利用压电晶体的谐振来工作的。超声波发生器内部有两个压电晶片和一个共振板,当它的两极外加脉冲信号的频率等于压电晶片的固有振荡频率时,压电晶片就会发生共振,并带动共振板振动,便产生超声波。反之,如果两电极间未外加电压,当共振板接收到某一频率的超声波时,就会压迫压电晶片做振动,将机械能转换为电信号,这时它就成为超声波接收器了。

3. 超声波测距原理

超声波发声器在某一时刻发出一个超声波信号,同时计时器开始计时,当这个超声波遇到被测物体后反射回来,就会被超声波接收器接收,与此同时计时器停止计时。这样,只要算出从发出超声波信号到接收到返回信号所用的时间,就可以算出超声波发生器与反射物体之间的距离。该距离的计算公式如下:

$$d = \frac{s}{2} = \frac{vt}{2} \tag{7-1}$$

式中,d 为被测物与测距器之间的距离;s 为声波的来回路程;v 为声速;t 为声波来回所用时间。

超声波是一种声波,其声速受温度、压强、湿度等因素的影响,其中受温度的影响最大,温度平均每升高 1℃,声速都会增加约 0.6m/s。在已知温度为 T 的条件下,超声波的传播速度 v 的计算公式近似为

$$v = 331.45 + 0.607T \tag{7-2}$$

7.2.2　超声波测距的实现与误差分析

1. 超声波测距系统实现

超声波测距系统设计框图如图 7-1 所示。超声波测距系统包括单片机控制器、超声波发射电波、超声波接收电路、LED 显示电路 4 个部分。根据设计要求并综合各方面因素,本系统采用单片机为主控制器,由单片机的晶振电路产生 4MHz 方波信号,经分频器分频输出 40kHz 的驱动信号给超声波发生器,使发射器起振发出超声波,同时启动单片机的计时器开始计时。超声波信号在空气中传播至障碍物后产生反射,反射回波被超声波接收器接收,转换为电信号脉冲,经放大、滤波、比较、整形后,输入到外部中断口产生中断,计时器停止,计算通过计时器的脉冲个数,得出超声波来回时间大小,从而求出间距。

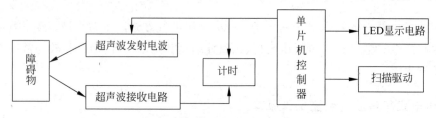

图 7-1　超声波测距系统设计框图

2. 调试

超声波测距仪的制作和调试都比较简单,其中超声波发射和接收采用的超声波换能器为 TCT40-10F1(T 发射)和 TCT40-10S1(R 接收),中心频率为 40kHz,安装时应保持两换能器中心轴线平行并相距 4~8cm,其余元件无特殊要求。若能将超声波接收电路用金属壳屏蔽起来,则可提高抗干扰能力。根据测量范围要求不同,可适当调整与接收换能器并接的滤波电容的大小,以获得合适的接收灵敏度和抗干扰能力。

3. 性能分析

硬件电路制作完成并调试好后,便可将程序编译好下载到单片机试运行。根据实际情况可以修改超声波发生子程序每次发送的脉冲宽度和两次测量的间隔时间,以适应不同距离的测量需要。根据所设计的电路参数和程序,测距仪能测的范围为 0.07~1.00m,测距仪最大误差不超过 1cm。系统调试完后应对测量误差和重复一致性进行多次实验分析,不断优化系统使其达到实际使用的测量要求。

7.2.3　超声波模块案例

超声波模块有很多种类型,下面介绍常用的 HC-SR04 模块。

1. HC-SR04 超声波测距模块的特点

HCSR04 超声波测距模块可提供 2~400cm 的非接触式距离感测功能,测距精度可达到 3mm；模块包括超声波发射器、接收器与控制电路。HC-SR04 实物照片如图 7-2 所示。

 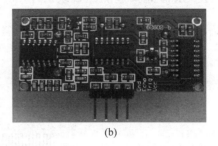

(a)　　　　　　　　　　　　　　　　(b)

图 7-2　HC-SR04 实物照片

(a) 正面图；(b) 底面图

2. HC-SR04 超声波测距模块电气参数

HC-SR04 超声波测距模块电气参数见表 7-1。

表 7-1　HC-SR04 超声波测距模块电气参数

电 气 参 数	数 值
工作电压	DC 5V
工作电流	15mA
工作频率	40kHz
最远射程	4m
最近射程	2cm
测量角度	15°
输入触发信号	$10\mu s$ 的 TTL 脉冲
输出回响信号	输出 TTL 电平信号，与射程成比例

3. HC-SR04 超声波测距模块接口定义

HC-SR04 超声波测距模块接口定义见表 7-2。

表 7-2　HC-SR04 超声波测距模块接口定义

引　脚	定　义	引　脚	定　义
V_{CC}	电源正极	Echo	接收端
Trig	控制端	GND	公共端

使用方法：在单片机与超声波 Trig 引脚连接的 I/O 口处，发一个 $10\mu s$ 以上的高电平，然后在与超声波 Echo 引脚连接的 I/O 处等待高电平的输入。在检测到高电平输入以后，打开计时器计时，当此口变为低电平时就可以读计时器的值，此时就得到高电平持续的时间，最后根据公式：测试距离＝(高电平时间×声速)/2，其中声速为 340m/s，得到与目标物体之间的距离。

4. HC-SR04 超声波测距模块时序

HC-SR04 超声波测距模块时序如图 7-3 所示。

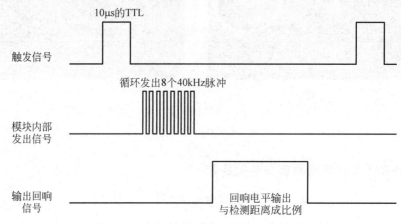

图 7-3　HC-SR04 超声波测距模块时序图

图 7-3 表明,只需要提供一个 $10\mu s$ 以上的脉冲触发信号,该模块内部即可发出 8 个 40kHz 频率周期电平并检测回波,一旦检测到有回波信号则输出回响信号。回响信号的脉冲宽度与所测的距离成正比。由此通过发射信号到收到的回响信号的时间间隔可以计算得到距离。

5. HC-SR04 超声波测距模块测量距离调节的方法

HC-SR04 测量距离调节位置如图 7-4 所示。

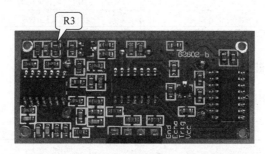

图 7-4　HC-SR04 测量距离调节位置图

图 7-4 中,标志电阻即 R_3,可以调节最大探测距离。若 R_3 电阻为 392Ω,则探测距离最大 4.5m 左右,探测角度小于 $15°$;若 R_3 电阻为 472Ω,则探测距离最大 7m 左右,探测角度小于 $30°$。R_3 电阻出厂默认 392Ω,即最大探测距离 4m 左右。R_3 电阻大,接收部分增益高,探测距离大,但探测角度会相应变大,容易探测到前方旁边的物体。当然,客户在不要求很高测试距离的条件下可以改小 R_3 来减小探测角度,这时最大测距会减小。

6. HC-SR04 超声波测距模块实现程序

应用 HC-SR04 进行超声波测距的流程如图 7-5 所示。超声波测距程序实现代码可扫描图 7-6 所示的二维码。

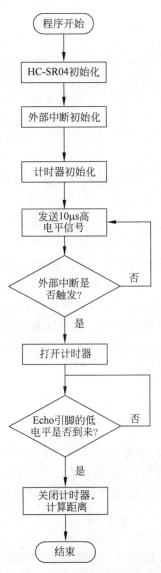

图 7-5 HC-SR04 超声波测距的流程

图 7-6 超声波测距程序实现代码

7.3 人体接近传感器

　　人体接近传感器又称无触点接近传感器,是理想的电子开关量传感器。一旦金属检测体接近传感器的感应区域,开关就能无接触、无压力、无火花、迅速地发出电气指令,准确反映出运动机构的位置和行程,即使用于一般的行程控制,其定位精度、操作频率、使用寿命、安装调整的方便性和对恶劣环境的适用能力,也是一般机械式行程开关不能相比的。它广泛应用于机床、冶金、化工、轻纺和印刷等行业,在机电一体化系统中可作为限位、计数、定位控制和自动保护环节。接近传感器具有使用寿命长、工作可靠、重复定位精度高、无机械磨损、无火花、无噪声、抗振能力强等特点。因此,到目前为止,接近传感器的应用范围日益广泛,其自身的发展和创新的速度也极其迅速。

7.3.1 人体接近传感器工作原理

人体接近传感器是以微波多普勒原理为基础,以平面型天线作感应系统,以微处理器作为控制的一种感应器。它以 10.525GHz 微波频率发射、接收,采用非接触探测,性能稳定、寿命长,不受温度、湿度、噪声、气流、尘埃、光线等影响,适合恶劣环境。其抗射频干扰能力强、穿透能力强,体积小,便于灵活安装。

热释电效应同压电效应类似,是指由于温度的变化而引起晶体表面荷电的现象。热释电传感器是对温度敏感的传感器,由陶瓷氧化物或压电晶体元件组成。在元件两个表面做成电极,在传感器监测范围内温度变化 ΔT 时,热释电效应会在两个电极上产生电荷 ΔQ,即在两电极之间产生一个微弱的电压 ΔV。由于它的输出阻抗极高,在传感器中有一个场效应管进行阻抗变换。热释电效应所产生的电荷 ΔQ 会被空气中的离子所结合而消失,即当环境温度稳定不变时,$\Delta T=0$,则传感器无输出。若人体进入检测区,因人体温度与环境温度有差别,产生 ΔT,则有 ΔT 输出;若人体进入检测区不动,则温度没有变化,传感器也没有输出了,所以这种传感器可用于检测人体或者动物的活动。实验证明,如果传感器不加光学透镜(也称菲涅尔透镜),其检测距离小于 2m;加上光学透镜后,其检测距离最大可超过 7m。

7.3.2 人体接近传感器的特点

ATM 机专用人体接近传感器 YTMW8631 和人体活动监测器 YT-EWS,是一种用于检测人体接近的控制器件,可准确探知附近人物的靠近,是目前作为报警和状态检测的最佳选择。传感部分对附近人物移动有很高的检测灵敏度,同时又可对周围环境的声音信号进行抑制,具有很强的抗干扰能力。

人体接近传感器的性能特点如下:
(1) 具有穿透墙壁和非金属门窗的功能,适用于银行 ATM 监控系统隐蔽式内置安装。
(2) 探测人体接近距离远近可调,可调节半径约为 0.5m。
(3) 探测区域呈双扇形,覆盖空间范围大。
(4) 对检测信号进行幅度和宽度双重比较,误报小。
(5) 有较高的环境温度适应性能,在 −20～50℃ 均不影响检测灵敏度。
(6) 非接触探测。
(7) 不受温度、湿度、噪声、气流、尘埃、光线等影响,适合恶劣环境。
(8) 抗射频干扰能力强。

人体接近传感器在银行取款机触发监控录像、航空航天技术、保险柜以及工业生产中都有广泛的应用。在日常生活中,如宾馆、饭店、车库的自动门、自动热风机上都有应用。在安全防盗方面,如资料档案、财会、金融、博物馆、金库等重地,通常都装有由各种接近开关组成的防盗装置。在测量技术中,如长度、位置的测量,都使用了大量的接近传感器;在控制技术中,如位移、速度、加速度的测量和控制,也都使用着大量的接近开关。

7.3.3　人体接近传感器的选型和检测

1. 人体接近传感器的选型

对于不同的材质的检测体和不同的检测距离,应选用不同类型的接近传感器,以使其在系统中具有高的性能价格比,为此在选型中应遵循以下原则:

(1) 当检测体为金属材料时,应选用高频振荡型接近传感器。该类型接近传感器对铁、镍、A3 钢类检测体的检测最灵敏;对铝、黄铜和不锈钢类检测体,其检测灵敏度就低。

(2) 当检测体为非金属材料时,如木材、纸张、塑料、玻璃和水等,应选用电容型接近传感器。

(3) 金属体和非金属体要进行远距离检测和控制时,应选用光电型接近传感器或超声波型接近传感器。

(4) 当检测体为金属时,若检测灵敏度要求不高,则可选用价格低廉的磁性接近传感器或霍尔式接近传感器。

2. 人体接近传感器的检测

(1) 动作距离的测定:当动作片由正面靠近接近传感器的感应面时,使接近传感器动作的距离为接近传感器的最大动作距离,测得的数据应在产品的参数范围内。

(2) 释放距离的测定:当动作片由正面离开接近传感器的感应面,开关由动作转为释放时,动作片离开感应面的最大距离为释放距离。

(3) 回差的测定:最大动作距离和释放距离之差的绝对值为回差。

(4) 动作频率的测定:用调速电动机带动胶木圆盘,在圆盘上固定若干钢片,调整开关感应面和动作片间的距离,约为开关动作距离的 80%。转动圆盘,依次使动作片靠近接近传感器,在圆盘主轴上装有测速装置,开关输出信号经整形,接至数字频率计。此时启动电动机,逐步提高转速,在转速与动作片的乘积与频率计数相等的条件下,可由频率计直接读出开关的动作频率。

(5) 重复精度的测定:将动作片固定在量具上,由开关动作距离的 120% 以外,从开关感应面正面靠近开关的动作区,运动速度控制在 0.1mm/s 以上。当开关动作时,读出量具上的读数,然后退出动作区,使开关断开。如此重复 10 次,最后计算 10 次测量值的最大值和最小值与 10 次平均值之差,差值大者为重复精度误差。

7.3.4　人体接近传感器案例

1. HC-SR501 人体感应传感器

HC-SR501 是基于红外线技术的自动控制模块,采用德国原装进口 LHI78 探头设计,灵敏度高,可靠性强,采用超低电压工作模式,广泛应用于各类自动感应电器设备,尤其是干电池供电的自动控制产品。人体感应传感器实物照片如图 7-7 所示。

图 7-7　人体传感器实物照片

HC-SR501 电气参数见表 7-3。

表 7-3　HC-SR501 电气参数

电 气 参 数	数　　值
工作电压范围	DC4.5～20V
静态电流	<50μA
电平输出	高：3.3V；低：0V
触发方式	L：不可重复触发；H：重复触发
延时时间	0.5～200s(可调)
封锁时间	默认 2.5s(可调)
感应角度	<100°锥角
工作温度	−15～+70℃
感应透镜尺寸	直径：23mm(默认)

2. HC-SR501 功能特点

(1) 全自动感应：人进入其感应范围则输出高电平,人离开感应范围则自动延时关闭高电平,输出低电平。

(2) 光敏控制(可选择,出厂时未设)：可设置光敏控制,白天或光线强时不感应。

(3) 温度补偿(可选择,出厂时未设)：在夏天当环境温度升高至 30～32℃时,探测距离稍变短,温度补偿可作一定的性能补偿。

(4) 两种触发方式(可跳线选择)：

① 不可重复触发方式,即感应输出高电平后,延时一段时间结束,输出将自动从高电平变成低电平。

② 可重复触发方式,即感应输出高电平后,在延时时间段内,如果有人体在其感应范围活动,其输出将一直保持高电平,直到人离开后才延时将高电平变为低电平(感应模块检测到人体的每一次活动后会自动顺延一个延时时间段,并且以最后一次活动的时间为延时时间的起始点)。

(5) 具有感应封锁时间(默认设置为 2.5s 封锁时间)：感应模块在每一次感应输出后(高电平变成低电平),可以紧跟着设置一个封锁时间段,在此时间段内感应器不接收任何感应信号。此功能可以实现“感应输出时间”和“封锁时间”两者的间隔工作,可应用于间隔探测产品,同时此功能可有效抑制负载切换过程中产生的各种干扰(此时间可设置在零点几秒至几十秒）。

（6）工作电压范围宽：默认工作电压 DC4.5～20V。

3. HC-SR501 工作原理

人体都有恒定的体温，一般在 37℃ 左右，所以会发出特定波长 10μm 左右的红外线，被动式红外探头就是靠探测人体发射的 10μm 左右的红外线而进行工作的。人体发射的 10μm 左右的红外线通过菲涅尔滤光片增强后聚集到红外感应源上。红外感应源通常采用热释电元件，这种元件在接收到人体红外辐射温度发生变化信号时就会失去电荷平衡，向外释放电荷，后续电路经检测处理后就能产生报警信号。

HC-SR501 模块采用圆形透镜，使探头四面都感应，但左右两侧仍然比上下两个方向的感应范围大、灵敏度高，安装时应符合规定的要求。

4. HC-SR501 模块程序实现

HC-SR501 模块程序实现流程如图 7-8 所示。

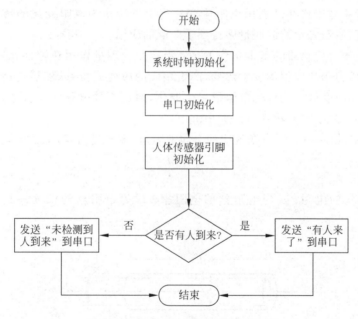

图 7-8 HC-SR501 模块程序实现流程

HC-SR501 模块程序实现代码可扫描图 7-9 所示的二维码。

图 7-9 HC-SR501 模块程序实现代码

7.4 压力传感器

压力传感器是能感受压力信号,并能按照一定的规律将压力信号转换成可用的输出电信号的器件或装置。压力传感器通常由压力敏感元件和信号处理单元组成。按不同的测试压力类型,压力传感器可分为电阻应变式压力传感器、压电式压力传感器和电感式压力传感器。

7.4.1 电阻应变式压力传感器

1. 工作原理

应变是物体在外部压力或拉力作用下发生形变的现象。当外力去除后物体又能完全恢复其原来的尺寸和形状的应变称为弹性应变。具有弹性应变特性的物体称为弹性元件。

电阻应变式压力传感器是利用电阻应变片将应变转换为电阻变化的传感器,在力、力矩、压力、加速度、质量等参数的测量中得到了广泛的应用。

电阻应变式压力传感器的基本工作原理:当被测物理量作用在弹性元件上时,弹性元件在力、力矩或压力等的作用下发生形变,产生相应的应变或位移,然后传递给与之相连的电阻应变片,引起应变敏感元件的电阻值发生变化,通过测量电路转变成电压等电量输出。输出的电压大小反映了被测物理量的大小。

如图 7-10 所示,一根具有应变效应的金属电阻丝,在未受力时,原始电阻值 R 为

$$R = \frac{\rho L}{A} \tag{7-3}$$

式中,R 为电阻丝的电阻;ρ 为电阻丝的电阻率;L 为电阻丝的长度;A 为电阻丝的截面积。

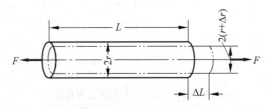

图 7-10　应变效应图

电阻丝受到拉力 F 作用时将伸长,横截面积相应减小,电阻率也将因形变而改变(增加),故引起的电阻值相对变化量通过对式(7-4)进行全微分可得

$$\frac{\Delta R}{R} = \frac{\Delta \rho}{\rho} + \frac{\Delta L}{L} - 2\pi \frac{\Delta r}{r} \tag{7-4}$$

式中,r 为电阻丝的半径;$\dfrac{\Delta L}{L}$ 为电阻丝轴向(长度)相对变化量,即轴向应变,用 ε 表示,即

$$\varepsilon = \frac{\Delta L}{L} \tag{7-5}$$

基于材料力学相关知识,径向应变 $\dfrac{\Delta r}{r}$ 与轴向应变 $\dfrac{\Delta L}{L}$ 的关系为

$$\frac{\Delta r}{r} = -\mu\varepsilon \tag{7-6}$$

式中,μ 为电阻丝材料的泊松比。

将式(7-5)、式(7-6)代入式(7-4)可得

$$\frac{\Delta R}{R} = \frac{\Delta\rho}{\rho} + (1+2\mu)\varepsilon \tag{7-7}$$

通常把单位应变引起的电阻值相对变化量称为电阻丝的灵敏度系数,表示为

$$K = \frac{\Delta R/R}{\varepsilon} = 1 + 2\mu + \frac{\Delta\rho}{\rho\varepsilon} \tag{7-8}$$

实验证明:在电阻丝拉伸极限内,电阻的相对变化与应变成正比,即 K 为常数。

2. 电阻应变片的种类

应力与应变的关系为

$$\sigma = E\varepsilon \tag{7-9}$$

式中,σ 为被测试件的应力;E 为被测试件的材料弹性模量;ε 为应变。

应力 σ 与力 F 和受力面积 A 的关系可表示为

$$\sigma = \frac{F}{A} \tag{7-10}$$

常用的电阻应变片有两种:金属电阻应变片和半导体电阻应变片。

1) 金属电阻应变片(应变效应为主)

金属电阻应变片有丝式和箔式等结构形式。丝式电阻应变片的结构如图 7-11(a)所示,它是用一根金属细丝按图示形状弯曲后用胶黏剂贴于衬底上,衬底用纸或有机聚合物等材料制成,电阻丝的两端焊有引出导线,电阻丝直径为 0.012～0.050mm。

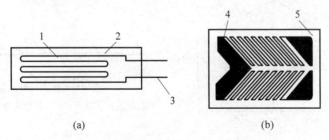

1—电阻丝;2,5—衬底;3—引出导线;4—蚀刻箔片。

图 7-11　金属电阻应变片结构

(a) 丝式电阻应变片;(b) 箔式电阻应变片

箔式电阻应变片的结构如图 7-11(b)所示,它是用光刻、腐蚀等工艺方法制成的一种很薄的金属箔栅,其厚度一般在 0.003～0.010mm。它的优点是表面积和截面积之比大,散热条件好,故允许通过较大的电流,并可做成任意的形状,便于大量生产。

2）半导体电阻应变片

半导体电阻应变片的结构如图 7-12 所示。它的使用方法与丝式电阻应变片相同，即粘贴在被测物体上，其电阻随被测件的应变发生相应的变化。

半导体电阻应变片的工作原理主要是基于半导体材料的压阻效应，即单晶半导体材料沿某一轴向受到外力作用时，其电阻率发生变化的现象。结合式(7-9)，半导体敏感元件产生压阻效应时其电阻率的相对变化 $\frac{\Delta\rho}{\rho}$ 与应力间的关系为

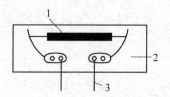

1—半导体敏感条；2—引线；3—衬底。

图 7-12 半导体电阻应变片的结构

$$\frac{\Delta\rho}{\rho} = \pi\sigma = \pi E\varepsilon \tag{7-11}$$

式中，π 为半导体材料的压阻系数。

因此，对于半导体电阻应变片来说，其灵敏度系数为

$$K \approx \frac{\Delta\rho}{\rho\varepsilon} = \pi E \tag{7-12}$$

3. 电阻应变片的温度误差及其补偿方法

1）电阻应变片的温度误差

电阻应变片的温度误差是由环境温度的改变给测量带来的附加误差。导致电阻应变片温度误差的主要因素有：

（1）电阻温度系数的影响。

（2）试件材料和电阻丝材料的线膨胀系数的影响。

2）电阻应变片温度误差的补偿方法

最常用、最有效的电阻应变片温度误差补偿方法是电桥补偿法，其原理如图 7-13 所示。

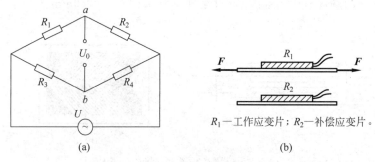

R_1—工作应变片；R_2—补偿应变片。

图 7-13 电桥补偿法原理示意图

(a) 电路；(b) 应变片受力分析

根据电路分析，可知电桥输出电压 U_0 与桥臂参数的关系为

$$U_0 = U_a - U_b = \frac{R_1}{R_1 + R_2}\dot{U} - \frac{R_3}{R_3 + R_4}\dot{U} = \frac{R_1 R_4 - R_2 R_3}{(R_1 + R_2)(R_3 + R_4)}\dot{U} \tag{7-13}$$

根据式(7-13)，当 R_3 和 R_4 为常数时，R_1 和 R_2 对电桥输出电压 U_0 的作用效果相反。电桥补偿法正是利用了这一基本关系来实现对测试结果的补偿的。

为了保证补偿效果,应注意以下几个问题:

(1) 在电阻应变片工作过程中,应保证 $R_3 = R_4$。

(2) R_1 和 R_2 两个电阻应变片应具有相同的电阻温度系数 α、线膨胀系数 β、应变灵敏度系数 K 和初始电阻值 R_0。

(3) 粘贴补偿片的材料和粘贴工作片的被测试件材料必须一样,两者线膨胀系数相同。

(4) 工作片和补偿片应处于同一温度场中。

由于此时应变片并未承受应变,由此可见,温度变化对测量结果的输出会带来较大的影响。要减小温度误差,可采用的方法包括:不要长时间测量;对电阻 R_1 实施恒温措施;对电阻 R_2 做温度误差补偿,即采用补偿应变片。

7.4.2 压电式压力传感器

1. 压电式压力传感器的原理

压电式压力传感器是基于压电效应的传感器,是一种自发电式和机电转换式传感器。它的敏感元件由压电材料制成,压电材料受力后表面产生电荷,此电荷经电荷放大器和测量电路放大和变换阻抗后就成为正比于所受外力的电量输出。

压电式压力传感器是以具有压电效应的器件为核心组成的传感器。由于压电效应具有顺、逆两种效应,所以压电式压力传感器是一种典型的双向有源传感器。基于这一特性,压电式压力传感器已被广泛应用于超声、通信、宇航、雷达和引爆等领域,并与激光、红外、微波等技术相结合,成为发展新技术和高科技的重要条件。

压电式压力传感器用于测量力和能变换为力的非电物理量,如压力、加速度等。它的优点是频带宽、灵敏度高、信噪比高、结构简单、工作可靠和质量轻等;缺点是某些压电材料需要防潮措施,而且输出的直流响应差,需要采用高输入阻抗电路或电荷放大器来克服这一缺陷。

2. 压电式压力传感器的特点

(1) 自振频率高。
(2) 能适应恶劣环境(如花炮冲击波压力)。
(3) 低频性能差。
(4) 温度效应敏感。
(5) 使用及维修要求比较苛刻。

7.4.3 电感式压力传感器

1. 电感式压力传感器的原理

电感式压力传感器是将压力的变化量转换为对应的电感变化量输入给放大器和记录器,如图 7-14 所示。

铁芯 1 和衔铁 2 均由导磁性材料硅钢片或坡莫合金制成。衔铁和铁芯之间有空隙 δ，在压力作用下，衔铁随膜盒 3 上下运动，磁路中的气隙 δ 随之改变，使线圈的磁阻发生变化，从而引起线圈电感的变化。线圈中的电感等于单位电流所产生的磁链。产生的电感量 L 可表示为

$$L = \frac{N^2 \mu_0 S_0}{2\sigma} \qquad (7\text{-}14)$$

式中，N 为线圈的匝数；μ_0 为空气的磁导率；S_0 为气隙面积；σ 为被测试件的应力。

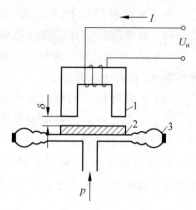

1—铁芯；2—衔铁；3—膜盒。

图 7-14　电感传感器的工作原理图

式(7-14)为电感压力传感器的基本特性公式，它表示由于压力的变化引起膜片衔铁气隙 δ 的变化，使磁路中线圈电感也有相应的变化，而测出电感量的变化，就能得到压力的大小。

灵敏度 K 与气隙长度的平方成反比，δ 越小，灵敏度越高。由于 K 不是常数，故会出现非线性误差。为了减少这一误差，通常规定在较小间隙变化范围内工作。设间隙变化范围为 $(\delta_0, \delta_0 + \Delta\delta)$。一般实际应用中，取 $\Delta\delta/\delta_0 \leqslant 0.1$。这种传感器适用于较小位移的检测，一般为 0.001~1mm。

电感式压力传感器由 3 大部分组成：振荡器、开关电路及放大输出电路。它的工作原理是因磁性材料和磁导率不同，当压力作用于衔铁时，气隙大小发生改变，气隙的改变影响线圈电感的变化，放大电路处理后可以把这个电感的变化转化成相应的信号输出，从而达到测量压力的目的。

2. 电感式压力传感器的特点

(1) 压力变换器的线性有了很大的改善，可扩大到起始间隙的 0.3~0.4 倍。

(2) 桥压越高，起始气隙越小及初始电磁参数越高，灵敏度就越高。

7.4.4　压力传感器案例

压力传感器的案例在第 8 章控制系统综合案例 8.1 节基于压力传感器的电子秤设计中进行详细介绍。

7.5　红外线传感器

红外线传感器是利用物体产生红外辐射的特性，实现自动检测的传感器。因其在使用测量时不与被测物体直接接触，因而不存在摩擦，并且具有灵敏度高、响应快等优点。根据红外线传感器的工作原理研究出了红外探测仪、红外测温仪、夜视仪、红外无损探伤仪等，被广泛应用于医学、军事、空间技术和环境工程等领域。

7.5.1　红外线传感器的工作原理

（1）待测目标：根据待测目标的红外辐射特性可进行红外系统的设定。

（2）大气衰减：待测目标的红外辐射通过地球大气层时，由于气体分子和各种气体以及各种溶胶粒的散射和吸收，将使红外源发出的红外辐射发生衰减。

（3）光学接收器：它接收目标的部分红外辐射并传输给红外线传感器，相当于雷达天线，常用作物镜。

（4）辐射调制器：将来自待测目标的辐射调制成交变的辐射光，提供目标方位信息，并可滤除大面积的干扰信号。辐射调制器又称调制盘和斩波器，它具有多种结构。

（5）红外探测器：这是红外系统的核心。它是利用红外辐射与物质相互作用所呈现出来的物理效应探测红外辐射的传感器，多数情况下是利用这种相互作用所呈现出的电学效应进行探测。此类探测器可分为光子探测器和热敏感探测器两大类型。

（6）探测器制冷器：由于某些探测器必须要在高温下工作，所以相应的系统必须有制冷设备。经过制冷，设备可以缩短响应时间，提高探测灵敏度。

（7）信号处理系统：将探测的信号进行放大、滤波，并从这些信号中提取出信息，然后将此类信息转化成为所需要的格式，最后输送到控制设备或者显示器中。

（8）显示设备：这是红外设备的终端设备。常用的显示设备有示波器、显像管、红外感光材料、指示仪器和记录仪等。

依照上面的流程，红外系统就可以完成相应的物理量的测量。

7.5.2　红外线传感器的主要物理量

1. 响应率

红外线传感器的响应率就是其输出电压与输入的红外辐射功率之比：

$$r = \frac{U_0}{P} \tag{7-15}$$

式中，r 为响应率，V/W；U_0 为输出电压，V；P 为红外辐射功率，W。

2. 响应波长范围

红外线传感器的响应率与入射辐射的波长有一定的关系，如图 7-15 所示。其中，①为热敏传感器的特性，可见热敏红外线传感器的响应率 r 与波长 λ 无关。②为光电传感器的分谱响应曲线，λ_p 对应响应峰值 r_p，$r_p/2$ 对应截止波长 λ_c。

3. 噪声等效功率

若投射到传感器上的红外辐射功率所产生的输

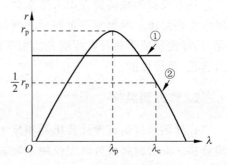

图 7-15　光电探测器分谱响应曲线

出电压正好等于传感器本身的噪声电压,这个辐射功率叫作噪声等效功率(noise equivalent power,NEP)。噪声等效功率是一个可测量的量。

设入射辐射的功率为 P,测得的输出电压为 U_0,然后除去辐射源,测得传感器的噪声电压为 U_N,则按比例计算,要使 $U_0 = U_N$ 的辐射功率为

$$\text{NEP} = \frac{P}{\dfrac{U_0}{U_N}} = \frac{U_N}{r} \tag{7-16}$$

4. 响应时间

红外线传感器的响应时间就是加入或去掉辐射源的响应速度的响应时间,而且加入或去掉辐射源的响应速度的响应时间相等。红外线传感器的响应时间是比较短的。

7.5.3　红外线传感器的组成

红外线传感器由光学系统、敏感元件、前置放大器、信号调制器组成,光学系统是其重要组成部分,根据光学系统的结构分为反射式和透射式两种。

7.5.4　红外线传感器的分类

1. 热电型红外线传感器

热电型红外线传感器能在常温下工作,且灵敏度不依赖于光波波长,可根据不同的使用目的与具有不同分光和透射性的窗口材料进行组合,从而制造出各种波长的热电型红外线传感器。

热释电红外线传感器内部的热电元由高热电系数的铁钛酸铅汞陶瓷以及钽酸锂、硫酸三甘铁等配合滤光镜片窗口组成,其极化随温度的变化而变化。为了抑制因自身温度变化而产生的干扰,该传感器在工艺上将两个特征一致的热电元反向串联或接成差动平衡电路方式,因而能以非接触式检测出物体放出的红外线能量变化,并将其转换为电信号输出。热电型红外线传感器在结构上引入场效应管的目的在于完成阻抗变换。由于热电元输出的是电荷信号,并不能直接使用,因而需要用电阻将其转换为电压形式,该电阻阻抗高达 $104\text{M}\Omega$,故引入的 N 沟道结型场效应管应接成共漏形式,即源极跟随器来完成阻抗变换。

热电型红外线传感器由传感探测元、干涉滤光片和场效应管匹配器 3 部分组成。设计时应将高热电材料制成一定厚度的薄片,并在它的两面镀上金属电极,然后加电对其进行极化,这样便制成了热释电探测元。由于加电极化的电压是有极性的,因此极化后的探测元也是有正、负极性的。

2. 红外测温仪

红外测温仪由红外线传感器和显示报警系统两部分组成,它们之间通过专用的 5 芯电缆连接。安装时将红外测温仪用支架固定在通道旁边或大门旁边等地方,使被测人与红外测温仪之间的距离相距 35cm,然后在其旁边摆放一张桌子,放置显示报警系统。

只要被测人在指定位置站立 1s 以上,红外测温仪就可准确测量出被测人的体温,一旦其体温超过 38℃,测温仪的红灯就会闪亮,同时发出蜂鸣声提醒检查人员。红外测温仪的外形如图 7-16 所示。

图 7-16　红外测温仪外形

图 7-17 所示为目前最常见的红外测温仪结构框图,它是光、机、电一体化的红外测温系统。图中的光学系统是一个固定焦距的透视系统,滤光片一般采用只允许 $8\sim14\mu m$ 的红外辐射能通过的材料。步进电动机带动调制盘转动,将被测的红外辐射调制成交变的红外辐射射线。红外探测器一般为热释电探测器,透镜的焦点落在其光敏面上。被测目标的红外辐射通过透镜聚焦在红外探测器上,红外探测器将红外辐射变换为电信号输出。

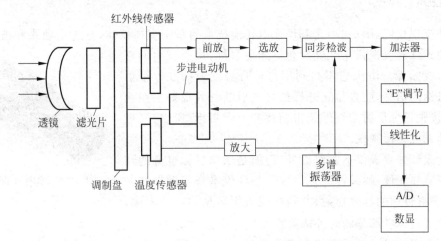

图 7-17　最常见的红外测温仪结构框图

红外测温仪的电路比较复杂,包括前置放大器、选频放大、温度补偿、线性化、发射率调节等。目前,已经有一种带单片机的智能红外测温仪,利用单片机与软件的功能,大大简化了硬件电路,提高了仪表的稳定性、可靠性和准确性。

红外测温仪为在人流量较大的公共场所降低疫情的扩散和传播提供了一种快速、非接触测量的手段,可在机场、海关、车站、宾馆、商场、影院、写字楼、学校等人流量较大的公共场所,对体温超过 38℃的人员进行有效筛选。

3. 热释电红外线传感器

热释电红外线传感器主要由高热电系数的锆钛酸铅系陶瓷以及钽酸锂、硫酸三甘钛等配合滤光镜片窗口组成,它能以非接触形式检测出物体放射出来的红外线能量变化,并将其转换成电信号输出。

被动式热释电红外线传感器的工作原理及特性:

(1) 这种探头是以探测人体辐射为目标的,所以热释电元件对波长为 $10\mu m$ 左右的红外辐射必须非常敏感。

(2) 为了仅仅对人体的红外辐射敏感,在它的辐射照面通常覆盖有特殊的菲涅尔滤光片,使环境的干扰受到明显的控制。

（3）被动红外探头，其传感器包含两个互相串联或并联的热释电元件。而且制成的两个电极化方向正好相反，环境背景辐射对两个热释电元件几乎具有相同的作用，所以两个热释电元件产生的释电效应相互抵消，于是探测器无信号输出。

（4）一旦人进入探测区域内，人体红外辐射通过部分镜面聚焦，并被热释电元件接收，但是两个热释电元件接收到的热量不同，热释电也不同，不能抵消，经信号处理后报警。

（5）菲涅尔滤光片根据性能要求不同，具有不同的焦距（感应距离），从而产生不同的监控视场，视场越多，控制越严密。

被动式热释电红外线传感器在电子防盗、人体探测器领域中的应用非常广泛，因其价格低廉、技术性能稳定而受到广大用户和专业人士的喜爱。

4. 红外夜视仪

红外夜视仪（见图 7-18）是利用光电转换技术的军用夜视仪器，分为主动式和被动式两种。主动式红外夜视仪用红外探照灯照射目标，接收反射的红外辐射形成图像。由于它不是利用目标自身发射的红外辐射来获得目标的信息，而是靠红外探照灯发射的红外辐射去照明目标，并接收目标反射的红外线来侦察和显示目标，所以，又被称为主动式红外夜视仪。

被动式红外夜视仪不发射红外线，而是依靠目标自身的红外辐射形成热图像，故又称为热像仪。热像仪本身不发出红外辐射，只接收目标的红外辐射，并转换成人眼可见的红外图像，图像反映了目标各部分的红外辐射强度。

图 7-18　红外夜视仪

这种夜视功能早已被应用在摄影机中，并且有了快速的发展。索尼数码摄像机首创了红外线夜视摄影功能，能够使摄像机在全黑环境下进行拍摄，甚至连肉眼也不能分辨清楚的物体，现在也可以清晰地拍摄下来。这种夜视的特点是可以在完全没有光线的条件下进行拍摄，但由于采用的是红外摄影，无法进行彩色的还原，所以拍摄出来的画面是单色的，影像会变绿。不久之后，索尼又推出了拥有超级红外线夜视摄影功能的数码摄像机，红外线功能的慢速快门为两段选择，超级红外线夜视摄影功能的慢速快门为自动调节，可以获得更好的影像效果。譬如说，我们在电视新闻上看到的从现场传回来的录像片的画面都呈现绿色，说明电视记者在拍摄时使用了红外线夜视仪，导致影像是绿色的，但是如果不使用红外摄影技术，那么我们从电视画面上将只能听到声音，而看不到任何影像。

需要注意的是，因为红外线夜视摄影的前提是数码摄像机能发出人们肉眼看不到的红外光线去照亮被拍摄的物体，所以对其拍摄距离是有一定限制的，如果摄像机发出的红外线不能到达要拍摄的物体，那么自然就什么也拍不到了。

7.5.5　红外线传感器案例

1. TCR 红外线传感器

TCR 红外线传感器可为智能小车、机器人等机电一体化系统提供一种多用途的红外线探测系统的解决方案。该传感器模块对环境光线适应能力强,其具有一对红外线发射与接收管。发射管发射出一定频率的红外线,当检测方向遇到障碍物(反射面)时,红外线反射回来被接收管接收,经过比较器电路处理之后,信号输出接口输出数字信号(一个低电平信号),可通过电位器旋钮调节检测距离,有效距离范围 2~60cm,工作电压 3.3~5V。该传感器的探测距离可以通过电位器调节,具有干扰小、便于装配、使用方便等特点,可以广泛应用于机器人避障、避障小车、流水线计数及黑白线循迹等众多场合。

2. TCR 红外线传感器参数说明

(1) 当 TCR 红外线传感器检测到前方障碍物信号时,红色指示灯点亮,同时输出端口持续输出低电平信号。该传感器检测距离 2~60cm,检测角度 35°,检测距离可以通过电位器进行调节,顺时针调电位器,检测距离增加;逆时针调电位器,检测距离减少。

(2) TCR 红外线传感器属于红外线反射探测,因此目标的反射率和形状是探测距离的关键。其中,对黑色物体的探测距离最小,白色的最大;对小面积物体的探测距离小,大面积物体的探测距离大。

(3) 传感器输出端口 OUT 可直接与单片机 I/O 口相连,也可以直接驱动 5V 继电器模块或者蜂鸣器模块。连接方式为 V_{CC}-V_{CC},GND-GND,OUT-I/O。

(4) 比较器采用 LM339,工作稳定。

(5) 可采用 3.3~5V 直流电源对模块进行供电。当电源接通时,绿色电源指示灯亮。

(6) 模块的阈值可以根据实际情况,通过电位器调节。

3. TCR 红外线传感器接口定义

TCR 红外线传感器接口定义见表 7-4。

表 7-4 TCR 红外线传感器接口定义

引 脚	定 义
V_{CC}	电源正极
GND	电源负极
D0	TTL 开关信号输出
A0	模拟信号输出

4. TCR 红外线传感器工作原理

TCR 红外线传感器的红外发射二极管不断发射红外线,当发射出的红外线没有被反射回来或被反射回来但强度不够大时,红外接收管处于关断状态,此时传感器的输出端为高电平,指示二极管一直处于熄灭状态;当被检测物体出现在检测范围内时,红外线被反射回来且强度足够大,红外接收管饱和,此时传感器的输出端为低电平,指示二极管被点亮。

5. TCR 红外线传感器实现程序

TCR 红外线传感器程序实现流程如图 7-19 所示。首先程序开始,系统时钟初始化、串口初始化和红外线传感器引脚初始化,然后传感器发射红外线检测目标物,最后将检测目标信息通过串口返回给控制器。

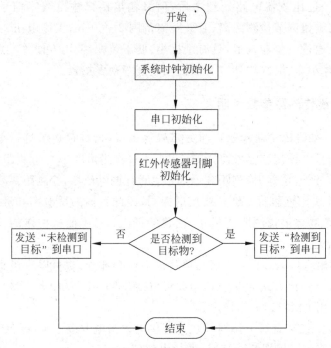

图 7-19   TCR 红外线传感器程序实现流程

TCR 红外线传感器程序实现代码可扫描图 7-20 所示的二维码。

图 7-20   TCR 红外线传感器程序实现代码

7.6   角速度传感器

角速度传感器又称陀螺仪,是一种用来感测与维持方向的装置,是基于角动量守恒理论设计出来的。一旦开始旋转,由于轮子的角动量,陀螺仪有抗拒方向改变的趋向。

最常见的角速度传感器使用场景就是手机,如赛车类手机游戏就是通过角速度传感器的作用产生汽车左右摇摆的交互模式。除了手机外,角速度传感器还被广泛应用在 AR/VR 以及无人机领域。

角速度跟加速度仿佛同胞兄弟。加速度传感器有两种:一种是角加速度传感器,由陀螺仪(角速度传感器)改进而成;另一种是线加速度传感器。在要求相对不高的场合,一个基于陀螺仪的传感器,可以做到既能测量倾角,也可以测量加速度。

7.6.1　角速度传感器的原理

通俗地说,一个旋转物体的旋转轴所指的方向在不受外力影响时,是不会改变的。如果玩过陀螺就会知道,旋转的陀螺遇到外力时,它的轴的方向是不会随着外力的方向发生改变的,轮子转得越快越不容易倒,因为旋转轴有保持水平的力量。根据这个道理,用它来保持方向,制造出来的装置就叫作陀螺仪,如图 7-21 所示。我们可以用多种方法读取轴所指示的方向,并自动将数据信号传给控制系统。

1—陀螺仪帧；2—旋转轴；
3—转子；4—万向坐标系。
图 7-21　陀螺仪

陀螺仪有两个非常重要的基本特性:一个是定轴性;另一个是进动性。这两种特性都是建立在角动量守恒的原则下。

1) 定轴性

当陀螺转子以高速旋转时,在没有任何外力矩作用在陀螺仪上时,陀螺仪的自转轴在惯性空间中的指向保持稳定不变,即指向一个固定的方向,同时反抗任何改变转子轴向的力量。这种物理现象称为陀螺仪的定轴性或稳定性。其定轴性随着以下的物理量而改变:

(1) 转子的转动惯量越大,定轴性越好。

(2) 转子的角速度越大,定轴性越好。

所谓的"转动惯量",是描述刚体在转动中惯性大小的物理量。当以相同的力矩分别作用于两个绕定轴转动的不同刚体时,它们所获得的角速度一般不同,转动惯量大的刚体所获得的角速度小,即保持原有转动状态的惯性大;反之,转动惯量小的刚体所获得的角速度大,也就是保持原有转动状态的惯性小。

2) 进动性

当转子高速旋转时,若外力矩作用于外环轴,陀螺仪将绕内环轴转动;若外力矩作用于内环轴,陀螺仪将绕外环轴转动,其转动角速度方向与外力矩作用方向互相垂直。这种特性叫作陀螺仪的进动性。进动性的大小有以下 3 个影响因素:

(1) 外界作用力越大,进动角速度越大。

(2) 转子的转动惯量越大,进动角速度越小。

(3) 转子的角速度越大,进动角速度越小。

7.6.2　角速度传感器的分类

按照转子转动的自由度,可以将陀螺仪分为两种:双自由度陀螺仪(也称三自由度陀螺仪)和单自由度陀螺仪(也称二自由度陀螺仪)。前者用于测定飞行器的姿态角,后者用于测定姿态角速度。

按所采用的支承方式,陀螺仪可分为滚珠轴承自由陀螺仪、液浮陀螺仪、静电陀螺仪、挠性陀螺仪、激光陀螺仪和微机电陀螺仪。

1. 滚珠轴承自由陀螺仪

滚珠轴承自由陀螺仪是一款经典的陀螺仪,其利用滚珠轴承支承,如图 7-22 所示。滚珠轴承靠直接接触,摩擦力矩大,虽然此类陀螺仪的精度不高,漂移率为每小时几度,但工作可靠,迄今广泛用于精度要求不高的场合。

2. 液浮陀螺仪

液浮陀螺仪又称浮子陀螺仪,如图7-23所示。内框架(内环)和转子形成密封球形或圆柱形的浮子组件。转子在浮子组件内高速旋转,在浮子组件与壳体间充满浮液,用以产生所需要的浮力和阻尼。浮力与浮子组件的质量相等者,称为全浮陀螺;浮力小于浮子组件质量者,称为半浮陀螺。

图 7-22　滚珠轴承自由陀螺仪

图 7-23　液浮陀螺仪

由于液浮陀螺仪利用浮力支承,摩擦力矩减小,因此其精度较高,但因不能定位,仍有摩擦存在。为弥补这一缺点,通常在液浮的基础上增加磁悬浮,即由浮液承担浮子组件的质量,而用磁场形成的推力使浮子组件悬浮在中心位置。

现代高精度的单自由度液浮陀螺仪一般是液浮、磁浮和动压气浮并用的三浮陀螺仪。这种陀螺仪比滚珠轴承自由陀螺仪的精度高。但液浮陀螺仪要求需要较高的加工精度、严格的装配、精确的温控,因而成本较高。

3. 静电陀螺仪

静电陀螺仪又称电浮陀螺仪,如图7-24所示。在金属球形空心转子的周围装有均匀分布的高压电极,对转子形成静电场,用静电力支承高速旋转的转子。这种方式属于球形支承,转子不仅能绕自转轴旋转,同时也能绕垂直于自转轴的任何方向转动,故属于自由转子陀螺仪类型。

图 7-24　静电陀螺仪

静电场仅有吸力,转子离电极越近吸力就越大,这就使转子处于不稳定状态。用一套支承电路改变转子所受的力,可使转子保持在中心位置。静电陀螺仪采用非接触支承,不存在摩擦,所以精度很高。但它不能承受较大的冲击和振动,结构和制造工艺复杂,成本较高。

4. 挠性陀螺仪

挠性陀螺仪是转子装在弹性支承装置上的陀螺仪,如图 7-25 所示。在挠性陀螺仪中应用较广的是动力调谐挠性陀螺仪,由内挠性杆、外挠性杆、平衡环、转子、驱动轴和电动机等组成。它靠平衡环扭摆运动时产生的动力反作用力矩(陀螺力矩)来平衡挠性杆支承产生的弹性力矩,从而使转子成为一个无约束的自由转子,这种平衡就是调谐。

挠性陀螺仪是 20 世纪 60 年代迅速发展起来的惯性元件,因结构简单、精度高(与液浮陀螺仪相近)、成本低,在飞机和导弹上得到了广泛应用。

5. 激光陀螺仪

激光陀螺仪的结构原理与上面几种陀螺仪完全不同,如图 7-26 所示。激光陀螺仪实际上是一种环形激光器,没有高速旋转的机械转子,但它利用激光技术测量物体相对于惯性空间的角速度,具有速率陀螺仪的功能。

图 7-25　挠性陀螺仪

图 7-26　激光陀螺仪

激光陀螺仪的工作原理是:用热膨胀系数极小的材料制成三角形空腔,在空腔的各顶点分别安装 3 块反射镜,形成闭合光路。腔体被抽成真空,充以氦氖气,并装设电极,形成激光发生器。

激光发生器产生两束射向相反的激光。当环形激光器处于静止状态时,两束激光绕行 1 周的光程相等,因而频率相同,两个频率之差(频差)为零,干涉条纹为零。

当环形激光器绕垂直于闭合光路平面的轴转动时,与转动方向一致的那束光的光程延长,波长增大,频率降低;另一束光则相反,因而出现频差,形成干涉条纹。

单位时间的干涉条纹数正比于转动角速度。激光陀螺仪可靠性高,不受线加速度等的影响,已在飞行器的惯性导航中得到应用,是一种很有发展前途的新型陀螺仪。

6. 微机电陀螺仪

MEMS 陀螺仪即微机电陀螺仪(micro-electro-mechanical systems,MEMS),如图 7-27 所示。绝大多数的 MEMS 陀螺仪依赖于相互正交的振动和转动引起的交变科里奥利(Coriolis)力。MEMS 是集机械元素、微型传感器、微型执行器以及信号处理和控制电路、接口电路、通信和电源为一体的完整微型机电系统。

MEMS 陀螺仪利用科里奥利力定理,将旋转物体的角速度转换成与角速度成正比的直流电压信号,其核心部件是通过掺杂技术、光刻技术、腐蚀技术、LIGA 技术(基于 X 射线光刻技

图 7-27　MEMS 陀螺仪

术的 MEMS 加工技术)、封装技术等批量生产的。它的主要特点如下：

（1）体积小、质量轻，其边长都小于 1mm,器件核心的质量仅为 1.2mg。

（2）成本低。

（3）可靠性好,工作寿命超过 10 万 h,能承受 1000g 的冲击。

（4）测量范围大。

7.6.3　角速度传感器案例

L3G4200D 是三轴角速率传感器,具有较高的水平稳定性和灵敏度。它包括一个传感元件和数字集成电路接口,能够通过数字接口(IIC/SPI)向外部提供测量到的角速率信息。该传感元件是利用意法半导体 STMicroElectronics 开发的,专用微加工工艺制造,用于在硅片上生产惯性传感器和执行器。集成电路接口使用 CMOS 工艺制造,该工艺允许高水平的集成来设计专用电路,该电路被修剪以更好地匹配传感元件的特性。L3G4200D 具有 $\pm 250/\pm 500/\pm 2000(°)/s$ 的测量范围,并且拥有让用户可选择的带宽测量速率,可在 $-40 \sim 85$℃ 内工作。

L3G4200D 实物照片与分轴如图 7-28 所示。

图 7-28　L3G4200D 实物照片与分轴

L3G4200D 角速度传感器程序实现流程如图 7-29 所示。首先,程序对系统寄存器和角速度传感器初始化,然后读取角速度传感器数据,最后通过串口发送角速度数据到控制器进行处理。

L3G4200D 角速度传感器程序实现代码可扫描图 7-30 所示的二维码。

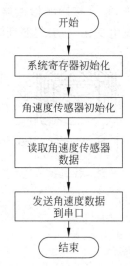

图 7-29　L3G4200D 角速度传感器程序实现流程　图 7-30　L3G4200D 角速度传感器程序实现代码

7.7　加速度传感器

加速度传感器是一种能够测量加速力的电子设备。加速力就是当物体在加速过程中作用在物体上的力,比如地球引力,也就是重力。加速力可以是常量,比如重力加速度 g,也可以是变量。加速度计有两种:一种是角加速度计,由陀螺仪(角速度传感器)改进而来;另一种就是线加速度计。

7.7.1　加速度传感器的原理

根据牛顿第二定律: a(加速度)$=F$(力)$/m$(质量)。只需测量作用力 F,就可以得到已知质量物体的加速度。利用电磁力平衡这个力,就可以得到作用力与电流(电压)的对应关系。通过这个简单的原理来设计加速度传感器,其本质是通过作用力造成传感器内部敏感部件发生变形,通过测量其变形并用相关电路转化成电压输出,得到相应的加速度信号。

7.7.2　加速度传感器的分类

加速度传感器可分为压电式加速度传感器、压阻式加速度传感器和电容式加速度传感器。下面主要对常用的压电式加速度传感器和压阻式加速度传感器进行介绍。

1. 压电式加速度传感器

1) 压电式加速度传感器的构成

图 7-31(a)所示为中心安装压缩型压电式加速度传感器,其由弹簧、质量块、压电元件和基座等组成。压电元件-质量块-弹簧系统装在圆形中心支柱上,支柱与基座连接,这种结构

有高的共振频率。基座与测试对象连接时,如果基座有变形,将直接影响拾振器输出。此外,测试对象和环境温度变化将影响压电元件,并使预紧力发生变化,易引起温度漂移。

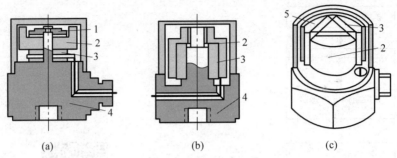

1—弹簧;2—质量块;3—压电元件;4—基座;5—夹持环。

图 7-31　压电式加速度传感器的结构

(a) 中心安装压缩型;(b) 环形剪切型;(c) 三角形剪切型

图 7-31(b)所示为环形剪切型压电式加速度传感器,其由质量块、压电元件和基座组成,结构简单,能做成微小型、高共振频率的加速度传感器。环形质量块粘到装在中心支柱上的环形压电元件上。由于黏结剂会随温度增高而变软,因此这种传感器的最高工作温度受到限制。

图 7-31(c)所示为三角形剪切型压电式加速度传感器,其由夹持环、压电元件和质量块组成,压电元件被夹持环夹牢在三角形中心柱上。加速度传感器感受轴向振动时,压电元件承受切应力。这种结构对底座变形和温度变化有极好的隔离作用,有较高的共振频率和良好的线性。

2) 压电式加速度传感器的原理

压电式加速度传感器属于惯性式传感器,它利用某些物质如石英晶体的压电效应,在加速度传感器受振时,质量块加在压电元件上的力也随之变化。当被测振动频率远低于加速度传感器的固有频率时,力的变化与被测加速度成正比。

压电式加速度传感器采用剪切和中心压缩结构形式。由于压电晶体的电荷输出与所受的力成正比,而所受的力在敏感质量一定的情况下与加速度值成正比,所以在一定条件下,压电晶体受力后产生的电荷量与所感受到的加速度值成正比。经过简化后的方程为

$$Q = d_{ij}F = d_{ij}Ma \qquad (7\text{-}17)$$

式中,Q 为压电晶体输出的电荷;d_{ij} 为压电晶体的二阶压电张量;F 为所受的力;M 为传感器的敏感质量;a 为所受的振动加速度值。

每只传感器中内装晶体元件的二阶压电张量是一定的,敏感质量 M 是一个常量,所以式(7-17)说明压电式加速度传感器产生的电荷量与振动加速度 a 成正比。这就是压电式加速度传感器完成的机电转换工作原理。

压电式加速度传感器承受单位振动加速度值能输出电荷量的多少,称其为电荷灵敏度。压电式加速度传感器实质上相当于一个电荷源和一只电容器,通过等效电路简化后,则可算出传感器的电压灵敏度为

$$S_v = S_Q/C_a \qquad (7\text{-}18)$$

式中,S_v 为传感器电压灵敏度;S_Q 为传感器的电荷灵敏度;C_a 为传感器的电容量。

　　压电式加速度传感器在使用中最主要的 3 项指标为电荷灵敏度(或电压灵敏度)、谐振频率(工作频率在谐振频率 1/3 以下)及最大横向灵敏度比。

　　由于压电式加速度传感器的输出电信号是微弱的电荷,而且传感器本身有很大内阻,故输出能量甚微,这给后接电路带来一定的困难。为此,通常把传感器信号先输到高输入阻抗的前置放大器,经过阻抗变换以后,方可用于一般的放大、检测电路,最后将信号输给指示仪表或控制器。

　　3) 压电式加速度传感器的幅频特性

　　压电式加速度传感器的使用上限频率取决于幅频曲线中的共振频率,如图 7-32 所示。一般小阻尼的加速度传感器,上限频率若取为共振频率的 1/3,便可保证幅值误差低于 1dB(即 12%);若取为共振频率的 1/5,则可保证幅值误差低于 0.5dB(即 6%),相移小于 30rad/m。共振频率与加速度传感器的固定状况有关,加速度传感器出厂时给出的幅频曲线是在刚性连接的固定情况下得到的,但实际使用的固定方法往往难以达到刚性连接,因而共振频率和使用上限频率都会有所下降。

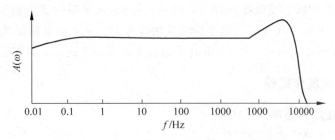

图 7-32　压电式加速度传感器的幅频特性曲线

　　压电式加速度传感器与试件的各种固定方法如图 7-33 所示,其中钢螺栓固定方法,是使共振频率能达到出厂共振频率的最好方法。螺栓不得全部拧入基座螺孔,以免引起基座变形,影响加速度传感器的输出。在安装面上涂一层硅脂可增加不平整表面的连接可靠性。需要绝缘时可用绝缘螺栓和云母垫圈来固定加速度传感器,但垫圈应尽量薄。用一层薄蜡把加速度传感器粘在试件平整表面上,也可用于低温(40℃以下)的场合。手持探针测振方法在多点测试时使用特别方便,但测量误差较大,重复性差,使用上限频率一般不高于 1000Hz。用专用永久磁铁固定加速度传感器,使用方便,多在低频测量中使用,此法也可使

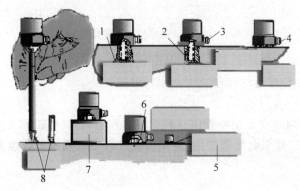

1—钢螺栓;2—绝缘螺栓;3—云母垫圈;4—蜡层;5—黏结剂;6—黏结螺栓;7—磁铁;8—探针。

图 7-33　压电式加速度传感器与试件的各种固定方法

加速度传感器与试件绝缘。用硬性黏结螺栓或黏结剂的固定方法也经常使用。某种典型的加速度传感器采用上述各种固定方法的共振频率分别约为：钢螺栓固定法 31kHz，云母垫圈 28kHz，涂薄蜡层 29kHz，手持探针法 2kHz，永久磁铁固定法 7kHz。

4）压电式加速度传感器的灵敏度

压电式加速度传感器属发电型传感器，可看成电压源或电荷源，故灵敏度有电压灵敏度和电荷灵敏度两种表示方法。前者是加速度传感器输出电压（mV）与所承受加速度之比；后者是加速度传感器输出电荷与所承受加速度之比。加速度单位为 m/s²，但在振动测量中往往用标准重力加速度 g 作单位，$g=9.80665\text{m/s}^2$。这是一种已为大家所接受的表示方式，几乎所有测振仪器都用 g 作为加速度单位并在仪器的板面上和说明书中标出。对给定的压电材料而言，灵敏度随质量块的增大或压电元件的增多而增大。一般来说，加速度传感器尺寸越大，其固有频率越低。因此选用加速度传感器时应当权衡灵敏度和结构尺寸、附加质量的影响与频率响应特性之间的利弊。

压电式加速度传感器的横向灵敏度表示它对横向（垂直于加速度传感器轴线）振动的敏感程度，横向灵敏度常以主灵敏度（即加速度传感器的电压灵敏度或电荷灵敏度）的百分比表示。一般在壳体上用小红点标出最小横向灵敏度方向。一个优良的加速度传感器的横向灵敏度应小于主灵敏度的 3%。因此，压电式加速度传感器在测试时具有明显的方向性。

2. 压阻式加速度传感器

1）压阻式加速度传感器的结构

压阻式加速度传感器的典型结构有很多种，有单臂梁、双臂梁、4 梁和双岛-5 梁等结构形式。图 7-34 所示为双臂梁结构和单臂梁结构。

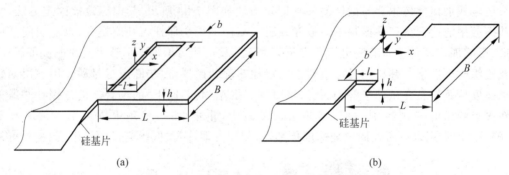

图 7-34 双臂梁结构和单臂梁结构
(a) 双臂梁结构；(b) 单臂梁结构

2）压阻式加速度传感器的原理

(1) 压阻效应

半导体材料的压阻效应是指半导体材料受应力作用时，其电阻率发生变化的物理现象。原因可以解释为：由应变引起能带变形，从而使能带谷中的载流子数也发生相对变化，导致电阻率变化。

(2) 工作原理

压阻式加速度传感器的工作原理是基于牛顿第二定律 $a=F/m$ 测量物体加速度。当物体以加速度运动时,质量块受到一个与加速度方向相反的惯性力作用,使悬臂梁变形,该变形引起压阻效应,悬臂梁上半导体电阻阻值发生变化致使桥路不平衡,从而输出电压有变化,即可得出加速度 a 值的大小。

(3) 悬臂梁压阻式加速度传感器的传感原理

悬臂梁压阻式加速度传感器是通过将加速度产生的作用加到质量块上,并将质量块的移动通过压敏电阻来测量的。悬臂梁压阻式加速度传感器的结构简化图如图 7-35 所示。

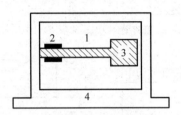

1—悬臂梁;2—扩散电阻;3—质量块;4—机座外壳。

图 7-35　悬臂梁压阻式加速度传感器的结构简化图

当加速度作用于悬臂梁自由端质量块时,悬臂梁受到弯矩作用产生的应力而发生变形,由于压阻效应,各应变电阻的电阻率发生变化,电桥失去平衡,输出电压发生变化,通过测量输出电压的变化可得到被测量的加速度值。

(4) 新型悬臂梁压阻式加速度传感器量程改进的依据

压阻式加速度传感器的工作原理是根据作用在弹性元件上的外力致使其发生形变,引起制作在弹性元件上的应变电阻因受到应力而使其阻值改变,从而输出电信号发生变化。在现有的 MEMS 技术下,尤其是悬臂梁式加速度传感器,悬臂梁多采用硅材料或石英材料制作,悬臂梁结构比较适合于小量程传感器。在实际工程中,悬臂梁往往会受到随时间变化的动载荷,甚至是瞬时冲击较大的载荷作用,虽然可以根据载荷作用前后的能量守恒原则,但是当应力超过材料的强度极限时,结构将发生断裂或屈服失效,特别是脆性材料多晶硅制成的悬臂梁在冲击或振动作用下很容易断裂失效。此外,疲劳也将导致结构断裂,在交变应力的作用下,即使构件应力小于断裂强度,在经过一定次数的交变应力之后也会发生脆性断裂。为了使悬臂梁不被损坏,同时也为了满足不同荷载作用时加速度能被准确测量,在此提出一种方法,用静电力来抵消部分惯性力,从而使较小的质量块位移就能代表较大的加速度值,大大降低了梁的弯曲形变。静电力调控基本原理为 $F_e + F_r = F$,其中 F 为敏感质量块受到的加速度惯性力;F_r 为悬臂梁弹性形变回复力;F_e 为质量块所处的电容板间的电场力。利用单片机实时调控电容极板间的静电力大小来抵消部分惯性力,最终使敏感质量块的位移距平衡位置的差距不会很大,进而保护了悬臂梁不会被折断或失效。

(5) 静电力平衡的原理

静电力(electrostatic force)是静止带电体之间的相互作用力。平行板电容器两极板间的静电力可以看作由许多点电荷构成的,每一对静止点电荷之间的相互作用力遵循库仑定律。两个静止极板间的静电力就是构成它们的点电荷之间相互作用力的矢量和。静电力是以电场为媒介传递的。悬臂梁压阻式加速度传感器的静电力调控系统原理如图 7-36 所示。

图 7-36 中,作为电容器活动极板的惯性敏感质量块由悬臂梁支撑,并夹在两个固定极板之间,组成一对差动平行板电容器。当有加速度 a 作用时,活动极板将产生偏离 0 位(即

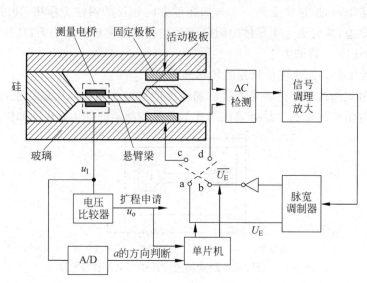

图 7-36　静电力调控系统原理图

中间位置)的位移,引起电容变化。变化量 ΔC 由检测电路检测并放大输出,再由脉宽调制器产生两个调制信号 U_E 和 $\overline{U_E}$,并反馈到电容器固定极板上,引起一个与偏离位移成正比且总是阻止活动极板偏离 0 位的静电力,这就构成了脉宽调制的静电伺服系统。

当外界有较大的荷载作用于敏感质量块时,悬臂梁因受应力而弯曲形变,为了使梁不受损坏,需要一个阻止质量块偏离 0 位的力来实现。脉宽调制器产生的两个调制信号 U_E 和 $\overline{U_E}$,由单片机控制的电子开关 a、b 与电容极板 c、d 触点选择闭合,被适时地加到电容器极板上。假设此时梁朝下弯曲,即下活动极板与下固定极板间的距离 d_2 减小 Δd,上活动极板与上固定极板间的距离 d_1 增加 Δd,在悬臂梁所能承受的形变范围内,$d_2 - \Delta d$ 将有一个下限值(防止质量块与极板吸合),此时要求给下固定极板上电,下固定极板与下活动极板间的电场力方向与弹性力方向一致,这就必须由电子开关选择闭合来实现。随着所加驱动电压的增大,大部分惯性力将被抵消掉,从而使质量块偏离平衡位置的位移减小,悬臂梁弯曲程度大大减小。同理,当悬臂梁朝上弯曲形变时,给上固定极板上电,上固定极板与上可动极板间的电场力增大,其方向与此时的弹性力方向相同,静电力抵消掉了增加的惯性力。因此,质量块离开平衡位置的位移将减小,悬臂梁形变减小,从而有效地保护了悬臂梁。

7.7.3　加速度传感器案例

1. MPU-60X0 传感器概述

MPU-60X0 是全球首例 6 轴运动处理传感器,如图 7-37 所示。它集成了 3 轴 MEMS 陀螺仪、3 轴 MEMS 加速度计以及一个可扩展的数字运动处理器(digital motion processor, DMP),可用 IIC 接口连接一个第三方的数字传感器,比如磁力计。扩展之后就可以通过其 IIC 或 SPI 接口输出一个 9 轴的信号(SPI 接口仅在 MPU-6000 可用)。MPU-60X0 也可以通过其 IIC 接口连接非惯性的数字传感器,比如压力传感器。

图 7-37   MPU-6050 实物照片

MPU-60X0 对陀螺仪和加速度计分别用了 3 个 16 位的 ADC,将其测量的模拟量转化为可输出的数字量。为了精确跟踪快速和慢速的运动,传感器的测量范围都是用户可控的,陀螺仪可测范围为 $\pm 250(°)/s$、$\pm 500(°)/s$、$\pm 1000(°)/s$、$\pm 2000(°)/s$,加速度计可测范围为 $\pm 2g$、$\pm 4g$、$\pm 8g$、$\pm 16g$。一个片上 1024B 的 FIFO,有助于降低系统功耗。传感器和所有设备寄存器之间的通信采用 400kHz 的 IIC 接口或 1MHz 的 SPI 接口(SPI 仅 MPU-6000可用)。对于需要高速传输的应用,对寄存器的读取和中断可用 20MHz 的 SPI。另外,片上还内嵌了一个温度传感器和在工作环境下仅有 $\pm 1\%$ 变动的振荡器。

2. MPU-6050 模块的特点

(1) 以数字输出 6 轴或 9 轴的旋转矩阵、四元数(quaternion)、欧拉角格式(Euler angle forma)的融合演算数据。

(2) 具有 131 LSBs/$(°)$/s 敏感度与全格感测范围为 $\pm 250(°)/s$、$\pm 500(°)/s$、$\pm 1000(°)/s$和 $\pm 2000(°)/s$ 的 3 轴角速度感测器(陀螺仪)。

(3) 可程式控制,且程式控制范围为 $\pm 2g$、$\pm 4g$、$\pm 8g$ 和 $\pm 16g$ 的 3 轴加速器。

(4) 移除加速器与陀螺仪轴间敏感度,降低设定给予的影响与感测器的飘移。

(5) 数字运动处理引擎可减少复杂的融合演算数据、感测器同步化、姿势感应等的负荷。

3. MPU-6050 模块引脚定义

MPU-6050 模块引脚定义见表 7-5。

表 7-5   MPU-6050 模块引脚定义

引　　脚	定　　义
V_{CC}	电源正极
GND	电源负极
SCL	IIC 串行时钟口
SDA	IIC 串行数据口
XDA	IIC 主串行数据,用于外接传感器
XCL	IIC 主串行时钟,用于外接传感器
ADD	IIC Slave 地址 LSB
INT	中断数字输出(推挽或开漏)

4．MPU-6050 模块实现程序

MPU-6050 模块程序实现流程如图 7-38 所示。首先,程序进行系统寄存器、IIC 串口和加速度传感器初始化,其次读取传感器数据,最后数据传给主控制器。

MPU-6050 模块程序实现代码请扫描图 7-39 所示的二维码。

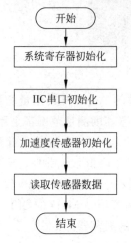

图 7-38　MPU-6050 模块程序实现流程

图 7-39　MPU-6050 模块程序实现代码

控制系统综合应用案例

第8章

本章结合第 6 章的 STM32 微控制器和第 7 章的传感器技术,对设计机电一体化控制系统的综合案例实践部分进行更加深入的探讨,让读者从掌握简单的单片机基础知识水平升华到学会利用单片机和传感器进行机电一体化控制系统的开发。

本章给出了几个大学生在参加机电一体化类比赛中常用的实践案例。比如,智能循迹小车是全国大学生工程训练综合能力竞赛题目"智能物流搬运机器人"中最基本的运用;基于压力传感器的电子秤案例,是杭州师范大学钱江学院的学生参加第七届大学生机械创新设计大赛硬币分拣装置中的硬币鉴伪的一部分内容;平衡小车的 PID(proportion integration differentiation)控制系统在杭州师范大学钱江学院的学生参与 2017 年全国大学生电子设计大赛四旋翼飞行器跟踪系统中发挥了重要作用。

通过对控制系统综合应用案例的学习,参赛学生可以初步具备产品开发的能力,能够更加灵活地使用单片机技术和传感器技术进行各种机电一体化作品控制系统的设计。

8.1 基于压力传感器的电子秤设计

8.1.1 项目需求

电子秤是电子衡器中的一种。衡器是国家法定计量器具,是国计民生、国防建设、科学研究不可缺少的计量设备,衡器产品技术水平的高低,将直接影响各行各业的现代化水平和社会经济效益的提高。称量装置不仅是提供质量数据的单体仪表,而且作为工业控制系统和商业管理系统的一个组成部分,推进了工业生产的自动化和管理的现代化。电子秤是称量技术中的一种新型仪表,广泛应用于各种场合。电子秤与机械秤比较,有体积小、质量轻、结构简单、价格低、实用价值强、维护方便等特点,可在各种环境工作,质量信号可远传,易于实现质量显示数字化,易于与计算机联网,实现生产过程自动化,提高劳动生产率。

在此背景下,本项目基于压力传感器采用控制芯片 STM32 实现电子秤的设计。首先,电子称量的实现是通过压力传感器采集到被测物体的质量并将其转换成电压信号。其次,输出电压信号通常很小,需要通过前端信号处理电路进行准确的线性放大,然后,放大后的模拟电压信号经 A/D 转换电路转换成数字量被送入主控电路的单片机 STM32 中,再经过单片机 STM32 控制译码显示器,从而显示出被测物体的质量。

从中可以看出,按照项目设计的基本要求,可将系统分为 3 大模块:数据采集模块、控制器模块、人机交互液晶显示界面模块。其中数据采集模块由压力传感器、信号的前级处理（前端信号处理电路）和 A/D 转换部分组成。转换后的数字信号送给 STM32 处理，由STM32 完成对该数字量的处理，驱动显示模块完成人机间的信息交换。此部分对软件的设计要求比较高，系统的大部分功能都需要软件来控制。

8.1.2　压力传感器工作原理分析

本项目采用的是电阻应变式传感器，它通过电阻的应变效应原理制作而成。应变式传感器是常见的一种压力传感器，应用领域广泛。应变式传感器的结构简单、质量轻、性能稳定、灵敏度高、价格又便宜，使用起来非常方便。

电阻应变式传感器是一种利用电阻应变效应，将各种力学量转换为电信号的结构型传感器。电阻应变片式电阻是应变式传感器的核心元件，其工作原理是基于材料的电阻应变效应，电阻应变片既可单独作为传感器使用，又能作为敏感元件结合弹性元件构成力学量传感器。

电阻应变片式传感器有如下特点：

（1）应用和测量范围广，应变片可制成各种机械量传感器。

（2）分辨率和灵敏度高，精度较高。

（3）结构轻、尺寸小，对试件影响小，对复杂环境适应性强，可在高温、高压、强磁场等特殊环境中使用，频率响应好。

（4）商品化，使用方便，便于实现远距离、自动化测量。

本项目要求称量范围 0~10kg，满量程量误差不大于±0.005kg。考虑到秤台自重、振

图 8-1　压力传感器实物照片

动和冲击分量，还要避免超重损坏传感器，所以传感器量程必须大于额定称量 10kg。基于此，本项目采用的高精度压力传感器 XJC-D02-105，可满足 0~10kg 范围内的重量测量，精度为 0.01%，可以满足设计的精度要求，传感器照片如图 8-1 所示。这款压力传感器是利用电阻应变效应设计而成的电阻应变片式压力传感器，具备结构简单、尺寸小、质量轻、易于使用、工作性能相对稳定、灵敏度分辨率高等特点。本系统使用的是单

点式传感器，其在压力感应上能够很好采集相应的压力信号，信号清晰易于收集处理。同时，由于是单个信号的输出，降低了总体电路的设计难度，使电路设计趋于简单明了。

8.1.3　压力信号采集原理

本项目对压力信号的采集采用 HX711 实现。HX711 是一款专为高精度电子秤而设计的 24 位 A/D 转换器芯片。与同类型其他芯片相比，该芯片集成了包括稳压电源、片内时钟振荡器等其他同类型芯片所需要的外围电路，具有集成度高、响应速度快、抗干扰性强等优点。其降低了电子秤的整机成本，提高了整机的性能和可靠性。该芯片与后端单片机的接口和编程非常简单，所有控制信号由引脚驱动，无须对芯片的寄存器编程。输入选择开关可任意选取通道 A 或通道 B，与其内部的低噪声可编程放大器相连。通道 A 的可编程增益为

128 或 64,对应的满额度差分输入信号幅值分别为 ±20mV 或 ±40mV。通道 B 则为固定的 64 增益,用于系统参数检测。芯片内提供的稳压电源可以直接向外部传感器和芯片内的 A/D 转换器提供电源,系统板上无须另外的模拟电源。芯片内的时钟振荡器不需要任何外接器件。上电自动复位功能简化了开机的初始化过程。芯片引脚如图 8-2 所示。

高精度高增益 24 位 A/D 芯片 HX711 具有以下特点:

(1) 芯片有两路自由选择的差分信号输入口。

(2) 在芯片内集成了低噪声可编程放大器,增益选择有 64 和 128。

(3) 片内时钟振荡器是独立的个体,不依赖于任何其他外部的模块器件。

(4) 上电工作后系统完成自动复位电路的功能,可减少系统操作的繁琐。

(5) 芯片的串口通信和控制信号简单明了,所有控制信号由引脚输入,不需要在芯片内对寄存器进行编辑。

(6) 有两个量程的参数输出,分别是 10Hz 和 80Hz。

(7) 设置了同步抑制 50Hz 和 60Hz 的电源干扰。

(8) 正常工作电流小于 1.7mA,断电电流小于 1μA。

(9) 系统工作时电压范围为 2.6~5.5V。

图 8-3 所示为系统中 HX711 模块的设计原理,其中 A−、A+、E−、E+ 是连接重力传感器的 4 路信号,SCK 和 DT 是芯片的数据输出引脚接口,分别与单片机进行串口通信。在系统开始工作后,HX711 芯片将连续不断采集到的重力信号转换成数字信号传入控制芯片,以待进一步分析处理。

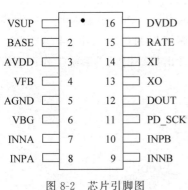

图 8-2　芯片引脚图

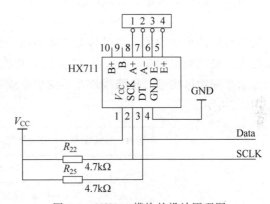

图 8-3　HX711 模块的设计原理图

8.1.4　LCD12864 显示原理

本项目为了更好地完成人机交互,采用 LCD12864 液晶显示屏实现相关数据信息的显示。上电工作后可完成图形显示和汉字显示,显示器与外部控制单元的接口可采用串行或并行方式完成控制。主要的技术参数和相应的性能指标如下。

(1) 供电电源:V_{DD} 为 +5V。

(2) 显示内容:128×64 点。

(3) 点阵覆盖整个显示屏幕。

(4) 提供 8152 个汉字存储量的 ROM。

(5) 字符产生存储器(character generating memory,CGROM)总共提供 128 个字符。

(6) 工作温度范围：－20～＋70℃。

(7) 数据存储温度：－30～＋80℃。

LCD12864 液晶显示器的外观尺寸见表 8-1。

图 8-4 为 LCD12864 液晶显示器实物照片，系统上电后显示屏分 4 行显示数据信息。

表 8-1   LCD12864 液晶显示器的外观尺寸

参　　数	正常数值
阵点大小	0.48mm×0.48mm
屏幕视域	70mm×38.8mm
阵点距离	0.52mm×0.52mm
显示屏体积	93.0mm×70.0mm×13.50mm
行和列的阵点数	128×64 点

图 8-4   LCD12864 液晶显示器实物照片

8.1.5　项目硬件电路设计

本项目基于 STM32 单片机设计而成，系统主要由电源模块、压力传感模块、A/D 模块、LCD12864 显示模块、按键处理和预设报警等组成。系统通过压力传感模块的实时检测得到被测物体的重力大小，从而利用 LCD12864 显示出来。其中，压力传感模块采用的是高精度电阻应变片式传感器，它将非数字信号的压力大小转变成电信号后传到 A/D 模块。A/D 模块将传感器采集到的电信号转变成数字信号输入到单片机 STM32 控制芯片。电源模块则为系统提供稳定的 5V 直流电压，保证单片机、显示屏等模块的正常工作。LCD12864 实时显示被测物体质量。报警模块在系统超重或者异常时发出报警提示。系统工作原理框图如图 8-5 所示。

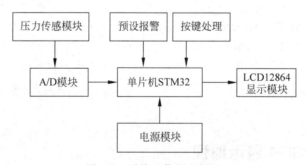

图 8-5   系统工作原理框图

根据以上系统工作原理的分析，可以得到系统的硬件总电路原理图，如图 8-6 所示。其中包含单片机 STM32、压力传感器、LCD12864 液晶显示器、HX711 等电路模块。系统中 HX711A/D 转换芯片的数据输出 DT 口和 SCK 脉冲输出口分别与单片机的 PB2 口和 PB3 口连接，在 A/D 转换芯片将压力传感器的模拟信号转换成数字信号后，通过以上两个端口将信号传入 STM32 分析处理。LCD12864 液晶显示器的 8 位数据端口与单片机的 PC4、PC5、PC6、PC7、PC8、PC9、PC10、PC11 端口连接，单片机处理完数据后将信息输送到液晶屏显示。

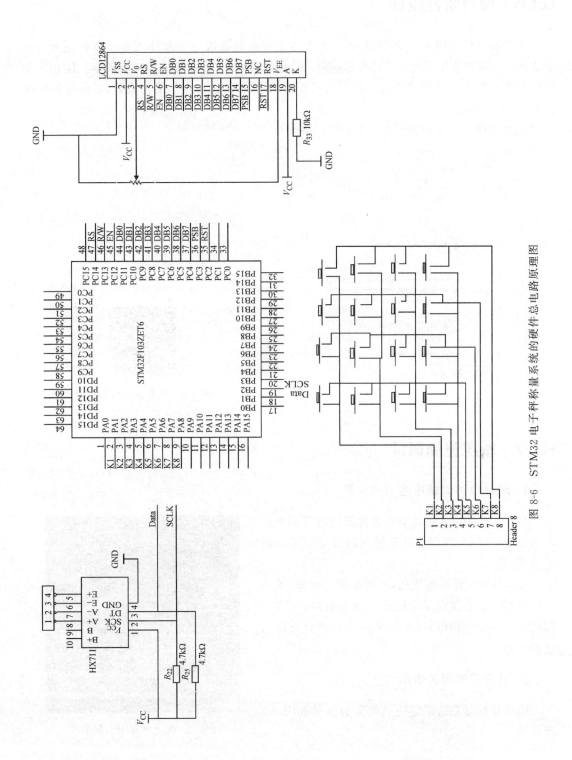

图 8-6　STM32 电子秤称量系统的硬件总电路原理图

8.1.6 项目软件设计

本项目软件采用C语言编写,图8-7为电子秤称量系统的主程序流程。软件主要分3个方面:一是初始化系统;二是按键检测;三是数据采集、数据处理并进行显示。这3个方面的操作分别在主程序中进行。程序采用模块化的结构,这样程序结构清楚,易编程和易读性好,也便于调试和修改。

系统程序代码可扫描图8-8所示的二维码。

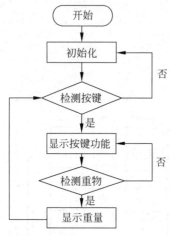

图 8-7　系统的主程序流程

图 8-8　电子秤称重系统的程序代码

8.1.7 系统整体调试

1. 硬件电路调试中遇到的问题

(1)电子电路的设计中对各种影响因素的考虑不够完全。比如,在对过电压情况的处理中未做防范措施。

(2)系统设计不够优化,有待改善。比如,系统的超量程信号直接由单片机送入报警电路,可在后期优化中设计保护电路,通过单片机处理后再送入报警电路。

2. 系统实物调试效果

电子秤称量系统最终完成的实物效果如图8-9所示。

图 8-9　电子秤称量实物照片

8.2　基于 STM32 的红外循迹小车

8.2.1　项目需求

随着现代化科学技术的飞速发展和社会的进步,针对各个领域的机器人系统的应用和研究也提出越来越多的要求。制造业要求机器人系统具有更大的柔性和更强大的编程环境,适应不同的应用场合和多品种、小批量的生产过程。计算机集成制造(computer integrated manufacturing,CIM)要求机器人系统能和车间中的其他自动化设备集成在一起。研究人员为了提高机器人系统的性能和智能水平,要求机器人系统具有开放的结构和集成各种外部传感器的能力。本项目研究的红外循迹模块是为智能小车、工业机器人等自动化机械装置提供的一种多用途红外线探测系统的解决方案,其作为工业机器人的一种,被广泛研究和设计。

同时,在柔性自动化生产线、智能仓储管理及物流配送等领域,当生产环境恶劣时,人工不能完成的任务如物料运输和装卸等,都可采用智能小车循迹去完成。基于生产现场和日常生活的实际需要,研究和开发智能红外循迹小车具有十分重要的意义。因此,本项目研究并设计基于 STM32 的红外循迹小车,能够实现机器人的智能自主运动,使物流变得更高效、快捷。同时,可广泛应用于工厂自动化、机车前照灯自动循迹、仓库管理、智能玩具和民用服务等领域,大大提高劳动生产效率,改善劳动环境。

对于此项研究,国内外高校中的机电一体化相关的学科竞赛中都进行了大量的课题研究。比如,在全国大学生电子设计竞赛中就出现了设计自动循迹小车的题目,在全国大学生工程训练综合能力竞赛中连续 3 年(2017 年、2018 年和 2019 年)的比赛项目"智能物流搬运机器人"都要求以光电传感技术来实现小车的自动循迹。因此基于红外循迹智能小车系统设计的研究与开发,不仅具有重要的理论意义,而且具有重要的工程应用价值,在今后的机电一体化学科竞赛中起到重要的作用。

基于此,本项目以模拟自动化物流系统为背景,设计了一个基于 STM32 的智能红外循迹小车。系统采用 STM32 主控制器实现,电源供电给电动机驱动模块 L298N,L298N 电动机驱动模块控制电动机工作,实现小车的运动。最后通过反复实验验证说明,本项目设计出来的红外循迹小车能够实现精准循迹,并且运动流畅快速,容错率高。

8.2.2　项目概述

本项目的任务是设计并制作用电池供电的循迹小车系统,小车行驶线路为任意曲线。本项目利用 STM32 作为主控制芯片,产生 PWM 波来精确控制小车的速度,利用光电传感器来实现小车的自主循迹。其工作原理是:红外发射管向某一方向发射红外光,遇到黑色的轨迹线,红外光被吸收,从而接收管接收不到光线而截止;遇到白色的轨迹线,红外光被反射,从而接收管接收光线而导通,根据接收管的导通与截止输出"0"或"1"信号传送给单片机 STM32 进行处理,并给出相应的直行、左转、右转等命令,从而使小车沿着拟定的任意黑线轨迹线而前行。

1. 系统组成

本项目系统组成主要包括 STM32 核心控制模块、红外循迹模块、直流伺服电动机驱动模块 L298N、直流伺服电动机及电源模块。系统采用 STM32 作为核心主控制模块,实现执行机构及信息处理的功能;红外循迹模块实现循迹功能;直流伺服电动机驱动模块 L298N实现控制直流伺服电动机动力传输功能,达到行走目的。

系统总体结构如图 8-10 所示。

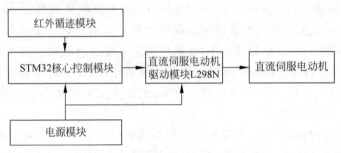

图 8-10　系统总体结构

2. 系统轮动机构的选择

系统中对小车的运动行驶能力要求较高,因此动力装置由电动机、塑料车轮和联轴器组成,通过电动机支架,把 4 个电动机安装在小车底板上,控制好轮距和轴距,然后通过联轴器,把车轮与电动机输出轴连接到一起。通过电动机转动来带动车轮的转动,控制电动机转速来控制车轮的转速,采用 4 轮驱动,保证了小车的动力来源,提高行驶能力。

8.2.3　项目涉及技术

1. 光电传感技术

本项目采用 4 路光电循迹模块。红外循迹模块由发射管、接收管和配套电路组成,工作时发射管发射红外线,接收管接收反射回来的红外线。当红外线被深色物体吸收较多而反射回来的很少时,OUT 端为高电平,否则为低电平。一般白色的是发射管,黑色的是接收管。

该传感器模块对环境光线适应能力强,其具有一对红外线发射与接收管,发射管发射出一定频率的红外线,当检测方向遇到障碍物(反射面)时,红外线反射回来被接收管接收,经过比较器电路处理之后,绿色指示灯会亮起,同时信号输出接口输出数字信号(一个低电平信号),可通过电位器旋钮调节检测距离,有效距离范围 2~30cm,工作电压为 3.3~5V。该传感器的探测距离可以通过电位器调节,具有干扰小、便于装配、使用方便等特点,可以广泛应用于机器人避障、避障小车、流水线计数及黑白线循迹等众多场合。

图 8-11 所示为红外循迹模块原理图。

这里的循迹是指小车在白色地板上循黑线行走,通常采取的方法是红外对管探测法,如

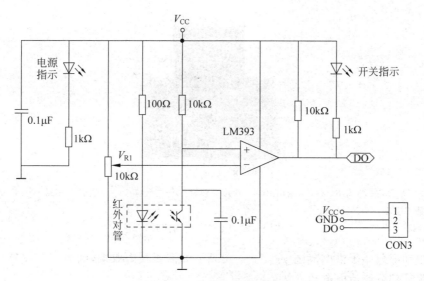

图 8-11　红外循迹模块原理图

图 8-12 所示。这种方法利用红外线在不同颜色的物体表面具有不同反射性质的特点,在小车行驶过程中不断地向地面发射红外光,当红外光遇到白色地板时发生漫反射,反射光被接收管接收,如果遇到黑线则红外光被吸收,接收管接收不到红外光。单片机根据是否收到反射回来的红外光来确定黑线的位置和小车的行走路线。

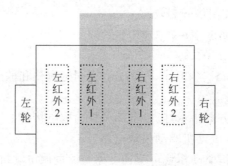

图 8-12　红外对管探测法

小车进行循迹时,一般装 4 个红外对管模块,且 2 个发射管要在黑线中间,因此要求 4 个对管模块的安装和黑线的宽度要合适。如果对管输出端为高电平,则表示对管在黑线上;如果输出端为低电平,则表示对管在黑线外。

2. 电动机驱动模块

本项目采用的电动机驱动模块为 L298N,其实质为 4 个单刀双掷开关,实物照片如图 8-13 所示。

L298N 是通标标准技术服务有限公司(SGS)的产品,比较常见的是 15 脚 Multiwatt 封装的 L298N,内部同时包含 4 通道逻辑驱动电路,可以驱动 2 个直流伺服电动机或 1 个两相步进电动机。其产品参数描述如下。

(1)驱动芯片:L298N 双 H 桥直流伺服电动机驱动芯片。

1—板载 5V 使能；2—输出 A；3—输出 B；4—通道 B 使能；5—逻辑输入；6—通道 A 使能；7—5V 供电；
8—供能 GND；9—12V 供电。

图 8-13　L298N 实物照片

(2) 驱动部分端子供电范围 V_S：+5～35V；如需要板内取电，则为+7～35V。

(3) 驱动部分峰值电流 I_O：2A。

(4) 逻辑部分端子供电范围 V_{SS}：+5～7V(可板内取电+5V)。

(5) 逻辑部分工作电流范围：0～36mA。

(6) 控制信号输入电压范围：低电平时为－0.3V≤V_{IN}≤1.5V，高电平时为 2.3V≤V_{IN}≤V_{SS}。

(7) 使能信号输入电压范围：低电平时为－0.3V≤V_{IN}≤1.5V(控制信号无效)；高电平时为 2.3V≤V_{IN}≤V_{SS}(控制信号有效)。

(8) 最大功耗：20W(温度 T=75℃时)。

(9) 储存温度：－25～130℃。

(10) 驱动板尺寸：55mm×49mm×33mm(带固定铜柱和散热片高度)。

(11) 驱动板质量：33g。

(12) 其他扩展：控制方向指示灯、逻辑部分板内取电接口。

图 8-14 所示为 L298N 电动机驱动模块电路。

L298N 直流伺服电动机驱动模块可驱动 2 路直流伺服电动机，使能端 ENA、ENB 为高电平时有效，直流伺服电动机状态表见表 8-2。

表 8-2　使能端控制直流电流状态表

ENA	IN1	IN2	直流伺服电动机状态
0	X	X	停止
1	0	0	制动
1	0	1	正转
1	1	0	反转
1	1	1	制动

若要对直流伺服电动机进行 PWM 调速，需设置 IN1 和 IN2，确定电动机的转向方向，然后对使能端输出 PWM 脉冲，即可实现调速。注意：当使能信号为 0 时，电动机处于自由停止状态；当使能信号为 1，且 IN1 和 IN2 为 00 或 11 时，电动机处于制动状态，阻止电动机转动。

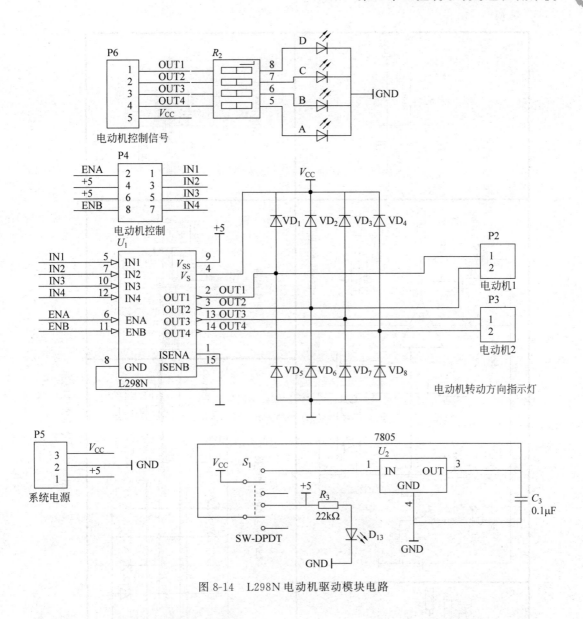

图 8-14 L298N 电动机驱动模块电路

8.2.4 系统总体硬件电路

总体硬件电路如图 8-15 所示,主要包含 STM32 主控模块、红外循迹模块、L298N 电动机驱动电路模块、供电电路、复位电路和晶振电路。

(1) 红外循迹模块的接线,在本电路图中只有 1 路循迹头,可在此基础上增加 4 路循迹,循迹模块与单片机的连线如下描述:Right1 与 PC4 相连;Right2 与 PC5 相连;Left1 与 PC6 相连;Left2 与 PC7 相连。

(2) 电动机驱动模块的接线:IN1 与 PC9 相连;IN2 与 PC10 相连;IN3 与 PC11 相连;IN4 与 PC12 相连。IN1 与 IN2 接右边电动机;IN3 与 IN4 接左边电动机。

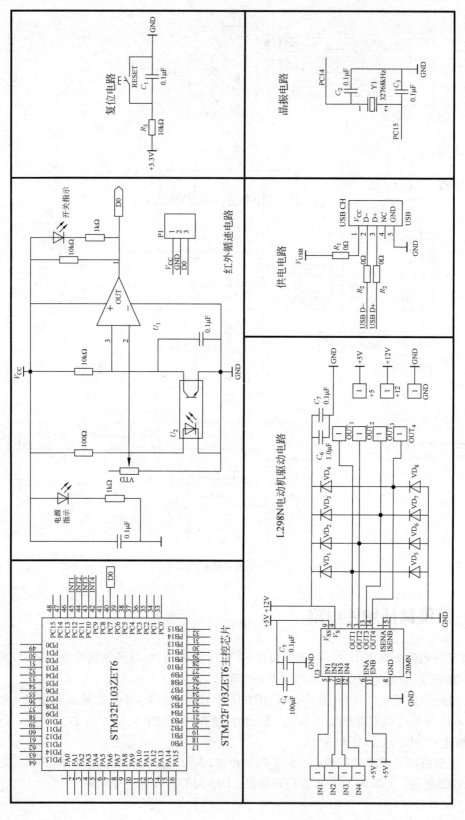

图 8-15 总体硬件电路

8.2.5　系统软件设计

根据小车沿着黑线循迹软件设计要求,本次项目的软件设计分为 3 部分:主控程序、循迹子程序和电动机驱动程序。本项目程序流程如图 8-16 所示。首先,进行系统配置初始化,即红外循迹模块引脚初始化和电动机驱动模块引脚初始化,再调用循迹函数,最后根据循迹任务调用电动机驱动函数,执行小车的循迹动作。

程序核心代码可扫描图 8-17 所示的二维码。

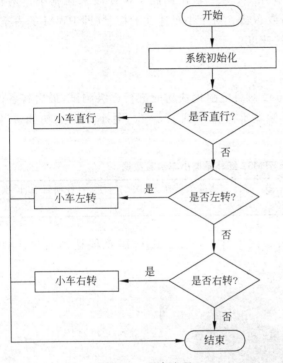

图 8-16　程序流程　　　　　　　　　图 8-17　循迹小车程序代码

本小车采用 4 路光电循迹,4 路循迹具有更稳定的特点。当采集到信号数字"1"时,说明光电循迹模块检测到黑线;当采集到信号数字"0"时,说明光电循迹模块没有检测到黑线。由于循迹黑线宽度大于中间两路循迹头宽度,因此在正常直走循迹情况下,只有中间两路循迹头会检测到黑线,外侧两路不会检测到黑线。若左边外侧循迹头也检测到黑线,说明小车右偏,需要小车左转后继续循迹;若右边外侧循迹头也检测到黑线,说明小车左偏,需要小车右转后继续循迹。

8.2.6　系统调试

本项目主要采用 Keil 软件进行程序开发,用 C 语言编写程序来完成传感器信号的检测以及直流伺服电动机速度和方向的控制,利用 Altium Designer 进行系统电路原理图设计。调试分为硬件调试和实物调试两部分。

1. 硬件调试

本项目硬件电路使用面包板进行实际焊接。为了防止出现焊接中的虚焊情况,焊接过程用万用表来进行测试。调试中遇到的问题有:

(1) 如何确定 4 路红外传感器的位置?

(2) 如何实现小车速度、方向的控制?

对于第一个问题,由于传感器测量的最佳距离为 6mm 左右,为了保证测量的正确性,通过支架来固定,并且保证左右传感器的水平高度一样。

对于第二个问题,其解决方法是利用 STM32 输出两路 PWM 波来控制小车两轮的速度,以保证小车能按照轨道直行、左转或右转。对于小车速度的控制(即 PWM 的占空比)是经过多次实际测试后,选择一个合理的速度。

2. 实物调试

由于本系统采用模块设计,所以方便对各电路模块功能进行逐级测试,最后将各模块组装后进行整体测试。本项目设计在实验场地总计调试了 50 次,对小车循迹功能进行了 50 次实验调试,实际实验数据见表 8-3。

表 8-3　基于 STM32 红外循迹小车实验数据

实验项目	实验成功次数/次	实验失败次数/次	各项目总计/次
循迹	45	5	50

从表 8-3 中可以看出,小车循迹实验共进行了 50 次,其中 45 次能达到实验预期效果。小车实物照片如图 8-18 所示。

图 8-18　红外循迹小车实物照片

8.3　基于 STM32 的 PID 控制平衡小车设计

8.3.1　项目需求

日本 Electro-Communications 大学的 Kazuo Yamafuji 教授在 1985 年提出智能两轮自平衡车构想,并于 1987 年初步实现了该构想。不过当时对于两轮自平衡小车的需求还不是很迫切,所以直到 21 世纪初,随着机器人工作环境越来越复杂,对于灵活性需求增大,人们才又开始重新关注两轮自平衡机器人的研究和应用。随着两轮自平衡机器人的研究深入,电子芯片技术、自动控制技术的不断发展,近几年真正意义上的商业化两轮自平衡机器人才陆续问世。目前,对于平衡小车控制算法和电子设备的研究,已成为全球机器人控制技术的研究热点之一。

在目前所有研制的两轮自平衡小车中,国外的研制占据了大多数,已经有大量实验用的原理样机,并且已经趋于大型化、复杂化,甚至已经有商业化的产品出现。相对而言,国内平衡小车的研究还是比较落后的,直到 21 世纪初,我国研究的两轮自平衡小车才出现。随着工业生产和社会生活的需求量越来越大,我国也开始逐渐重视两轮平衡小车的商业化研究,并有商业化的两轮平衡代步车开始销售。在一些基础性的理论性研究方面,国内现状还是相对落后于国外,不过,自 2008 年之后,国内平衡车类专利申请数量呈现快速增长势头,如图 8-19 所示。

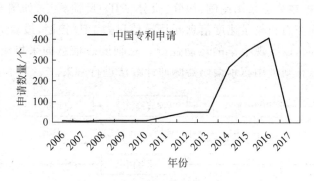

图 8-19　平衡车类专利申请数量增长图

综上,当今智能平衡小车的研究已经成为一个社会热点,各大高校、企业都在争相抢占智能平衡小车的市场。这说明了智能平衡小车具有非凡的研究意义,值得企业和高校投入时间和资金进行研究。同时,研究智能平衡小车对于本科阶段的大学生有锻炼技能、掌握课本知识、研究验证 PID 控制算法的用处。

基于此,本项目提出基于 PID 控制的两轮自平衡小车设计。它是一个综合运用多种高精度传感器、数据融合处理算法和自动控制算法的多变量、非线性、强耦合的机电一体化装置。平衡小车采用高精度光电编码器采集小车轮子的转动速度,MPU-6050 采集小车整体三轴姿态信息,小车运动姿态的数据采集融合,使用数字运动处理器(digital motion processor,DMP)输出,最为重要的自动控制部分采用 PID 控制算法实现对小车整体姿态的自动控制,最终实现小车直立、行走、转弯、避障等功能。

同时,本项目提出的基于 PID 控制的两轮自平衡小车可以使用上位机操控,并可以显示回传的姿态信息生成动态曲线。经反复测试表明,调试好的小车在平缓路面上具有较强的直立自稳性能,在受到干扰之后可以快速恢复,速度和转向控制性能也较为优异,并具有一定的载重、爬坡和越障能力。

8.3.2　总设计方案

1．系统设计思路

本项目设计的基于 PID 控制的自平衡小车共有五大组成部分,分别是主控制器部分、姿态感知部分、输出执行部分、人机交互部分和电源管理部分。在主控制器 STM32F103 的自动控制下,整个系统各个部分协调运行,共同实现目标功能。在姿态感知部分,MPU-6050 将自平衡小车的三轴姿态信息,霍尔编码器将电动机速度信息分别传输给主控制器以作分析计算。输出执行部分的 TB6612FNG 驱动器则负责将分析计算后的控制量输出 PWM 波放大以驱动减速电动机。人机交互和电源管理部分辅助功能得以实现。

2．控制原理

本项目中核心控制算法采用比例、积分、微分(PID)反馈算法,如图 8-20 所示。根据采集到的反馈量,三轴姿态和轮子速度信息同目标信息做 PID 控制,最后 PWM 波输出,控制电动机的转速和方向,以实现小车的运动控制。三轴姿态信息的采集使用 DMP 运动引擎输出四元数,速度信息则采用霍尔编码器脉冲计数法进行采集。

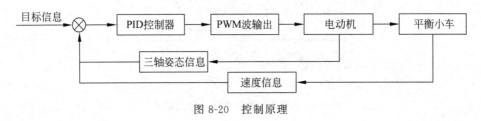

图 8-20　控制原理

8.3.3　系统硬件电路设计

1．硬件电路设计

本项目硬件设计主要由 5 个部分组成,如图 8-21 所示。采用模块化设计,这五个部分相互联系、相互影响,共同完成平衡小车功能的实现。

(1)主控制器部分:小车控制的核心部分,采用 STM32F103 微控制器。该部分保证小车程序的运行以及各个部分的协调工作。

(2)姿态感知部分:负责为主控制器进行 PID 反馈控制的反馈信息进行采集,分为三轴姿态感知和电动机速度感知两部分。小车的三轴姿态使用 MPU-6050 运动处理组件采集,而速度信息则由霍尔编码器负责。

(3)输出执行部分:负责提供动力,控制轮子的转速和方向。使用 PWM 波的形式驱动减速电动机实现控制输出。

(4)人机交互部分:小车和控制者之间的信息交换部分。人对于小车的遥控信号、功能的启动和关闭、下位机对上位机的数据上传全部由这个部分负责。

(5)电源管理部分:负责平衡小车全车的功率分配、电压匹配和电池的稳定输出。

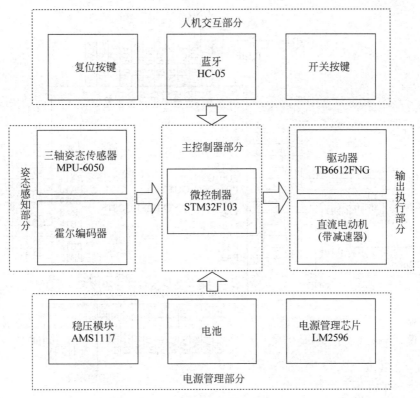

图 8-21 硬件设计总框图

2. 主控制系统设计

本项目系统采用 STM32F103 芯片作为主控制器。此芯片具有较高的运行处理速度和强大的数据运算能力,符合本系统高实时性的要求,可以在 5ms 内完成数据的采集、运算、输出;同时此芯片还具有非常丰富的专用外设和 I/O 口,如 IIC、串行通信、PWM 输出等,可以提高传感器的读取速度和驱动稳定性;此芯片采用库函数调用的编程方式,可以大大提高程序调试速度,编程的准确率也可以提高。其单片机最小系统如图 8-22 所示。

3. 三轴姿态感知部分设计

1) 三轴姿态采集

本系统中采用并整合了陀螺仪和加速度计的 MPU-6050 运动传感器来采集小车的三轴姿态。三轴姿态是指物体绕 X、Y、Z 3 个轴转动的角度、角速度信息,即绕 X 轴旋转的俯仰运动,绕 Z 轴旋转的横滚运动,绕 Y 轴运动的偏航运动。此传感器具有测量精度高、测量范围广等优点,并且可以直接融合陀螺仪和加速度计,这一静一动两者的数据能减少单一传感器检测带来的误差,以确保得到准确的三轴姿态信息。此传感器还可以使用硬件 IIC 输出,有利于主控制器的快速读取。使用 MPU-6050 传感器的标准电路连接方式如图 8-23 所示。

MPU-6050 使用的引脚功能介绍见表 8-4。

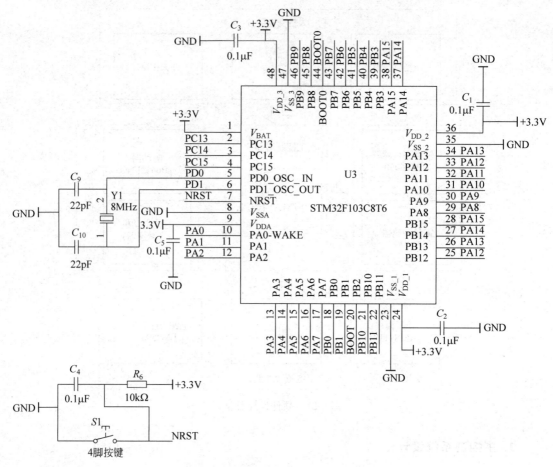

图 8-22 STM32F103 单片机最小系统

表 8-4 MPU-6050 使用的引脚功能介绍

引脚编号	引脚名称	描 述
1	CLKIN	可选的外部时钟输入,如果不用则连到 GND
6	AUX_DA	IIC 主串行数据,用于外接传感器
7	AUX_CL	IIC 主串行时钟,用于外接传感器
8	VLOGIC	数字 I/O 供电电压
9	AD0	IIC Slave 地址 LSB
10	REGOUT	校准滤波电容连线
11	FSYNG	帧同步数字输入
12	INT	中断数字输出
13	V_{DD}	电源电压及数字 I/O 供电电压
18	GND	电源地
20	CPOUT	电荷泵电容连线
23	SCL	IIC 串行时钟
24	SDA	IIC 串行数据

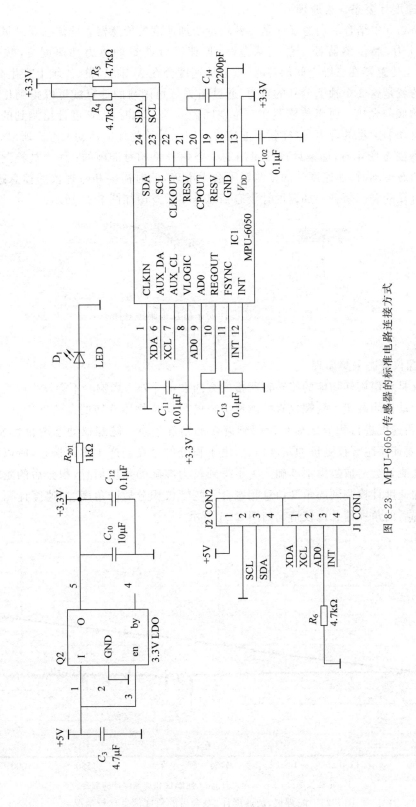

图 8-23　MPU-6050 传感器的标准电路连接方式

2）加速度计姿态采集原理

MPU-6050 中结合的加速度计是一种测量线加速度的传感器。此传感器测量的是本身受到的惯性力，当传感器处于静止状态时，加速度计测量的重力加速度 g，数值约等于 $9.8 \mathrm{m/s}^2$；当传感器在三维空间旋转时，重力加速度会在 X 轴、Y 轴、Z 轴上产生分量，加速度计输出的就是这 3 个轴上分到的重力，通过相关三角函数的计算就可以得到传感器相对于水平面的倾斜角度；而当传感器在三维空间做变速运动时，加速度计检测到的就是重力加速度和运动加速度的合力，这样就不能准确反映出计算物体的运动状态。所以，当被检测物体做缓慢姿态变化时，加速度计测量出的姿态信息是相对准确的；而当被检测物体做快速变换的动态运动时，加速度计的检测就不会太准确，此时需要和陀螺仪的信息进行融合，才能得到可靠的姿态信息。加速度计姿态信息采集示意图如图 8-24 所示。

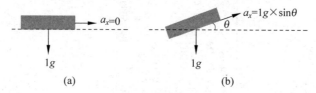

图 8-24 加速度计姿态信息采集示意图

（a）静止状态；（b）旋转状态

3）陀螺仪姿态采集原理

陀螺仪是利用旋转物体的旋转轴所指的方向在不受外力影响时不会发生改变这一原理制成的角运动检测装置。陀螺仪直接测量出来的数据是物体旋转的角速度信息，具有高动态特性，对角速度进行积分之后可以得到旋转的角度信息。陀螺仪动态测量性能较好，但是，如果需要使用陀螺仪测量的角度信息，由于积分的存在会产生累计误差，所以陀螺仪的长时间角度测量会造成数据不准确。为了得到较为准确的角度信息，积分后的陀螺仪角度还需要和加速度计检测到的角度信息相融合。陀螺仪积分后的角度、加速度计测量的角度和两者融合后的角度信息比较情况如图 8-25 所示。

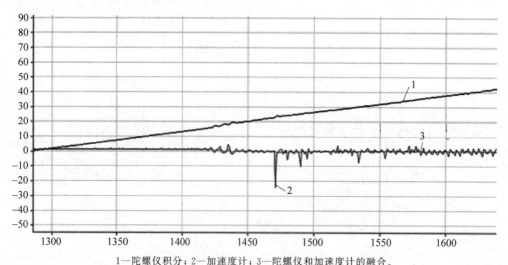

1—陀螺仪积分；2—加速度计；3—陀螺仪和加速度计的融合。

图 8-25 陀螺仪、加速度计、融合后的角度信息比较情况

4. 速度姿态感知部分设计

本系统使用霍尔编码器来检测小车轮子的转动速度。霍尔编码器是一种测量角速度的传感器,由霍尔码盘和霍尔元件共同组成。霍尔码盘在一定直径的圆板上等分地嵌入磁极,和电动机同轴旋转;霍尔元件将检测到的磁极转化为脉冲信号输出,并且霍尔编码器一般采用 A、B 两组霍尔元件来输出存在相位差的脉冲信号。微控制器可以通过检测脉冲数来计算速度,并通过检测脉冲相位差来判断方向。编码器的实物连接情况如图 8-26 所示,对应的连接线功能见表 8-5。

图 8-26　编码器的实物连接示意图

表 8-5　连接线功能表

连　接　线	功　　能	连　接　线	功　　能
红线	编码器电源线	黑线	编码器地线
绿线	编码器 A 相输出线	黄线	电动机线正极
白线	编码器 B 相输出线	棕线	电动机线负极

5. 输出执行部分设计

微控制器输出的 PWM 波虽然可以实现对于小车速度的变速,但是由于微控制器输出的功率不足,需要一个驱动器才可以驱动电动机运动。同时,为了提高小车的带负载能力、提高力矩,电动机还需要一个减速器将电动机的转速降低再输出。本系统使用了东芝半导体公司的 TB6612FNG 直流伺服电动机驱动器。此款驱动器具有大电流 MOS-H 桥结构、PWM 频率范围广等优点。之所以不选择常见的 L298N,是因为和 L298N 相比,此驱动器具有更好的稳定性、散热性,且所需外围电路较少,只需要外接电源滤波电容即可。驱动器引脚连接电路如图 8-27 所示,其引脚功能见表 8-6,其驱动真值见表 8-7。

表 8-6　外围电路连接的对应引脚功能

端口	功　　能
V_M	12V 电池电动机驱动
V_{CC}	芯片内部逻辑供电 3.3V 或 5V
GND	逻辑地
PWMA	PWM 输入
AIN1	微控制器连接 I/O 端口,控制电动机的正反转、停止运动
AIN2	
STBY	模块使能,高电平使用,低电平禁止使用
A01	电动机输出,连接电动机的正负极
A02	

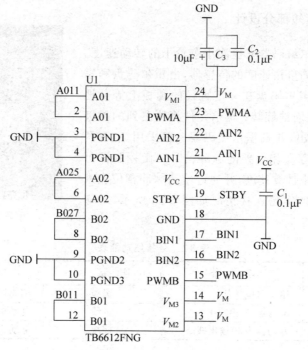

图 8-27　驱动器引脚连接电路

表 8-7　正反转使能控制信号真值

AIN1	AIN2	功能
0	0	停止
1	0	正转
0	1	反转

6. 人机交互部分设计

人机交互部分由两个按键和蓝牙通信模块组成。两个按键分别实现复位和开关机功能；蓝牙负责和上位机通信，上传车模姿态数据，下载对小车的控制信号。有了上位机的辅助之后，不仅可以将小车上传的速度、三轴姿态信息自动生成曲线，有利于对小车姿态的控制，还可以使小车的 PID 调节变得十分简洁，不需要断电重新烧录程序，可以直接在线调试。上位机显示界面如图 8-28 所示。

7. 电源管理部分设计

此系统使用的航模电池具有输出电流大、输出电压稳定的特性，非常适合本系统。电源管理芯片使用 LM2596，稳压模块使用 AMS1117，为整个系统提供稳定的 12V 直流电压，供驱动器使用。5V 为微控制器供电，传感器使用 3.3V 供电。电源管理部分电路如图 8-29 所示。

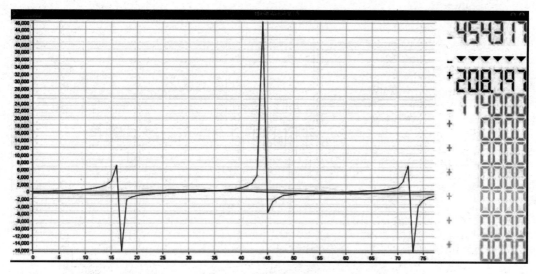

图 8-28　上位机显示界面

8. 主板电路设计

本系统对于硬件元器件的焊接和布线要求较高,同时为了数据处理的便捷,有利于 PID 参数调试,保证最后的实物演示效果,在制作过程中尽量选择模块化的硬件电路,将各个模块按需求安装在小车主板上,如图 8-30 所示。安装这些硬件的时候还需要注意以下事项:

(1) 尽量使小车的两个轮子共轴且处在重力平衡位置。

(2) 减小 MPU-6050 运动件受到的高频振动。此元器件最好选择刚性连接,或者加一个减振垫,并且尽量水平安装。

(3) 剩下的元器件安装遵循机械平衡原则,特别是电池等受重力影响较大的元器件。

8.3.4　系统软件设计

1. 系统运行总流程

程序运行总流程有两个程序分支,即中断和主函数分支。为了优先保证小车姿态控制的实时性,与小车姿态控制相关的强实时性程序都使用了中断进行,以保证这一部分程序的强制执行;而和小车姿态控制没有较强关系的弱实时性程序就只能在中断执行的间隙去进行操作,所以将它们都放入主函数进行无限循环,程序运行总流程如图 8-31 所示。

2. 小车运动控制程序设计

程序设计中最为重要的就是车模控制程序,该程序采用 PID 反馈自动控制算法。将车模的控制程序再向下分解,可分为维持车模的直立、速度、转向三个控制程序,本系统中将车模运动控制的三个子程序进行单独设计,三者之间互不干扰,最后,将控制结果共同作用在输出装置电动机上。位置控制采用比例、微分(PD)负反馈控制器,速度控制采用比例、积分

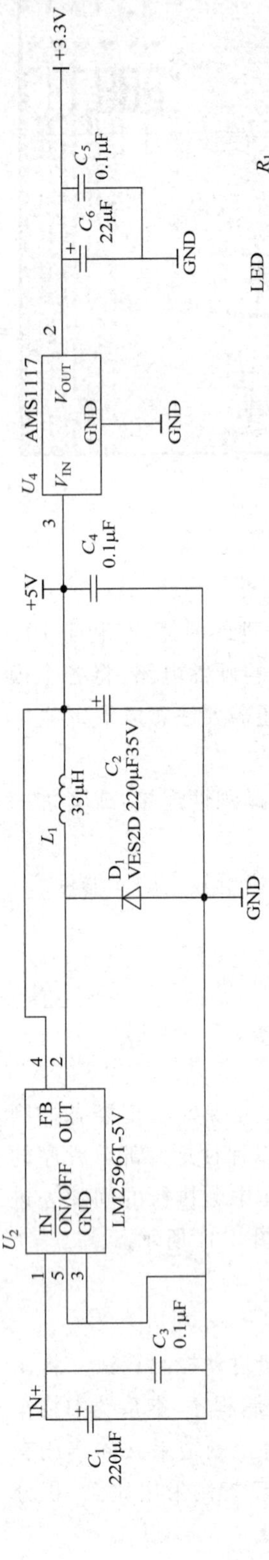

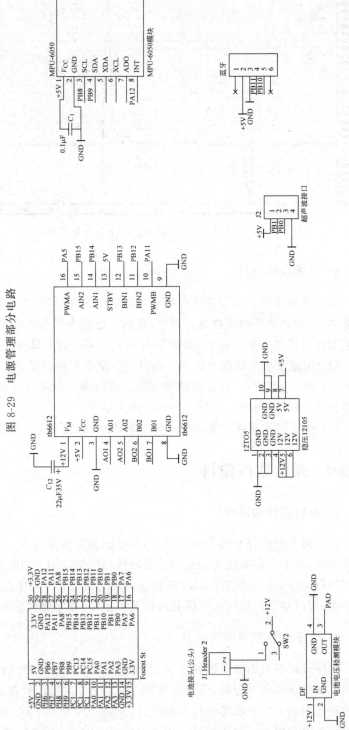

图 8-29 电源管理部分电路

图 8-30 主板电路图

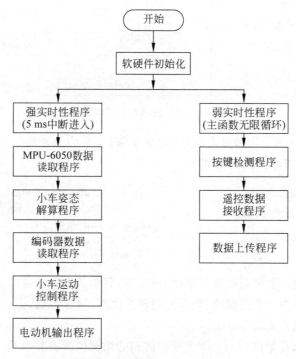

图 8-31　程序运行总流程

（PI）正反馈控制器，转向控制采用比例（P）负反馈控制器，执行机构同为电动机。系统 PID
反馈控制系统的原理如图 8-32 所示。

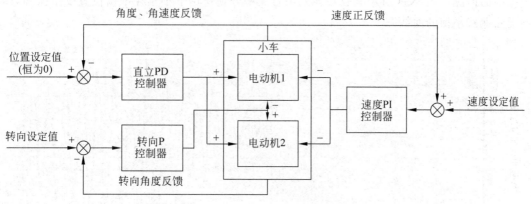

图 8-32　系统 PID 反馈控制系统原理框图

3. 直立控制程序设计

此程序的作用是使小车可以在直立平衡位置上保持静止，实现小车的自平衡直立状态。
小车的直立控制是一个负反馈控制过程，反馈量为偏离平衡直立位置的角度和角速度，并使
用 PD 控制器。直立控制系统的原理如图 8-33 所示。

根据图 8-33 可得出直立控制系统的传递函数如下：

$$a = K_P\theta + K_D\theta'$$

（8-1）

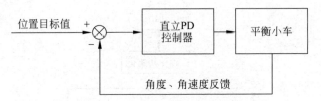

图 8-33　直立控制系统原理框图

式中，K_P 为比例系数；K_D 为微分系数；θ 为角度偏差；θ' 为角速度。

直立控制系统的核心代码实现如下：

① float Angle,Gyro,Target;　　　　　//定义 Angle、Gyro、Target 参数为 float 类型
② float Angle_Bias,Kp,Kd;　　　　　//定义 Angle_Bias、Kp、Kd 参数为 float 类型
③ float Turn;　　　　　　　　　　//定义 Turn 参数为 float 类型
④ Angle_Bias＝Angle－Target;　　　//计算 Angle_Bias
⑤ Turn＝ Kp * Angle_Bias＋Gyro * Kd;　//利用 PD 计算 Turn

① 定义了输入量：检测到的实际角度、角速度，目标角度；
② 定义了控制参数：角度偏差，PID 控制器的比例、微分参数；
③ 定义了输出量：输出 Turn；
④ 完成了角度偏差量的计算：用实际检测到的角度值减去目标角度值；
⑤ 实现了 PD 控制：角度变化量做比例运算，角速度做微分运算。

在直立控制程序中最为重要的就是引入了微分项，微分项的引入相当于给整个直立控制系统引入了一个阻尼力，可以防止小车因重力作用绕轴做刚性转动，防止直立平衡位置发生振荡的情况。图 8-34 所示为仅在比例项且无积分项作用下小车在平衡位置发生振荡，始终无法保持平衡的曲线图。

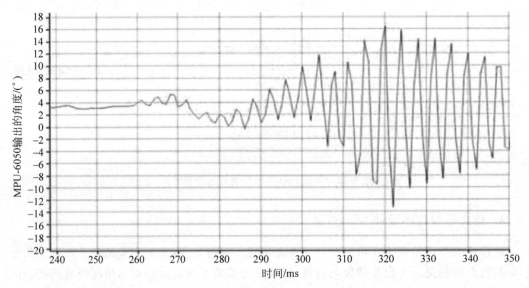

图 8-34　平衡振荡曲线

图 8-35 所示为引入完整的 PD 控制之后，小车可以实现较好的直立自平衡状态，仅在平衡位置附近做轻微调节的曲线图。

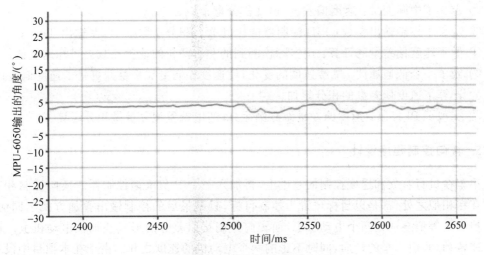

图 8-35 微调直立曲线

4. 速度控制程序设计

在完成小车直立控制的基础上,为了实现小车的速度控制,引入了一个以速度为反馈量的 PI 正反馈控制器。即为了使小车获得速度,需要小车偏离平衡位置,以获得一个加速度,做正反馈调节。同时为了防止霍尔编码器的噪声误差被直立控制程序放大,引入了 I 积分项来消除累计误差。速度控制系统的原理如图 8-36 所示。

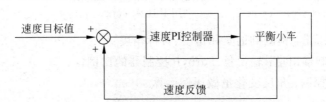

图 8-36 速度控制系统原理框图

根据此框图可得出速度控制系统的传递函数如下:

$$a = K_{p} * e(K) + K_{i} \sum e(K) \tag{8-2}$$

式中,K_{p} 为比例系数;K_{i} 为积分系数;$e(K)$ 为速度控制偏差,是速度控制偏差的积分。

速度控制系统的核心代码实现如下:

① float Speed_Left, Speed_Right, Speed, Speed_Target;   //定义 Speed_Left, Speed_Right, Speed, Speed_Target 为 float 类型

② float Speed_Bias, Speed_Integral;   //定义 Speed_Bias, Speed_Integral 为 float 类型

③ float Kp, Ki, Turn   //定义 Kp、Ki、Turn 为 float 类型

④ Speed_Bias =(Speed_Left+Speed_Right)−Speed_Target   //计算 Speed_Bias

⑤ Speed =0.7 * Speed+Speed_Bias * 0.3   //低通滤波

⑥ Speed_Integral+=Speed   //计算 Speed_Integral

⑦ Turn =Speed * Kp+Speed_Integral * Ki   //利用 PI 计算 Turn

① 定义了输入量:检测到的左轮速度、右轮速度,上一次的速度差,目标速度;

② 定义了中间变量:速度偏差量,速度积分量;

③ 定义了控制输出参数:PID 控制器的比例 K_p、积分系数 K_i 以及输出 Turn;

④ 做了速度偏差量的计算:用实际检测到的左右两轮的速度和减去目标速度值;

⑤ 做了一个低通滤波:减缓速度的变化,使速度控制更加平稳并更新了速度偏差;

⑥ 计算了速度偏差量的积分累加;

⑦ 实现了 PI 控制:速度偏差量做比例运算,速度偏差积分量做积分运算。

5. 转向控制程序设计

小车在进行直立和速度控制的基础上,再加入一个 P 负反馈控制器。换向控制和直立控制存在相似之处,都是以目标位置为控制目标,只是最后的控制输出叠加方式不同而已。直立控制是等值叠加在两个电动机上,而转向控制是以差分的形式叠加在电动机上。电动机差速转动,实现小车的转向,同时不影响两个电动机的速度之和。由于在本项目中没有其他传感器的配合修正,无法完全消除零漂,所以为了保证直立控制和速度控制的优先级,最终在系统中简化采用 P 负反馈控制器作为转向控制的控制器。传递函数如下:

$$a = K\theta \tag{8-3}$$

式中,K 为比例系数;θ 为 Z 轴角度偏差。

转向控制系统的核心代码实现如下:

```
① float Gyro,Target              //定义 Gyro、Target 参数为 float 类型
② float Turn,Kp                  //定义 Turn、Kp 参数为 float 类型
③ Turn=KP * (Gyro— Target)      //利用 P 计算 Turn
```

① 定义了输入量:检测到的实际角度、目标角度;

② 定义了控制输出量:输出量 Turn,P 控制器的比例;

③ 实现了 P 控制:角度变化量做比例运算。

6. 小车姿态解算程序

1)姿态解算原理

MPU-6050 集成的加速度计和陀螺仪两种传感器各有各的优点,但同时也存在着缺点,所以一般为了得到较为准确的姿态信息,都需要综合两者的数据进行解算。姿态解算的本质就是将陀螺仪和加速度计两者的数据相互融合得到一个最优的姿态估计值,在处理得当的情况下就可以用这个最优解来表示物体当时的真实姿态。所以姿态解算的重点就是使用什么样的方法能把两者的数据进行融合得到最优解。

2)姿态解算方法选择

现在常见的用于普通模型姿态解算的方法有 3 种:互补滤波、卡尔曼滤波、DMP 四元数输出。

(1)互补滤波算法

互补滤波方式比较简单,因为两种传感器都不能完全相信,但也不是完全不相信,只是信任哪个传感器更多一点,所以就可以采用两者都相信一部分的方法来进行姿态解算。因为两者之间的信任比例是确定的,所以程序上也比较简单,但是这个比例确定的过程比较复

杂,要多次实现才能得到较为良好的比例数值。这种解算方法也存在弊端,因为传感器自身的原因,前期姿态变化快,加速度计测量误差大,而后期陀螺仪累计误差会越来越严重,所以这个比例其实是会变化的。如果只是为了短时间内达到较好的效果,根据现有数据一般设置 0.7 的陀螺仪、0.3 的加速度计比较好。

核心代码实现如下:

① float Angle, Angle_J, Gyro_T, K　　　　　　　　//定义 Angle、Angle_J、Gyro_T、K 参数为 float 类型
② Angle＝K * Angle_J+(1－K) * (Angle+Gyro_T * dt)　　　　//实现互补滤波

① 定义了输入量:上一次的最优角度估计值,检测到的角度值、角速度值,比例系数 K;
② 实现了互补滤波,并更新了最优角度估计值。

(2) 卡尔曼滤波算法

针对可信比例会变化这一难点,提出了卡尔曼滤波算法这种强大的姿态解算方法。卡尔曼滤波是一种高效率的递归滤波(自回归滤波),此滤波算法能够从一系列不完全的、含有噪声的测量信息中,估计出动态系统的最优状态。但是其计算量很大,一般的处理器无法快速计算出结果。

互补滤波算法和卡尔曼滤波算法在短时间内的解算曲线比较如图 8-37 所示,可以看到二者仅在部分剧烈变化的瞬间存在差别。

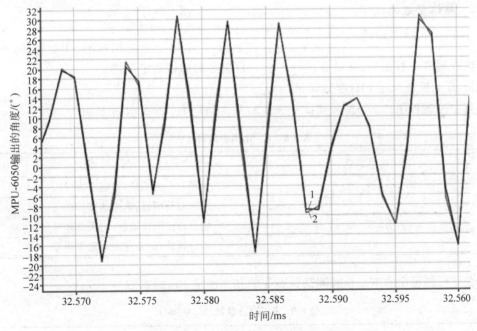

1—卡尔曼滤波;2—互补滤波。

图 8-37　互补滤波算法和卡尔曼滤波算法曲线比较

(3) DMP 四元数输出

本项目使用的 MPU-6050 传感器自带了 DMP 运动解算硬件,可以直接输出实时姿态四元数,只需要将四元数转化为欧拉角就可以作为最优姿态使用。转化公式如下:

$$\begin{vmatrix} q_{02}+q_{12}-q_{22}-q_{32} & 2(q_1q_2-q_0q_3) & 2(q_1q_3+q_0q_2) \\ 2(q_1q_2+q_0q_3) & q_{02}-q_{12}+q_{22}-q_{32} & 2(q_2q_3+q_0q_1) \\ 2(q_1q_3-q_0q_2) & 2(q_2q_3+q_0q_1) & q_{02}-q_{12}-q_{22}+q_{32} \end{vmatrix} \qquad (8\text{-}4)$$

上述 3 种方法都存在各自的优缺点,考虑到程序编写的难易程度和处理器内存的开销、实时性等要求,本系统采用了 DMP 四元数输出这种解算简单、硬件开销小的小车姿态解算方法。

8.3.5　参数调试和功能测试

1. PID 参数调试原理

因为本系统使用了 PID 控制,所以需要通过实验确定 PID 的参数,才能使控制效果达到最佳。PID 参数除了数学上的比例、积分、微分的意义,在实际控制过程中也具有很明显的对应意义。P 用于提高相应速度,I 用于减小静差,D 用于抑制振荡。在实际调试过程中也有调试的先后顺序:先使 I、D 为零,只调试 P,增大 P 系数直至系统会产生一个稳定的大幅度的低频振荡;然后再调试 D,消除这个低频振荡,转变为一个高频的抖动;最后调节 I,使系统因为机械误差、传感器误差造成的静差也得以消除。

2. 具体参数调试

本系统具有一个用于直立控制的 PD 控制器,一个用于速度控制的 PI 控制器,一个用于转向控制的 P 控制器,共需要进行 5 个 PID 参数的调试确定工作。

1) 直立控制程序 PID 参数调试

直立控制程序的 K_P 参数调试见表 8-8,基本确定 K_P 的参数为 500。

表 8-8　K_P 比例参数($K_D=0$)

K_P 比例参数	现　象
200	小车有平衡趋势,但响应太慢
350	平衡趋势明显,响应速度加快
500	响应速度明显加快,出现低频抖动
600	响应很快,但是过冲现象也明显

直立控制程序的 K_D 参数调试见表 8-9,基本确定 K_D 的参数为 1.7。

表 8-9　K_D 微分参数($K_P=500$)

K_D 比例参数	现　象
0.5	低频大幅振荡抖动部分消除
1	低频大幅振荡抖动基本消除
1.7	出现高频剧烈抖动

因为直立控制是小车最基础的姿态控制,所以为了得到最好的控制效果,根据工程经

验,一般需要乘以 0.6 的经验系数。所以最后取 $K_P = 300$、$K_D = 1$ 为最终参数。

2)速度控制程序 PID 参数调试

速度控制程序的 K_P 参数调试见表 8-10,基本确定 K_P 的参数为 80。

速度控制程序的 K_I 参数调试见表 8-11,基本确定 K_I 的参数为 0.4。

表 8-10 K_P 比例参数(开启参数设置好的直立控制)

K_P 比例参数	现　象
40	小车速度控制较弱,很难让速度恒定
60	速度响应加快,但是来回摆动幅度较大
80	响应快,且没有较大幅度摆动,抗干扰力强
100	响应快,无较大幅度摆动,但是受干扰能力弱

表 8-11 K_I 积分参数(开启直立控制,且 $K_P = 80$)

K_I 积分参数	现　象
0.2	静差开始消除一点点
0.3	静差基本消除
0.4	静差肉眼已经无法分辨

3)转向控制程序 PID 参数调试

转向控制程序的 K_P 参数调试见表 8-12,基本确定 K_P 的参数为 1。

表 8-12 K_P 比例参数(开启直立,速度控制)

K_P 比例参数	现　象
0.2	小车转向控制能力弱,走直线偏差大
0.6	转向能力加强,但走直线偏差还不理想
1	走直线能力加强
1.6	走直线能力强,但是急停时会有剧烈抖动

4)最终程序整体 PID 参数确定

最终确定的 5 个参数数值见表 8-13。

表 8-13 测试用 PID 参数

车模运动控制	K_P	K_D	K_I
直立控制	300	1	/
速度控制	80	/	0.4
转向控制	1	/	/

本项目下面的所有测试都是基于此调试好的 PID 参数进行的。

3. 功能测试

为了确定所有参数调试的正确性和本系统目标功能的实现,在模拟环境下进行了一系列的实物功能测试。本测试是为了验证小车在平直路面上对于直立、速度和转向控制的操控性如何。同时测试小车是否具有一定的载重、爬坡、越障能力。

1) 直立性能测试

（1）无干扰直立测试。小车在无干扰的情况下可以实现较平稳的直立状态，但由于转向控制只用了一个 P 控制器，所以在直立状态下会出现一点点的偏航运动，但直立状态保持效果还是很好的。直立性能测试情况如图 8-38 所示。

（2）干扰下的直立测试。小车在受到一个较弱干扰之后（直立偏差小于 30°），可以在很短的时间内恢复直立状态，甚至连相对于地面的位置变化也较为细小。

2) 速度转向操控性能测试

（1）速度操控性能测试。小车可以对上位机发出的速度控制信号做出快速反应，并且具有一定的抗干扰能力。速度操控性能测试情况如图 8-39 所示。

图 8-38　直立性能测试情况

图 8-39　速度操控性能测试情况

（2）转向控制性能测试。在低速状态下，小车可以对上位机发出的转向控制信号做出快速反应，但在速度较大的情况下，转向控制很不理想。

3) 负载和复杂地形通过能力测试

（1）负载能力测试。实验中小车具备一定的负载能力，可以在负载一只手机的情况下，实现基本的直立状态，但是调整幅度较大。负载能力测试情况如图 8-40 所示。

（2）爬坡能力测试。实验中小车具有一定的爬坡能力，可以在 5°左右的斜面上缓慢爬升，在 10°左右的斜面上实现基本直立状态。10°斜面的直立测试情况如图 8-41 所示。

图 8-40　负载能力测试情况

图 8-41　10°斜面的直立测试情况

（3）复杂地形通过能力测试。实验中小车可以在模拟的崎岖地形中实现自由通过。

4. 性能综述

经过一系列的实验验证,在小车 PID 参数调试较为理想的状态下,小车具有良好的直立性能,抗干扰能力较强,对于速度和转向控制响应速度也较快,并且具有一定的负载能力、复杂地形通过能力,基本实现了设计目标。

8.3.6　功能扩展

1. 避障功能

在完成了小车最基本的功能,可以实现直立、行走、转向之后,为丰富小车的功能,在此基础上加入跟随避障功能。为此,在硬件上加入一个超声波模块,起到测距的作用。程序中在非实时任务的流程中加入一个超声波测距的程序,并和设定好的目标值进行比较,如果超过一定距离就给一个后退指令。

2. 抬起检测功能

在实际运行过程中,常常发现一个问题——在不关电动机的情况下,拿起小车时会出现电动机快速转动不停止的情况。经分析发现,是因为抬起小车后,车模运动控制程序还在起作用,但是始终无法达到目标值,所以电动机始终会以最高转速输出。为了解决这一问题,假设抬起时是快速抬起的,所以计划在电动机输出之前,先判断一下 Z 轴上是否有一个巨大的加速度,如果有,则判断小车被抬起,电动机停止输出。

第 4 篇

实 践 篇

硬币清分包装机

第9章

9.1 项目说明

　　本硬币清分包装机根据第七届全国大学生机械创新设计大赛主题"服务社会——高效、便利、个性化"进行设计,设计要求为"钱币的分类、清点、整理机械装置;不同材质、形状和尺寸商品的包装机械装置;商品载运及助力机械装置"。该作品获得全国大学生机械创新设计大赛国家一等奖,自主研发,获得3项发明专利和5项实用新型专利。

　　该作品主体由铝合金加工而成,长750mm、宽700mm、高716mm,能够完成3种不同面值硬币的清分并进行包装。作品设计利用了硬币直径和厚度的差异,将不同面值硬币分拣开并筛除第三版1角硬币(1991—2000年发行的铝制1角硬币),分拣后的硬币通过滑轨上的漏斗进入硬币收集管。任意一个硬币收集管达到额定数量50枚时,转盘转动,将收集管送入包装工位,随后机械臂夹持被热缩筒膜包裹的PVC套管套住硬币收集管,并夹持硬币收集管上升,电热丝切断热缩筒膜后,热风枪工作,使热缩筒膜收缩,包紧硬币。包装好的硬币被送到收集工位并弹出,包装机构复位,准备下一轮硬币包装。

　　硬币清分包装机结构紧凑,操作方便,工作稳定,适用于市场、便利商店、超市、公交公司、银行网点等硬币大量流通使用的场所,能够有效提高硬币计数包装工作的效率和准确率,保证工作过程清洁卫生,极大地降低了人工成本。

9.1.1 设计背景

　　随着社会快速发展,硬币的流通日益频繁,如何分拣包装硬币成为许多个体商户、公交公司、银行网点的共同难题。大多数情况下,人们采用人工计数的方法分拣包装硬币,但这样的硬币分拣包装方式效率低下、操作繁琐。

　　市面上硬币分拣包装机的种类繁多。手摇式滚筒硬币分筛机是将硬币放入滚筒内,利用直径差异来分离硬币的,如图9-1(a)所示。但该装置只限于分离硬币并且误差率较高,硬币的计数依然需要人工参与,不适用于硬币大量流通的场所。

　　硬币清分机和硬币存款兑换一体机如图9-1(b)和(c)所示,主要在银行使用。这两种机器都是利用硬币直径的差异,用高度可调的挡板将硬币引流至对应的盒子当中。硬币清分机和硬币存款兑换一体机效率高、自动化程度高,但价格昂贵,故经常存在多个银行网点需要共用一台机器的情况,且其也不适合在市场、便利商店、超市等场所使用。

便利商店、超市、公交公司、饮料公司、银行网点等每天都面临着数量巨大的硬币清点和包装工作。由于硬币流通量大、清点包装流程繁琐且银行人员有限,故大批量的零币换整会影响银行的正常工作,因此银行经常会拒绝提供零币换整的服务。这就更导致了大量的硬币累积在个体商户手中而无法参与流通,硬币的流通性大大降低。

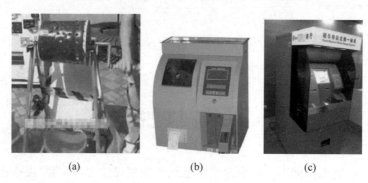

(a)   (b)   (c)

图 9-1   硬币分拣包装机

(a) 手摇式硬币分筛机;(b) 硬币清分机;(c) 硬币存款兑换一体机

综上所述,手摇式滚筒硬币分筛机误差较大、自动化程度低,功能完善的硬币清分机和硬币存款兑换一体机成本过高,都难以满足便利商店、超市、公交公司、饮料公司、银行网点等场所的需要。为了满足这些场所经济、高效、便捷的要求,本项目进行了硬币清分包装机的设计与制造。

9.1.2   设计意义

设计硬币清分包装机的意义在于:

(1) 能够帮助经营单位降低人工成本,并提高工作的效率和可靠性。

(2) 能够实现自动、准确分拣和清点硬币,并实现硬币的自动化包装。

(3) 能够降低硬币的处理成本。

(4) 能够实现硬币处理设备的结构简单化和高性价比。

9.2   项目结构设计

9.2.1   设计要求

(1) 能够快速、有效分离不同面值的硬币,并实现清点包装。

(2) 能够单独分离旧版硬币。

(3) 实现自动防堵塞。

(4) 机身结构精巧、美观,易操作,实现自动化。

9.2.2　总体结构

本作品由分离计数机构、包装转盘机构、套膜机构、热封机构、控制电路等部分构成,产品整体结构如图 9-2 所示。

图 9-2　硬币清分包装机整体结构

9.2.3　机构原理

硬币清分包装机整体工作流程如图 9-3 所示。

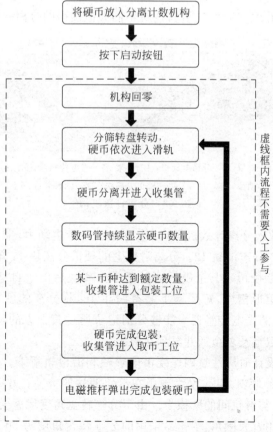

图 9-3　硬币清分包装机整体工作流程

　　分离计数机构利用硬币的直径和厚度在排除回收旧版硬币干扰的同时分离硬币,并与套膜机构、热封机构和包装转盘机构配合使用,实现硬币包装。配合原理如下:当任意一个硬币收集管中的硬币达到额定数量时,转盘带动硬币收集管进入包装工位。套膜机构中的机械臂夹持着被热缩筒膜包裹的 PVC 套管下降 170mm,开始拽膜动作,机械臂松开并上升 35mm,机械臂稍稍夹紧套管下降 35mm,使热缩筒膜下滑 35mm,拽膜动作重复 4 次,使热缩筒膜下滑 140mm,进入空心筒内部。机械臂进一步夹紧 PVC 套管,升降台上升 140mm,硬币收集管被一同夹起。空心筒内的热缩筒膜完全包裹住硬币,电热丝通电加热,热封电动机带动电热丝切断热缩筒膜,升降台携带机械臂上升复位。热风枪在热封电动机的控制下对准待包装硬币吹出热风,并轻微摆动使热缩筒膜均匀受热,热缩筒膜收缩包紧硬币,硬币包装完成。

　　硬币包装完成后,移币转盘带动硬币进入取币工位。热封电动机控制电磁推杆对准包装完成的硬币并将其推出。热封机构复位,转盘反方向转动一个工位,升降台携带机械臂将硬币收集管送回原位。在这一过程中,除移币转盘运动期间,分离机构均能够正常运转,直至某一硬币收集管内的硬币达到额定数量,等待该轮的硬币包装结束。

9.2.4　机构设计

1. 分离计数机构

　　分离计数机构如图 9-4 所示,它可实现对不同面值硬币的分离并排除旧版硬币的干扰。

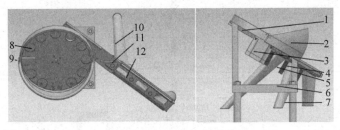

1—固定圆盘;2—圆罩;3—分币电动机;4—支架;5—光电传感器;6—支撑板;7—支柱;
8—分筛转盘;9—挡板;10—漏斗;11—硬币分离块;12—分离滑轨。

图 9-4　分离计数机构

　　工作原理:硬币放入分离计数机构,分币电动机 3 产生动力,带动分筛转盘 8 转动,硬币随转盘逐个排列进入分离滑轨 12。分离滑轨上的硬币分离块 11 单独分离并排除厚度超过 2mm 的硬币(即旧版硬币),其余硬币通过硬币分离块后由于自身直径不同分别进入滑轨上宽度不同的 3 个矩形槽中,矩形槽下装有漏斗 10,将分离的硬币送往硬币收集管,同时,控制器通过滑轨上的光电传感器 5 能够分别记录通过其上方的硬币个数,经计算,能够得出不同面值硬币的数量及总金额并显示在数码管上。

　　分筛转盘及滑轨设计时应注意确保硬币能够顺利沿滑轨滑下。为保证滑动效果,一方面可以增加分筛转盘的倾斜角度,增大硬币在滑轨两端的势差;另一方面可以增大滑轨表面的光洁度,减小硬币与滑轨间的摩擦力。由于分筛转盘角度增大会使整体机构尺寸增大,因此设计时并不宜采用过大倾角,本作品采用的分筛转盘角度为 30°。根据此角度,可得到转盘滑轨简化后的几何模型,如图 9-5 所示。AD 所在的分筛转盘平面与 AC 所在的水平面之间的夹角为 $30°$,直线 AD 与直线 DB 之间的夹角为 $45°$。作 DC 垂直于水平面,由已知条件可得,直线 AB 垂直于平面 ADC,则 AB 垂直于直线 AD。设 $DC=x$,由几何关系可得,$DB=2\sqrt{2}\,x$,$\angle DBC=20.7°$。由此可得,滑轨与水平面的夹角为 $20.7°$。

根据图 9-6 硬币受力情况分析可知,要使硬币能够顺利下滑,硬币沿斜面方向的重力分量 $G\sin20.7°$ 应当大于硬币与滑轨表面的摩擦力 F_f,即

$$\mu G\cos20.7° \leqslant G\sin20.7°$$

解得:$\mu \leqslant 0.38$。

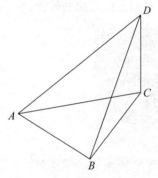

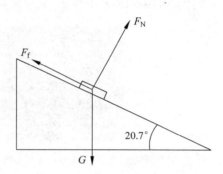

图 9-5　转盘滑轨几何模型图　　　　　图 9-6　硬币在滑轨上的受力分析

此结论说明,如果硬币与滑轨间的摩擦系数能控制在 0.38 以内,硬币就可以顺利滑下。保证硬币顺利滑下的可行措施包括:

(1) 滑轨表面处理。滑轨本身材质为铝合金 7075,采用普通阳极氧化铝层的空洞中填充聚四氟乙烯可以获得摩擦系数极低的零件。

(2) 增设助力装置。可在滑轨上方增加辅助装置来增加硬币滑动的初始速度,保证硬币能够顺利滑下。

分筛转盘(见图 9-7)厚度为 2mm,上面均布有 12 个直径为 30mm 的孔,孔边缘开设 0.5mm 的斜倒角(硬币中最薄的 5 角硬币厚度为 1.65mm),分筛转盘倾斜放置。分筛转盘转动,其上的孔将硬币携带进入分离滑轨,在重力作用下,两枚硬币无法处在同一孔中到达最高点,稳定可靠地实现了硬币逐个排列进入分离滑轨的目标,同时,硬币分离的速度受分筛转盘的转速控制。

图 9-7　分筛转盘

分离滑轨(见图 9-8)上设置的 3 个矩形槽上边线与滑轨下边缘的距离分别为 20mm、22mm、26mm,1 角、5 角、1 元硬币的直径分别为 15.5mm、20.5mm、25mm,故 3 种硬币将依次掉入 3 个矩形槽中,分别进入各自的收集管,同时,滑轨表面的光电传感器能够实现硬币的计数。

新版的 1 元、5 角和 1 角的厚度均小于 2mm,而市面上流通量极低的旧版硬币厚度为 2.4mm。如图 9-9 所示,硬币分离块的工作边界与滑轨表面的垂直距离为 2mm,故可依据厚度差异将旧版硬币单独引出滑轨。

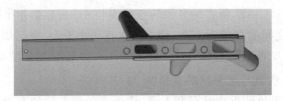

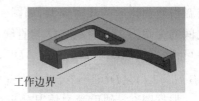

工作边界

图 9-8　分离滑轨　　　　　　　　　　图 9-9　硬币分离块

2. 包装转盘机构

包装转盘机构如图 9-10 所示,它可实现硬币收集管在不同工位之间的转换。

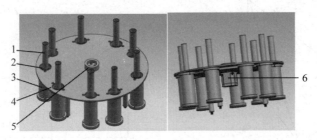

1—硬币收集管;2—硬币支柱;3—空心筒;4—移币转盘;5—轴承中心座;6—移币电动机。

图 9-10　包装转盘机构

包装转盘机构工作原理:移币转盘 4 利用转盘上固定的 3 个磁铁和转盘下方固定不动的霍尔式接近开关进行限位,实现不同工位之间的精确转换。空心筒 3 的内部含有硬币支柱 2,硬币进入硬币收集管 1 后在硬币支柱上堆码。

硬币收集管、硬币支柱、空心筒如图 9-11 所示。硬币收集管的内径分别为 20mm、21mm、26mm,各自能够完成一种硬币的堆码。硬币支柱总高 155mm,分 3 种尺寸规格,对应 3 种硬币,与对应的硬币收集管配合使用。空心筒的内径为 50mm,与各规格硬币均可配合。硬币收集管、硬币支柱、空心筒的装配方式如图 9-12 所示。

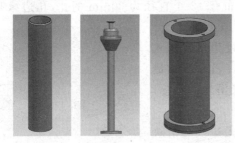

图 9-11　硬币收集管、硬币支柱、空心筒　　　图 9-12　硬币收集管、硬币支柱、空心筒装配方式

硬币支柱上放置硬币收集管,多出部分用于在套膜时放置 PVC 套管,使拽膜动作能够稳定完成。硬币收集管、硬币支柱、空心筒装配关系的设计使硬币支柱周围均空出,为热缩筒膜的下滑留出了空间。

3. 套膜机构

套膜机构如图 9-13 所示,其用于实现套膜、拽拽、币管分离的功能,同时也是支架的一部分。

　　套膜机构的工作原理：集满硬币的收集管进入包装工位后，升降电动机7带动梯形丝杠6转动，平稳带动升降台2和机械臂3进行升降运动。同时，梯形丝杠具有自锁性，能够保证升降台在断电后和定位时不会下滑。伺服电动机4能够带动机械臂3进行平动夹持，机械臂3夹持着热缩筒膜包裹的PVC套管1，利用升降滑轨5的升降和伺服电动机4的张合能够实现对硬币的套膜动作。

　　机械臂如图9-14所示，其能够稳定夹持硬币收集管。通过伺服电动机5带动舵盘2转动，从而带动两个连杆4运动，进而实现夹持臂3平动完成夹持动作。

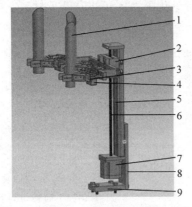

1—PVC套管；2—升降台；3—机械臂；4—伺服电动机；5—升降滑轨；6—梯形丝杠；7—升降电动机；8—升降支架；9—升降脚架。

图9-13　套膜机构

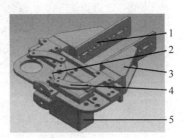

1—机械臂；2—舵盘；3—夹持臂；4—连杆；5—伺服电动机。

图9-14　机械臂

4. 热封机构

　　热封机构如图9-15所示，采用PVC热缩筒膜对硬币进行包装。

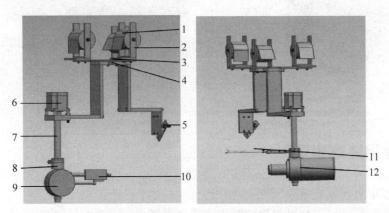

1—热缩筒膜；2—装膜架；3—膜引导架；4—横梁；5—霍尔式接近开关；6—热封电动机；7—第一热封轴；8—第三热封轴；9—热风枪；10—推拉式电磁推杆；11—电热丝；12—热风枪套。

图9-15　热封机构

　　热封机构的工作原理：套膜机构完成硬币套膜并与硬币收集管的分离后，热封轴(7、8)、热风枪套 12 随热封电动机 6 转动，从而带动电热丝 11 对热缩筒膜进行切割。之后，热封电动机 6 带动热风枪 9 对准待包装硬币，热风枪吹出热风收缩热缩筒膜 1，从而完成一卷硬币的包装。

　　膜引导架如图 9-16(a)所示，长 70mm、宽 108mm、厚 5mm；横梁如图 9-16(b)所示，长 110mm、宽 120mm、厚 10mm。膜引导架和横梁上的方形槽都对热缩膜运动进行引导，保证热缩薄膜输送的位置与 PVC 套匹配。横梁还有支撑作用。

　　筒膜切割器如图 9-17 所示，其采用加热电阻丝对热缩筒膜进行切割。热丝架 2 与电热丝 1 相接触的部分采用耐温性良好且绝缘性和抗老化耐力良好的 PTFE 材料。电热丝 1 通电加热后可切断热缩筒膜。

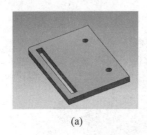 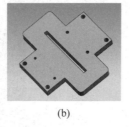

　　　　(a)　　　　　　　　　　(b)

图 9-16　膜引导架和横梁

(a) 膜引导架；(b) 横梁

1—电热丝；2—热丝架。

图 9-17　筒膜切割器

　　图 9-18 所示为热风枪套。热风枪套用于固定热风枪，同时能够微调热风枪位置，保证包装的可靠性。

　　电磁推杆如图 9-19 所示，其总长为 135mm、高为 45mm、宽为 39mm。通电后推杆弹出，用于推出已完成包装的硬币。

 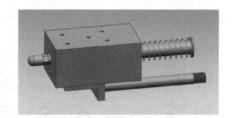

图 9-18　热风枪套　　　　　　　　　图 9-19　电磁推杆

9.2.5　使用注意事项

　　(1) 切膜电热丝温度极高，请小心使用。

　　(2) 本作品仅适用于分离包装我国当前流通的硬币。

　　(3) 使用后，需用干抹布擦拭转盘和滑轨，以保证设备的清洁度。

　　(4) 分币电动机负载能力有限，一次性投入硬币数量不能过多。

9.3　动力及控制系统

9.3.1　电动机选择

1. 分离计数机构

我国发行的第五套人民币中,1 角、5 角、1 元的硬币质量分别为 1.15g、3.8g、6.1g。假设持续放入机构的都为 1 元硬币,且机构的硬币数量维持在 150 枚,硬币约重 8.967N。分筛转盘与水平面的倾角为 30°,则硬币在垂直于转盘方向的重力分量为 7.77N,硬币与导轨之间的摩擦系数为 1.1,摩擦力为 8.54N。硬币质心距离电动机轴 85mm。

平面力偶计算公式:

$$M = \pm F \times d \tag{9-1}$$

代入数据计算可得

$$M = 8.54\text{N} \times (85 \times 10^{-3})\text{m} = 0.73\text{N} \cdot \text{m}$$

2. 包装转盘机构

移币转盘为直径 460mm 的铝盘,可实现不同工位转换。转盘上开设 3 组通孔,每组含有 3 个直径为 50mm 的大孔。大孔下表面连接空心筒,装配过程需保证孔与空心筒同轴。空心筒底部与底座用螺纹连接,空心筒与硬币支柱同轴。空心筒与底座的重力为 1.66N。硬币支柱分 1 角硬币支柱、5 角硬币支柱、1 元硬币支柱 3 种,其中 1 角硬币支柱的重力为 0.59N,5 角硬币支柱的重力为 0.63N,1 元硬币支柱的重力为 0.76N;硬币收集管分 1 角、5 角、1 元 3 种,其重力分别为 0.2N、0.24N、0.9N。假设 3 组孔位中,有两组是装满硬币的,则其重力为 16.2435N。

根据式(9-1),代入数值计算得

$$F = 1.66\text{N} \times 9 + (0.59\text{N} + 0.63\text{N} + 0.76\text{N}) \times 3 + (0.2\text{N} + 0.24\text{N} + 0.9\text{N}) \times 3 + 16.2435\text{N}$$
$$= 41.1435\text{N}$$

$$M_1 = 41.1435\text{N} \times 190 \times 10^{-3}\text{m} = 7.82\text{N} \cdot \text{m}$$

式中,F_1 为空心筒与底座的重力;F_2 为硬币支柱的重力;F_3 为硬币收集管的重力;F_4 为硬币的重力。

3. 套膜机构

套膜机构中的升降台重力为 49N,因此丝杠在转动过程中,受到大小为 49N 的垂直向下压力。机械臂在夹持过程中,硬币收集管及热缩筒膜的质量较小,可忽略不计,故在硬币包装过程中,丝杠的最大纵向负载为 49N。

丝杠传动效率的计算公式为

$$\eta = \frac{1 - \mu \cdot \tan\varphi}{1 + \dfrac{\mu}{\tan\varphi}} \tag{9-2}$$

代入数据计算得

$$\eta = \frac{1 - 0.21\tan30°}{1 + \dfrac{0.21}{\tan30°}} = 0.64$$

式中，μ 为丝杠轴与螺帽的摩擦系数；φ 为丝杠轴螺旋升角。

梯形丝杠负载扭矩的计算公式为

$$T = \frac{F_s \times R}{2\pi\eta} \tag{9-3}$$

代入数据计算得

$$T = \frac{49 \times 0.006}{2 \times 3.14 \times 0.64} \text{N·m} = 0.073\text{N·m}$$

式中，F_s 为轴向负载；R 为丝杠导程；η 为丝杠轴螺旋升角。

4．热封机构

经设计计算及分析测量，热风枪突出部分距离热封轴的距离为 145.5mm，电磁推杆距离热风轴的距离为 166mm。已知电磁推杆的重力为 1.94N，热风枪突出部分的重力为 16.63N。

根据式(9-1)，代入数值得

$$M_2 = 1.94\text{N} \times 32.5 \times 10^{-3}\text{ m} + 16.63\text{N} \times 62.5 \times 10^{-3}\text{ m}$$
$$= 1.10\text{N·m}$$

综上所述，由于分离计数机构、套膜机构、热封机构所需的转矩均小于 1.2N·m，包装转盘机构可利用行星减速器增加电动机的转矩，故选用转矩为 1.2N·m 的 57BYG250B 型步进电动机。此外，步进电动机在低速时有明显的振动和噪声，而包装转盘机构力矩要求大、稳定性要求高，故通过安装具有传动比范围大、耐冲击性强、输出转矩高、运转平稳顺畅、噪声低等优点的减速比为 1∶10 的 PX10 行星减速器来增加电动机转速、加大转矩。

本作品选用的电动机型号为 57BYG250B 型步进电动机，电动机参数见表 9-1。

表 9-1　57BYG250B 型步进电动机参数表

步距角	长度	相电流	相电阻	相电感	转矩	转动惯量	质量	引线
1.8°	56mm	2.5A	0.9Ω	2.5mH	1.2N·m	300kg·m²	0.7kg	4 线

此电动机符合产品工作需求，可以正常使用。

5．伺服电动机选择

选用的伺服电动机，长 40.5mm、宽 20.2mm、高 38mm，质量 62g。

该伺服电动机外壳材料为 CNC 铝中壳，并采用双滚珠轴承。该款电动机最大脉宽为 900~2100μs，最大角度为 120°，工作频率为 1520μs/330Hz。在不同的电压下，伺服电动机可提供不同的速度和扭力：在 4.8V 电压下可提供速度 0.18s/60° 和扭力 17.25kgf·cm (239.55oz/in)，在 6V 电压下可提供速度 0.16s/60° 和扭力 20.32kgf·cm(281.89oz/in)。

伺服电动机 120° 的转角能够配合机械臂完成 0~54mm 内的夹持动作，满足作品所需的夹持最大尺寸为直径 35mm PVC 套管的要求,且伺服电动机采用 6V 供电,能够有效完成机构中要求最高的夹紧硬币收集管所需的夹持力。

9.3.2　控制电路

1. 控制电路概述

作品控制主板如图 9-20 所示。

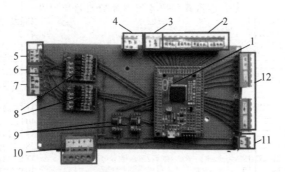

1—IAP15W4K58S4 单片机;2—电动机驱动器输入接口;3—继电器接口;4—伺服电动机接口;5—光电传感器接口;6—24V 电源输入接口;7—霍尔式接近开关接口;8—电平转换模块;9—STC15F104E 单片机;10—5V 电源输出接口;11—数码管 5V 电源输出接口;12—数码管接口。

图 9-20　控制主板

1) 主控制器(IAP15W4K58S4 单片机)

控制主板主控制器选用宏晶公司最新的 15 系列中的 IAP15W4K58S4 单片机(引脚图见图 9-21),最高能够设置 30MHz 的晶振频率,单价仅为 5.9 元。在实现快速稳定运行的同时大大降低了控制电路的成本。

2) 辅助单片机(STC15F104E 单片机)

作品中用于计数的 3 个漫反射光电传感器和用于限位的 3 个霍尔式接近开关发出的脉冲信号均需要极高的响应速度,否则将出现计数和复位不准的情况。若控制器仅通过周期扫描的方式接收这些信号,则无法提供足够的响应速度,因此对于这 6 个脉冲信号,必须使用优先级高于时间中断的外部中断,并且为精准的复位。算法要求霍尔式接近开关发出的脉冲信号对应的外部中断触发方式为上升沿、下降沿均触发,但 IAP15W4K58S4 能够提供的外部中断中仅有外部中断 0 和外部中断 1 能够设置高优先级,且能够设置上升沿、下降沿均触发的外部中断也仅有外部中断 0 和外部中断 1,无法满足所需的 6 个高优先级外部中断的要求。

因此,在控制系统中引入了两块尺寸极小的 STC15F104W 单片机(引脚图见图 9-22),用于辅助主控制器完成 6 个信号的快速响应。每块辅助单片机的 I/O 口 P3.2、P3.3、P3.4 分别接 3 个输入信号,同时,输入信号与主单片机的普通 I/O 口 P4.0-P4.5 引脚相连,两块辅助单片机的 I/O 口 P3.5 又与主控制器的外部中断 I/O 口 P3.2、P3.3 相连。辅助单片机对几个输入 I/O 口进行周期扫描,若接收到输入的上升沿或下降沿信号,辅助单片机 P3.5 将自动变换电平,从而触发主控制器的外部中断,而主控制器的外部中断程序中将扫描对应的

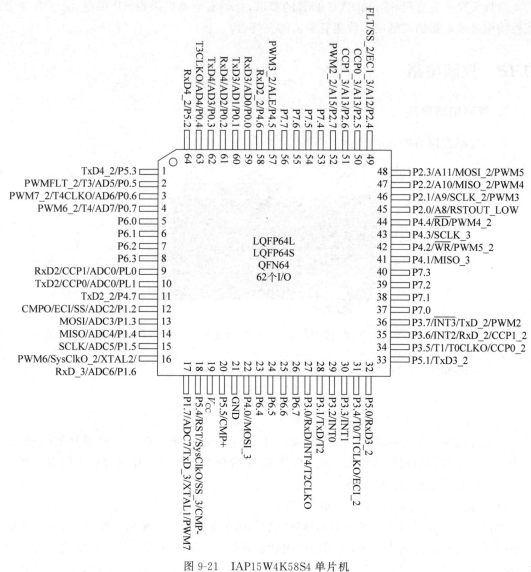

图 9-21 IAP15W4K58S4 单片机

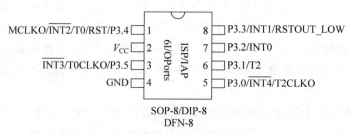

图 9-22 STC15F104W 单片机

3 个 I/O 口状态,从而知晓是哪个信号源输入的,并快速进行相应处理。

由于辅助单片机程序中循环内语句极少,因此扫描周期极短,能够快速检测到输入信号的变化。配合主控制器的两个外部中断保证了计数和电动机复位动作的准确性。

3）固态继电器

本作品中,热风枪、电磁推杆、电热丝中需要使用继电器控制。选用直流控直流的美格尔 MGR10 和直流控交流的美格尔 MGR-1 D4810 固态继电器,如图 9-23 所示。固态继电器控制功率小、快速响应、稳定可靠的特性能够保证热风枪等被控电器可靠运行。

4）电平转换模块

本作品选用的光电传感器和霍尔式接近开关的正常工作电压均为 6V,而 IAP15W4K58S4 单片机最高工作电压为 5.5V,若将其直接与光电传感器和霍尔式接近开关相连,十分容易造成单片机的损坏。

因此,在控制系统中引入了两个四路电平转换模块,如图 9-24 所示。光电传感器和霍尔式接近开关采用 24V 供电,传感器输出引脚输出高电平为 24V,电平转换模块能够将其转换为单片机的 5V 电平送到单片机 I/O 口。

图 9-23　美格尔固态继电器

图 9-24　电平转换模块

5）数码管

选用 4 个 74HC595 级联静态驱动的 4 位数码管分别对 1 角、5 角、1 元和总金额进行显示(显示板见图 9-25)。该数码管采用 4 个 74HC595 芯片级联,能够实现静态驱动,有助于节约单片机资源。同时,每个 4 位数码管只需 3 个输入即可使用,有效节约了单片机的 I/O 口。

6）主板对外接口

控制主板的所有对外接口从单片机、电平转换模块中引出后均接上间距为 5.08mm 的插拔式接线端子,便于拆卸维修且能够有效保证接线的稳定可靠。

2. 计数模块

本作品中的硬币计数传感器选用 E3F1-DS5C4 型红外漫反射光电开关,检测距离为 50mm,与滑过距离十分接近,因此滑轨上方 50mm 内不能出现异物,否则会影响计数的准确

图 9-25　数据显示板

性。其输出方式为 NPN 常开型,故单片机计数触发方式应选择下降沿触发。

本作品的 3 个光电开关均安装在滑轨上,其中 1 号光电开关安装在 1 角矩形槽前,2 号光电开关安装在 1 角和 5 角矩形槽之间,3 号光电开关安装在 5 角和 1 元矩形槽之间(安装位置关系见图 9-26)。因此,1 号光电开关能够记录总硬币的数量,2 号光电开关能够记录 5 角硬币和 1 元硬币的数量,3 号光电开关能够记录 1 元硬币的数量,故 1 号光电开关和 2

号光电开关记录的硬币数量相减能够得出 1 角硬币的数量,2 号光电开关与 3 号光电开关记录的硬币数量相减能够得出 5 角硬币的数量,3 号光电开关记录的数量即 1 元硬币的数量。

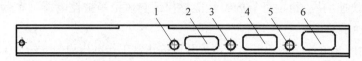

1—1 号光电开关;2—1 角矩形槽;3—2 号光电开关;4—5 角矩形槽;5—3 号光电开关;6—1 元矩形槽。

图 9-26　光电开关安装位置示意图

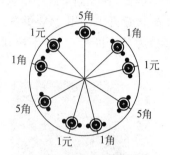

包装工位如图 9-27 所示。由于 3 种硬币共用同一个转盘,故当某一面值的硬币达到额定数量进入包装工位时,另外两个面值的硬币也会进入包装工位,但其不接受包装,因此,当第三次包装开始时,之前未集满额定数量硬币的收集管将再次进入收集工位,此时这两种硬币的包装计数必须在原先筒内硬币的基础上继续叠加,才能够保证管内硬币有效完成包装。

图 9-27　包装工位示意图

因此,在编程时,除设置用来显示总数量的变量外,还需另外设置 9 个变量用来分别储存 9 根硬币收集管内的硬币数量,并设置一个工位变量用来指示此时是哪 3 个变量需要随总数变化而变化。

3．电动机控制模块

1）电动机复位

本作品除分离电动机外,其余 3 个电动机在开机后均需要进行复位。所有复位动作采用 NJK-5001C 霍尔式接近开关进行限位,其直径为 8mm,尺寸较小,能够保证定位更加精确。复位流程如图 9-28 所示。

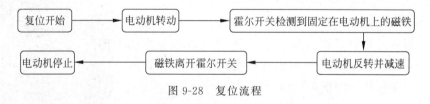

图 9-28　复位流程

此外,为保证包装转盘定位的准确性,不同工位之间的切换也采用霍尔式接近开关进行限位,因此,包装转盘上安装有 3 颗用于限位的磁铁。

2）保证收集管不超过额定数量的算法

分离电动机要求在除工位转换、包装工位未完成包装而收集工位某一面值硬币已集满额定数量的情况外,持续转动。

同时,若分离转盘仅仅是持续转动,由于滑轨有一定的长度,上面能够累积数个硬币,很可能出现收集筒内硬币数量超过额定数量的情况。因此设计了如下算法:

若 3 个收集桶内的硬币均不超过 40 个,则转盘持续转动。若某一种硬币达到 40 个,则分离电动机停止 1.5s,等待滑轨上的硬币全部滑离,检测各筒内硬币数量,若最多的硬币数量为

41 个,则分离转盘转动 9 个圆槽的角度,送 9 个硬币进入滑轨,再次停顿 1.5s,检测各筒内硬币数量,并根据检测结果转动分离转盘。以此类推,直至某一种硬币达到 50 个,进入包装工位。

9.4 总 结

1. 产品特色及创新

(1)依据机电一体化设计理念对产品的整体机构进行小型化设计。

(2)设计制造硬币分离块和滑轨,实现排币的稳定和精确计数。

(3)选用光电开关作为计数传感器,有效降低成本、简化工艺。

(4)选用热缩筒膜对硬币进行封装,实现有效包装硬币。

(5)采用单片机作为作品的控制中枢,有效保证了设备运行的稳定性和可靠性。

2. 产品应用前景

(1)硬币发行量持续扩大,清点、包装硬币的工作量会相应增加,对于自动化设备的使用需求也会增加。

(2)国内的人工成本快速提升,电子元器件性价比与日俱增。市场、便利商店、超市、公交公司、饮料公司、银行网点等场所的硬币清分所需的人工与日俱增,机器代人是最终发展趋势。

(3)作品结构简单,零件易加工,若量产化,能够有效降低制造成本,可凭借较低的售价吸引消费者,快速打开市场。

3. 作品实物

作品实物整机照片如图 9-29 所示。

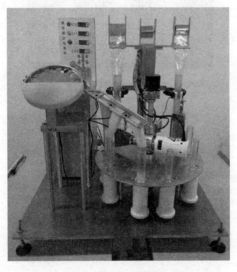

图 9-29 作品实物整机照片

作品实物各个模块细节如图 9-30 所示。

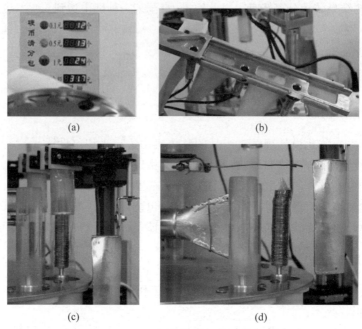

图 9-30 系统各模块细节

（a）显示板细节；（b）分离滑轨细节；（c）套膜细节；（d）热封细节

硬币清分包装成品展示如图 9-31 所示。

图 9-31 硬币清分包装成品展示

四旋翼飞行器自主探测跟踪系统

10.1 项目说明

本项目是基于 2017 年全国第十三届电子设计竞赛中的四旋翼飞行器自主探测跟踪系统题目设定的,该项目曾在该届电子设计竞赛中荣获全国二等奖。本项目设计的飞行器自主探测跟踪系统主要由飞行控制系统和遥控信标小车两部分组成。飞行控制系统以 STM32F405RG 为核心控制处理器,接收 MPU-6050 传感器的实时姿态数据,经过权重比算法得到对应的姿态角四元素,进行 PID 算法计算得出 PWM 波进而控制飞机的飞行姿态。图像处理模块以 RX23T 为核心,结合 OV7620 摄像头,利用机器视觉算法实现光流定位、目标跟踪,从而完成对遥控信标小车的整个实时跟踪和自主降落等功能。

最后通过反复实验测试,结果表明该飞行器跟踪系统可实现飞机悬停、自主降落的功能,同时能较好完成距遥控信标小车 0.5~1.5m 的全程跟随。整个探测跟踪系统具有性能稳定、实时性好和误差小等优点。

10.1.1 设计背景

四旋翼飞行器全称是无人驾驶飞机,是利用人为编写好的程序植入装置并利用无线遥感装置进行控制的无人飞行器。其和普通的飞机相比较,体积较小,造价较低,经济实用,实效性较强,而且不会危及人员安全问题,因此被广泛应用在军事方面和民用方面。

(1) 军事方面:情报侦察、军事打击、信息对抗、通信中继、模拟飞行器和空中预警等。例如,2006 年美国的无人机"捕食者"在巴格达观察到多个武装分子企图用迫击炮袭击美军之后,发射了一枚导弹,成功击毙 3 名武装分子。

(2) 民用方面:无人机巡查违建、高压电塔故障巡线、电力检修、森林巡山防火、水土监管、无人机快递和交通检查等。例如,"5·12"汶川地震中利用微型无人机遥感系统对重灾区北川县城进行航拍,采集到多张高清晰的航空照片。通过图像拼接和几何校对,对比地震前的卫星影像,可以对灾区情况进行初步评价,取得不错的效果。

无人机在军用领域和民用领域正在成为越来越重要的角色。

从结构上分类,有固定翼飞行器和旋翼飞行器(单旋翼飞行器和多旋翼飞行器)。其中,四旋翼飞行器具有飞行稳定、控制灵活、结构简单等特点。随着计算机和电子技术的发展,微型四旋翼飞行器得以出现,甚至小到占据一根手指的空间大小。

近年来,随着科学技术的发展,微机电系统(MEMS)不断走向成熟,再配合低成本高效率的处理器,使研究四旋翼飞行器的技术门槛越来越低。在很短的时间里,吸引了众多研究者和爱好者,越来越多的科研人员也加入其中。

国外对四旋翼飞行器钻研的高校和科研机构很多。例如,Breguer 兄弟在 Richet 教授的指导下造出了第一架飞机,这也为四旋翼飞行器的研究拉开了序幕;美国斯坦福大学研究的四旋翼飞行器,在 STARMAC 测试平台调试,并不断地改善对飞行器控制系统,包括优化传感器的性能、提高处理器的处理速度、控制算法更加准确等,使四旋翼飞行器更加稳定地自主飞行;Quattrocopter 四轴是德国人研究的一种小型无人机,是可以垂直升降的无人飞行器,通过无线通信技术,PC 端接收信号达到远程控制,其中控制装置也用到了 MEMS 传感器、气压传感器和 GPS,其体积较小、质量轻,因此持续飞行时间长,并同时可以携带自身质量一半的负载;美国宾夕法尼亚大学研制的四旋翼飞行器通过远程控制飞行,通过无线通信技术,将传感器采集的数据传输到 PC 端并进行处理和分析。

国内对四旋翼飞行器的钻研也取得了一些成效。2004 年国防科技大学开始研究四旋翼飞行器,成为我国最早研究四旋翼飞行器的高校之一。他们运用反步法和自扰控制器算法制作了两种四旋翼飞行器,通过大量的测试和研究及采集飞行数据,进行了更深入的研究。南京航空航天大学、哈尔滨工程大学、上海交通大学也开始致力于四旋翼飞行器的研究。北京理工大学的研究人员从微型四旋翼飞行器的结构动力特征入手,在对 PID 的算法研究基础上自主研发了微型四旋翼飞行器。上海大学也对微型的飞行器进行了研究,尤其是在非线性控制、机器视觉以及耦合智能辨识建模等方面,其采用微纳米技术研究出直径仅有 2mm 的电磁微型电动机作为驱动器的双旋翼微型飞行器。南京航空航天大学自制研发的四旋翼飞行器,在抗干扰性能方面做得很好。

国内四旋翼飞行器研究不仅在科研领域,目前,已经广泛应用于商业领域。深圳市大疆创新科技有限公司是全球领先的无人机控制系统及无人机解决方案的研发和生产商,客户遍布全球 100 多个国家。2015 年 12 月,大疆创新公司宣布推出一款智能农业喷洒防治的无人机——大疆 MG-1 农业植保机,这是一款防尘、防水和防腐的工业级无人机,其承载负荷达到 10kg,同时推重比高达 1∶22,而且工作效率高,是人工喷洒的 40 多倍,在自动任务模式下可实现定速、定高和定流量喷洒等功能。

因此,四旋翼飞行器得到了大量国内和国外科研人员的关注,成为目前的研究热点,具有很大的研究意义与价值。

10.1.2 设计方案

本项目是基于 STM32 四旋翼飞行器自主探测跟踪系统的设计,首先对惯性传感的数据采集、滤波算法、姿态解算算法、控制算法和视觉系统进行研究,结合前沿的国内外资料,了解并掌握其飞控原理和算法,达到实现自主跟踪系统飞行器设计的目的。

10.1.3 设计意义

最近几年来,随着传感器、处理器以及能源供给等技术突飞猛进地发展,四旋翼飞行器的研制和开发在当今国际上掀起了热潮,很快成为一个新的研究热点。四旋翼飞行器的用途十分广泛,应用涉及领域多。

(1) 军队应用:战术侦察和瞄准、丛林的监视和侦察、空中侦察、边防监测等。

(2) 警察应用:人员搜救和人质解救、监视和证据收集、交通和人群控制等。

(3) 工业应用:电力检测巡线、矿藏勘探、建筑工地的计划和监视、场地和基础设施安全、气体泄漏检测等。

(4) 商业应用:摄影摄像、物流运输、影视剧拍摄、新闻和广告、三维测绘等。

(5) 其他应用:森林防火、气象灾害和地质灾害检测、灾后救援(航拍)、国土资源勘探、农药喷洒、防汛抗旱、海事监测等。

可以看出,四旋翼飞行器在各个领域中应用广泛,对其继续研究有很大的必要性和紧迫性。

10.2　项目结构设计

10.2.1　设计要求

本项目主要从以下几个方面入手进行详细研究:

(1) 四旋翼飞行器原型样机结构与实现,飞行控制器硬件设计及实现;

(2) 四旋翼飞行器动力结构建模;

(3) 基于多传感器融合设计姿态控制算法;

(4) 飞行控制器软件的设计实现与调试;

(5) 飞行测试。

本项目设计的关键技术主要包括:

(1) 稳定性控制。飞行器有多个转子,各转子之间的相互干扰和飞行器小等因素,使其容易受到外部环境的影响,如气流,所以在稳定性方面提出了更高的要求,需要飞行器具备快速响应能力,做出自适应调整,从而能及时确保飞行器姿态稳定。

(2) 元器件的轻量化和电路的集成度。通过减轻飞行器本身质量,可以消减能量的耗损,因此有必要采取体积小、质量轻的模块,并尽量采取高集成度的电路完成。

10.2.2　总体结构

四旋翼飞行器机械结构设计的根本目的是使飞行器稳定飞行。四旋翼飞行器由两组相互对称的电动机组合而成,分布在机体的前、后、左、右 4 个方向,4 个电动机处于同一平面高度,旋翼安装在其上面提供升力,且 4 个旋翼的结构大小都相同。通过控制改变 4 个方向电动机的转速,从而改变飞行器的姿态,可以输出 6 种不同状态,即垂直、俯仰、横滚、偏航、前后和侧向运动。四旋翼飞行器分"十"字模式和"X"模式,如图 10-1 所示。

"十"字模式的一组电动机分别作为机头和机尾,比如 1 号和 3 号电动机;"X"模式的机头和机尾是在两组机架轴的角平分线上,两种模式的不同点是建立了不同的坐标系。"X"

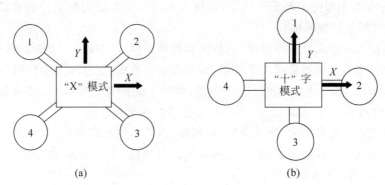

图 10-1 飞行模式图

(a) "X"模式；(b) "十"字模式

模式相比较于"十"字模式而言,飞行更加稳定,灵活性更好,但是"十"字模式更容易上手,控制简单。本项目研究飞行器自主探测跟踪系统的设计,为了保证飞行器稳定飞行以及图像信息更易于采集,采用了"X"模式。

10.2.3 机构原理

四旋翼飞行器飞行所需要的升力是由 4 个同型号的无刷直流伺服电动机提供的。当 4 个直流伺服电动机同时工作时,飞行器就能够飞行。可以对 4 个直流伺服电动机进行差速控制,以此来改变飞行器的飞行姿态。因为直流伺服电动机的螺旋桨在高速旋转中会产生一定的自旋力,所以在对角线方向两个螺旋桨旋转的方向相同(如 2 号与 4 号螺旋桨旋转方向相同,1 号和 3 号螺旋桨旋转方向相同),相邻的两个螺旋桨旋转方向相反(如 1 号和 2 号螺旋桨旋转方向相反,2 号和 3 号螺旋桨旋转方向相反),使飞行器能够稳定地飞行。通过改变 4 个直流伺服电动机的速度,可以改变飞行器的飞行姿态。四旋翼飞行器有 6 种飞行姿态,分别为垂直运动、航向运动、俯仰运动、前后运动、翻滚运动、侧向运动。

(1) 垂直运动:在四旋翼飞行器完成四轴均衡的情况下,通过增大直流伺服电动机的转速(4 个直流伺服电动机旋转方向相同),从而增大飞行器总的升力。当四旋翼飞行器总的升力大于所受到的重力时,四旋翼飞行器开始离开地面,垂直上升。相反,当四旋翼飞行器总的升力小于所受到的重力时,飞行器垂直降落。四旋翼飞行器的垂直运动是一种沿 Z 轴的垂直运动。理想的状态下,在四旋翼飞行器的总升力等于飞行器自身的重力时,飞行器保持空中悬停的姿态。垂直运动飞行姿态如图 10-2 所示。

(2) 航向运动:在四旋翼飞行器完成四轴均衡的情况下,当 3 号电动机和 1 号电动机的转速增大,2 号电动机和 4 号电动机的转速下降时,3 号螺旋桨和 1 号螺旋桨对机身的作用力大于 2 号螺旋桨和 4 号螺旋桨的作用力,飞行器机身则在 3 号螺旋桨和 1 号螺旋桨的作用下绕 Z 轴转动,从而实现飞行器的航向运动,

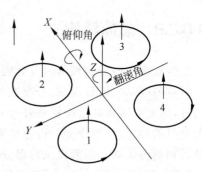

图 10-2 垂直运动飞行姿态示意图

转动的方向和 1 号电动机和 2 号电动机旋转的方向相反。航向运动飞行姿态如图 10-3
所示。

（3）俯仰运动：在四旋翼飞行器完成四轴均衡的情况下，通过增大 4 号电动机和 1 号电
动机的转速，同时减小 3 号电动机和 2 号电动机的转速，来增大 4 号螺旋桨和 1 号螺旋桨的
升力，减小 3 号螺旋桨和 2 号螺旋桨的升力，在产生不均衡作用力的作用下，飞行器机身绕
Z 轴旋转。相反，飞行器机身则绕 Z 轴向另一个方向旋转，从而实现飞行器的俯仰运动。
俯仰运动飞行姿态如图 10-4 所示。

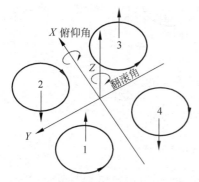

图 10-3　航向运动飞行姿态示意图

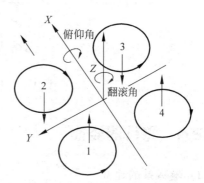

图 10-4　俯仰运动飞行姿态示意图

（4）前后运动：在四旋翼飞行器完成四轴均衡的情况下，通过增加 1 号电动机和 4 号电
动机的转速，同时减小 2 号电动机和 3 号电动机的转速，来增大 1 号螺旋桨和 4 号螺旋桨的
升力，减小 2 号螺旋桨和 3 号螺旋桨的升力，同时反转矩依然要保持平衡。按照俯仰运动理
论，首先飞行器一定会发生倾斜，导致螺旋桨提供的升力产生水平的分量，以此来实现四旋
翼飞行器的前飞运动。反之，实现四旋翼飞行器的后飞运动。前后运动飞行姿态如图 10-5
所示。

（5）翻滚运动：在四旋翼飞行器完成四轴均衡的情况下，通过增大 3 号电动机和 4 号电
动机的转速，减小 1 号电动机和 2 号电动机的转速，来增大 3 号螺旋桨和 4 号螺旋桨的升
力，减小 1 号螺旋桨和 2 号螺旋桨的升力，则可使飞行器机身绕 X 轴的正向或者反向进行
翻滚运动。翻滚运动飞行姿态如图 10-6 所示。

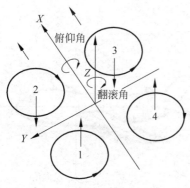

图 10-5　前后运动飞行姿态示意图

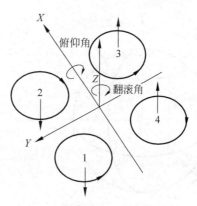

图 10-6　翻滚运动飞行姿态示意图

（6）侧向运动：侧向运动与前后运动对称，与翻滚运动同轴。侧向运动飞行姿态如图 10-7 所示。

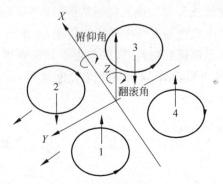

图 10-7 侧向运动飞行姿态示意图

10.2.4 飞行器姿态

1. 坐标系的建立

四旋翼飞行器在执行飞行任务时，必须要实时获得飞行的姿态角、位置数据和高度信息等。为了能表达出这些相关的信息，必须要建立一个三维空间坐标系。而四旋翼飞行器涉及两种坐标系，一种是惯性坐标系，另一种是机体坐标系。

惯性坐标系又称地理坐标系，是使用三维球面来定义地球表面位置，以实现通过经纬度对地球表面点位引用的坐标系。图 10-8 所示为惯性坐标系，X 轴、Y 轴和 Z 轴两两互相垂直并交于原点 O，并且 X 轴的正方向指向正东，Y 轴的正方向指向正北，Z 轴的正方向垂直指向天空。

机体坐标系又称载体坐标系，是相对于四旋翼飞行器本身而言建立的一个坐标系。图 10-9 所示为载体坐标系，其原点在机体的中央，X 轴的正方向平行于机头的方向且方向一致，Y 轴的正方向垂直于 X 轴且在机体的横向平面上，Z 轴垂直于 X 轴和 Y 轴所形成的平面，X、Y、Z 轴组成右手坐标系。

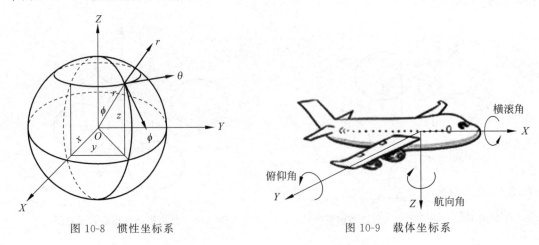

图 10-8 惯性坐标系   图 10-9 载体坐标系

2. 飞行的姿态表达方法

在飞行器姿态中,有多种表达方法来表示其姿态,比如欧拉角、方向余弦、四元数等,它们各有特点。

1) 欧拉角

在飞行器的姿态中,为了直观表示飞行姿态的旋转关系定义了欧拉角。欧拉角包括俯仰角(pitch)、横滚角(roll)和偏航角(yaw),表示地理坐标系和载体坐标系之间的旋转关系。假设四旋翼飞行器机头朝北水平放置时,载体坐标系和参考坐标系是重合的,当飞行器绕飞行器的 X 轴转过 45°时,这个旋转的欧拉角定义为 pitch,记作 θ;当飞行器绕飞行器的 Y 轴转过 45°时,这个旋转的欧拉角定义为 roll,记作 ψ;当飞行器绕飞行器的 Z 轴转过 45°时,这个旋转的欧拉角定义为 yaw,记作 φ,如图 10-10 所示。

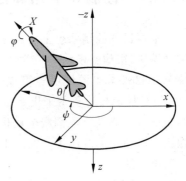

图 10-10 欧拉角示意图

2) 方向余弦

方向余弦定义一个向量分别到 3 个轴的夹角余弦。如果该向量是单位向量,那么到 3 个轴的夹角余弦其实就是到各个坐标的投影。推广到地理坐标系和载体坐标系中,就有了载体坐标系 x、y、z 和地理坐标系 X、Y、Z 的方向余弦,总共能表示出 9 种不同的方向余弦,形成 3×3 矩阵,即方向余弦矩阵,如下:

$$\begin{vmatrix} C_{11} & C_{12} & C_{13} \\ C_{21} & C_{22} & C_{23} \\ C_{31} & C_{32} & C_{33} \end{vmatrix} \tag{10-1}$$

3) 四元数

四元数是由 1 个实部和 3 个虚部构成的数。四元数在航姿中的意义:一个向量(x,y,z) 绕角度 θ 旋转,其特点是模等于 1。

上述三者之间的转化关系如下:

$$\begin{aligned}
&\begin{vmatrix} C_{11} & C_{12} & C_{13} \\ C_{21} & C_{22} & C_{23} \\ C_{31} & C_{32} & C_{33} \end{vmatrix} \\
=&\begin{vmatrix} \cos\theta\cos\psi & -\cos\theta\sin\psi+\sin\psi\sin\theta\cos\psi & \sin\varphi\sin\psi+\cos\varphi\cos\psi\sin\theta \\ \cos\theta\sin\psi & \cos\varphi\cos\psi+\sin\psi\sin\theta\sin\psi & -\sin\varphi\cos\psi+\cos\varphi\sin\theta\sin\psi \\ -\sin\theta & \sin\varphi\cos\theta & \cos\varphi\cos\theta \end{vmatrix} \\
=&\begin{vmatrix} q_{02}+q_{12}-q_{22}-q_{32} & 2(q_1q_2-q_0q_3) & 2(q_1q_3+q_0q_2) \\ 2(q_1q_2+q_0q_3) & q_{02}-q_{12}+q_{22}-q_{32} & 2(q_2q_3+q_0q_1) \\ 2(q_1q_3-q_0q_2) & 2(q_2q_3+q_0q_1) & q_{02}-q_{12}-q_{22}+q_{32} \end{vmatrix}
\end{aligned}$$

对于欧拉角法,其优势是通过欧拉角微分方程可以直接计算出 3 个姿态角,直观、容易理解;劣势是存在万向节死锁不能全姿态解析。对于方向余弦法,其优势是对姿态矩阵微分方程求解可以全姿态解析;劣势是参数量过多、计算量大、实时性不好。对于四元数法,其优势是可以直接求解四元数微分方程,只需要求 4 个参数,计算量小、算法简单、易于操作;劣势是漂移比较严重。

10.3 飞行器主控制系统

10.3.1 控制系统总体方案

本项目的控制系统主要由 STM32F405RG 飞行控制模块、蓝牙模块、通信模块、电动机驱动模块、摄像头模块 OV7620、超声波模块 US-100、MPU-6050 传感器模块、Wi-Fi 通信模块 ESP8266 和电源模块等组成。其中,MPU-6050 传感器模块用来采集飞行器的姿态数据;飞行控制模块负责采集姿态数据、高度数据、位置数据、计算姿态、接收处理命令和输出控制信号到驱动直流伺服电动机;蓝牙模块用来实现按键与飞行控制模块之间的通信;摄像头模块和超声波模块分别用于检测图像位置信息和高度信息。图 10-11 所示为其硬件设计系统框图。

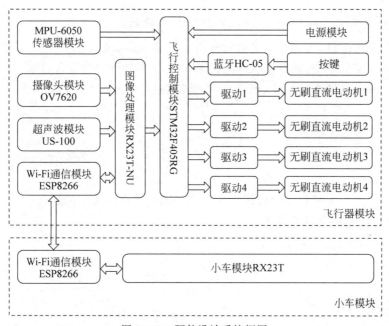

图 10-11 硬件设计系统框图

10.3.2 控制系统硬件电路设计

1. STM32F405RG 飞行控制模块

STM32F405RG 主控芯片是飞控系统中最核心的部分,主要任务是实时采集惯性传感器数据后进行数据融合,算出姿态角,并经过 PID 控制后换算成 PWM 信号占空比,最终输出给电动机。本项目的飞行控制模块采用了 STM32F4 系列的处理器 STM32F405RG,其主频最高可达 160MHz,该处理器不仅能满足本项目的需求,其强大的 DSP 处理功能也是未来功能添加的强大支持。图 10-12 所示为 STM32F405RG 的最小系统。

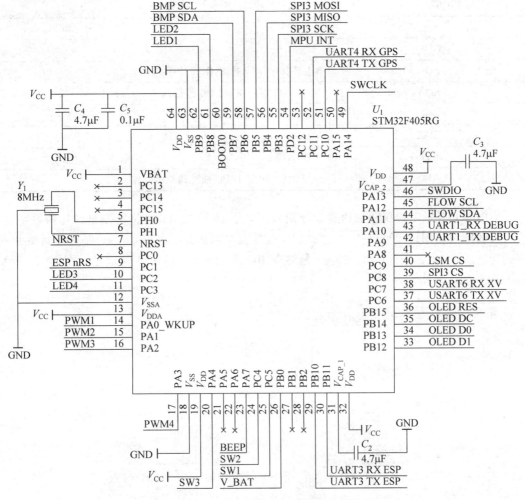

图 10-12　STM32F405RG 的最小系统

2. MPU-6050 传感器模块

MPU-6050 是由陀螺仪和加速度计构成的 6 轴 MEMS 传感器,主要是检测和测量加速度、倾斜、冲击等运动。图 10-13 所示为 MPU-6050 实物照片,表 10-1 所示为 MPU-6050 引脚功能定义。

图 10-13　MPU-6050 实物照片

表 10-1　MPU-6050 引脚功能定义

引 脚 名 称	功 能 定 义
V_{CC}	3.3~5V
GND	地线
SDL	MUP-6050 作从机时 IIC 时钟线
SDA	MUP-6050 作从机时 IIC 数据线
XCL	MUP-6050 作主机时 IIC 时钟线
XDA	MUP-6050 作主机是 IIC 数据线
INT	中断引脚
AD0	地址引脚,决定了 IIC 地址的最后一位

MPU-6050 对陀螺仪和加速度计分别采用 3 个 16 位的 ADC,将模拟量转化为数字量。陀螺仪的测量范围最小可以达到 $\pm250(°)/s$,最大可以达到 $\pm2000(°)/s$。加速度计的控制范围为 $\pm2g$、$\pm24g$、$\pm8g$ 和 $\pm16g$。最终以 IIC 或 SPI 方式输出 6 轴信号。图 10-14 所示为 MPU-6050 电路。

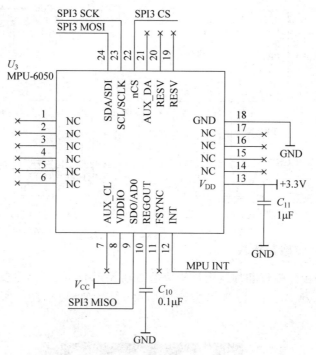

图 10-14　MPU-6050 电路

1) 陀螺仪基本原理

陀螺仪能够检测出飞行器的角速度,具有高动态性能,解算姿态的时候必须获得角度,所以对角速度求积分可获得飞行器的角度数据。但由于陀螺仪本身的器件存在零飘问题,当陀螺仪静止时,输出却不为零,零飘的存在会影响到后面姿态解算的准确性,所以采用均值的方法消除零飘。本项目在调试四旋翼飞行器前需要对陀螺仪消除零飘,方法如下:

（1）水平放置后，取 100 次数据进行平滑滤波处理作为 3 个轴的漂移。

（2）根据陀螺仪对应数据手册中的偏置、噪声和比例因子误差建立陀螺仪的简单性模型，进行误差公式计算，采集校准数据，完成精确校准。

陀螺仪校准前 X、Y 和 Z 轴的角速度数据如图 10-15 所示。

图 10-15　陀螺仪校准前数据

陀螺仪校准后 X、Y 和 Z 轴的角速度数据如图 10-16 所示。

图 10-16　陀螺仪校准后数据

消除零飘后，表示飞行器处于静止水平状态。

2）加速度计基本原理

在飞机控制系统中，加速度是重要的动态特征校准元件。在各类飞行器的飞行实验中，加速度计是研究飞行器运动姿态变化的重要工具。顾名思义，加速度计测量的是加速度，并通过矢量分解得出角度，其原理如图 8-24 所示。

3. 蓝牙模块

本项目选用 HC-05 蓝牙模块。蓝牙模块的主要功能是实现飞行器与遥控之间的通信，从而实现飞行器一键起飞和一键降落。HC-05 蓝牙模块的电路和实物照片如图 10-17 所示。

4. 摄像头模块

本项目摄像头模块采取型号 OV7670 的图像传感器，体积小、工作电压低，提供给单片 VGA 摄像头和影像处理器的全部功能。通过过程 SCCB 总线传输，可以输入整帧、子采样、取窗口等各类分辨率 8 位影像数据，该 VGA 图像最高到达 30 帧/s，所有图像处置功能过程包括伽马曲线、白平衡、饱和度、色度等都可以经由过程 SCCB 接口编程。通过图像传感器，可获得飞行器位置信息。摄像头模块 OV7670 的电路和实物照片如图 10-18 所示。

5. 超声波模块

本项目设计选用 US-100 超声波模块。超声波模块的主要功能是实时检测飞行器的飞行高度。US-100 超声波模块的工作原理是采用 I/O 触发测距方式，如果有声波信号返回，就输出高电平信号，高电平信号的持续时间就是超声波从发射到返回时间的一半。通过测量高电平的持续时间（从发射到接收的时间）来计算飞行器的飞行高度。US-100 超声波模块带有温度传感器，声波速度随着温度的升高而增大。US-100 超声波模块的电路和实物照片如图 10-19 所示。

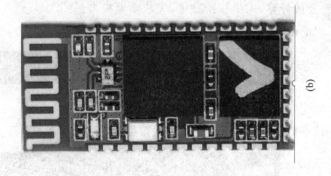

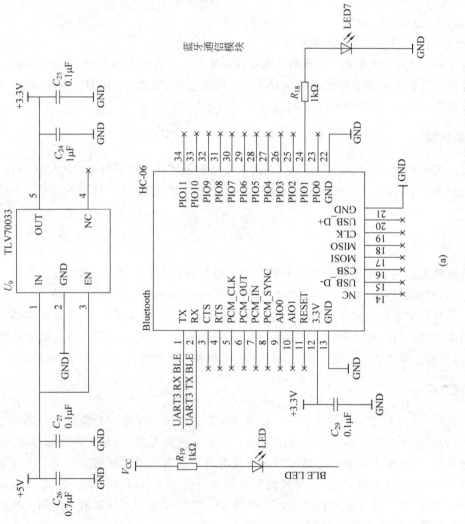

图 10-17　HC-05 蓝牙模块电路图和实物照片

(a) 蓝牙模块电路图；(b) 蓝牙模块实物照片

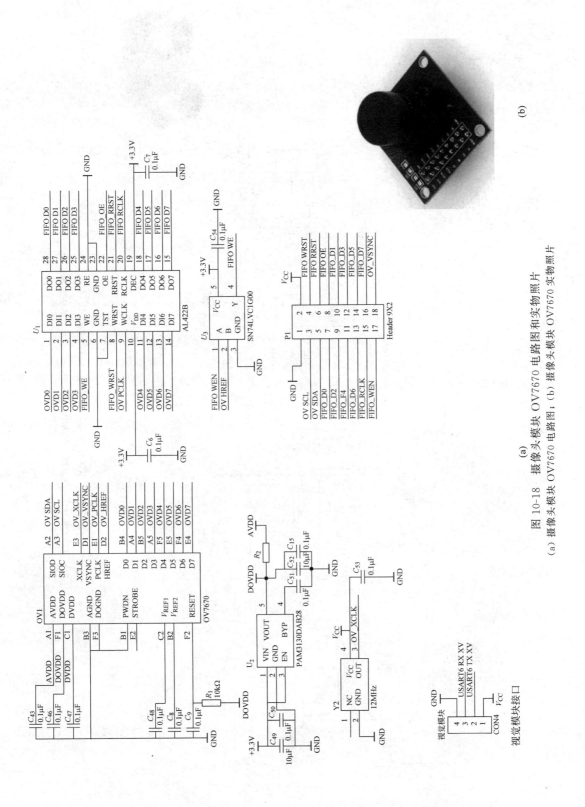

图 10-18 摄像头模块 OV7670 电路图和实物照片

(a) 摄像头模块 OV7670 电路图; (b) 摄像头模块 OV7670 实物照片

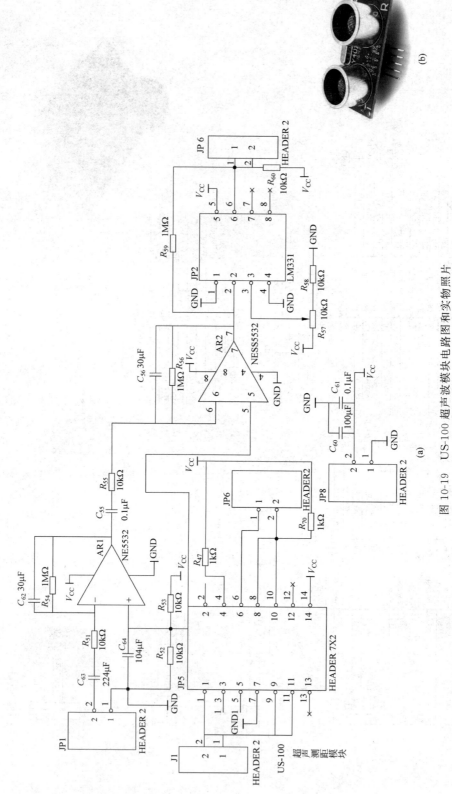

图 10-19 US-100 超声波模块电路图和实物照片

(a) US-100 超声波模块电路图; (b) US-100 超声波模块实物照片

6. 遥控信标小车

本项目的遥控信标小车选用的直流伺服电动机型号是 25GA-370,其额定电压为 6V,空载转速为 170r/min,额定转速为 130r/min;额定力矩为 1.3kgf·cm,额定电流为 750mA,堵转电流为 1300mA,减速比为 1∶35。为了更好地对遥控信标小车进行跟踪,小车速度不宜过快,否则飞行器在跟踪过程中容易发生飞飘现象。遥控信标小车实物照片如图 10-20 所示。

图 10-20　遥控信标小车实物照片

10.4　四旋翼飞行器自主探测跟踪系统软件设计

10.4.1　系统总体设计

本项目采用 UCOS 操作系统对飞行器的控制系统进行任务分配,规定了每个任务的优先级以及每个任务所占用的时间,优先级数字越小,任务优先级越高。图 10-21 所示为软件系统整体框图。

本项目的控制板上电后需对系统初始化,包括时钟初始化、按键初始化、SPI 初始化、惯性测量单元(inertial measurement unit,IMU)初始化、PID 参数初始化、UCOS 初始化、中断系统初始化等,然后创建开始任务,启动 UCOS 中断和任务开启,进行任务的切换。任务主要包括 IMU 解算任务、PID 控制任务、接收视觉数据任务、接收按键数据任务、电池低电压提示任务。

UCOS-Ⅲ操作系统是一个可固化、可裁剪、可升级、基于内核的实时操作系统。它对任务的数量没有限制,并提供了一套熟悉的系统服务,全面修订了 API 接口,使 UCOS-Ⅲ更加直观、容易使用。它可以移植到许多不同的 CPU 架构,是专为嵌入式系统设计的实时操作系统,可以与应用程序代码一起固化到 ROM 中,可以在运行时配置实时操作系统,包括任务、堆栈、信号量、事件标志组、消息队列、消息数量和互斥信号量等,可以有效利用 CPU 资源且防止在编译时分配过多的资源。

本项目共创建了 5 个任务,即 IMU 解算任务、PID 控制任务、接收视觉数据任务、接收按键数据任务、电池低电压提示任务,其中优先级最高的两级是 IMU 解算任务和 PID 控制任务,执行过程中不能被优先级低的其他任务打断。优先级最高的是 IMU 解算任务,其作

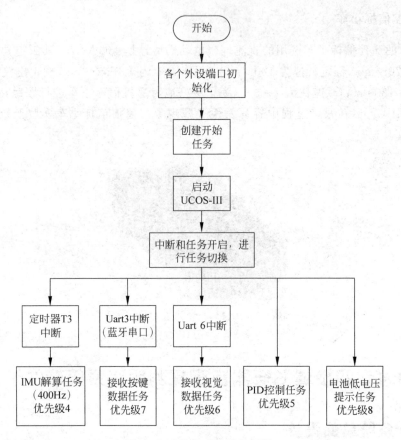

图 10-21　软件系统整体框图

用是实时采集飞机当前飞行姿态；优先级第二高的是 PID 控制任务，分配频率为 500 Hz；优先级第三高的是接收视觉数据任务，分配频率为 60 Hz，并通过串口方式接收数据；然后是接收按键数据任务；最后是电池低电压提示任务，分配频率为 10 Hz。

10.4.2　IMU 解算任务设计

1. 姿态解算原理

姿态解算：一个向量在不同的坐标系中表示时，它们的大小和方向一定是相同的，但是由于这两个坐标系的转换矩阵存在误差，当一个向量经过一个有误差的差值的旋转后，在另一个坐标系中实际和理论值是有偏差的，我们通过这个偏差来修正矩阵，得到四元阵。

陀螺仪测量出的角速度再进行积分算出角度，而积分会出现积分误差，其偏差主要由于积分时间和器件本身存在问题。所以陀螺仪具有短期稳定、长期不稳定的特性。当物体静止的时候，加速度计测量的是加速度，当物体做变速运动时，它测量出的不仅有重力加速度，还有轴向加速度，这样就不能准确地计算物体的姿态了。由于加速度计具有静态稳定、动态不稳定的特性，因此从其获得的数据需要数据融合和滤波算法。

数据融合与滤波算法有互补滤波、卡尔曼滤波等。卡尔曼滤波很难建立可靠的更新方程,并且计算量大,几乎都是矩阵与矩阵之间的运算,占用内存严重,对处理器的性能要求较高。相比较而言,互补滤波算法简单,运算量小,占用内存空间小,对处理器的性能要求较低。综合考虑,本项目采用互补滤波来解算飞行器的姿态角。图 10-22 所示为互补滤波原理图。

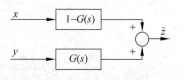

图 10-22 互补滤波原理图

2. 姿态解算算法

姿态解算算法常用欧拉角法、方向余弦法和四元数法表示姿态角。欧拉角法虽然直观易明白,却不能用于全姿态的解算;方向余弦法能全姿态解算但是计算量大,不能满足实时性的要求;四元数法计算量小,同时可以实现飞行器运动过程中的姿态解算。图 10-23 所示为姿态解算结构图。

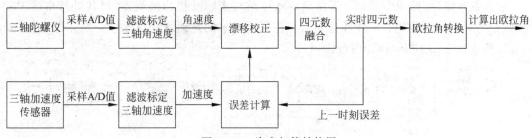

图 10-23 姿态解算结构图

姿态解算核心程序代码可扫描图 10-24 所示的二维码。

图 10-24 姿态解算核心程序代码

3. PID 控制任务设计

1) PID 控制原理

PID 算法又称为 PID 控制(调节),是在工程实际中应用最为广泛的一种控制算法。PID 算法是算出输入量和输出量的偏差,再对偏差进行比例计算(P)、积分计算(I)和微分计算(D)的方法,它属于负反馈闭环控制系统。PID 算法原理如下:首先对系统的输入量与输出量进行求差计算,算出两者之间的偏差,然后再对偏差进行 PID 计算。常规的 PID 控制原理如图 10-25 所示。

比例控制是指输入和输出的差值信号成比例关系。仅引入比例控制时系统存在稳态误差。当系统存在稳态误差的时候,在控制系统中必须引入积分控制,以使系统消除稳态误差,因为积分项会随着时间的增加而增大,误差就会减小,直到等于 0。微分控制的引入可以抑制误差控制提前等于 0,甚至是负数,从而避免严重的系统超调现象。

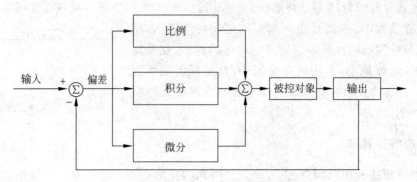

图 10-25　PID 控制原理框图

2) PID 控制设计

本项目的 PID 控制包含姿态控制、高度控制和位置控制 3 种。

(1) 姿态控制(见图 10-26):通过期望欧拉角与实际欧拉角的误差,对其进行角度 PID 控制,作为外环的总输出;将外环总输出与陀螺仪采集的角速度进行比较得到差值,将误差再进行角速度 PID 控制,作为内环输出。

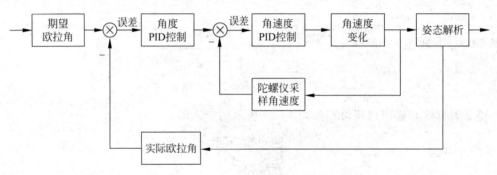

图 10-26　姿态控制原理框图

核心代码如下:

```
/*期望 pitch 角度和实际 pitch 角度的差值*/
pitchErro=(Target_Info.pitch-(RT_Info.pitch-Errangle_Info.fixedErropitch));
/*对差值进行比例和微分调节*/
pidpitch.pOut=Para_Info.pitch.Kp * pitchErro;          //对误差进行比例调节
pidpitch.dOut=Para_Info.pitch.Kd * (pitchErro- pitchErroHistory)/ PID_dt;//对误差进行微分调节
/*作为外环 pitch 角度输出*/
pidpitch.value =pidpitch.pOut+pidpitch.dOut;
/*对 pitch 的角速度进行比例、微分和积分调节*/
ratepitchErro= (pidpitch.value-RT_Info.ratepitch); //pitch 的实际角速度和外环 pitch 角度输出
之间的误差
pidRatepitch.pOut=Para_Info.ratepitch.Kp * ( ratepitchErro );          //对误差进行比例调节
pidRatepitch.dOut=Para_Info.ratepitch.Kd * deltapitchRateErro;          //对误差进行微分调节
pidRatepitch.iOut += Para_Info.ratepitch.Ki * ratepitchErro;          //对误差进行积分调节
pidRatepitch.value = pidRatepitch.pOut + pidRatepitch.dOut + pidRatepitch.iOut;
                                                      //pitch 的角速度调试输出
```

（2）高度控制（见图 10-27）：通过期望高度数据与实际高度数据的误差，对其进行高度 PID 控制，作为外环的总输出；将外环总输出与高度微分所得到的高度方位的速度数据相减，得到误差；将误差再进行 Z 轴速度 PID 控制，最后控制油门输出。

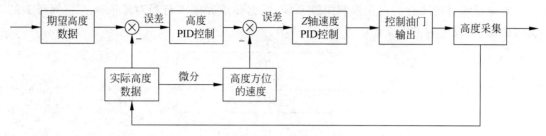

图 10-27　高度控制原理框图

（3）位置控制（见图 10-28）：通过期望 XY 位置与摄像头采集到的实际位置相减得到误差，对所得到的误差再进行 XY 位置 PID 控制，从而控制油门输出，最终改变 XY 位置。

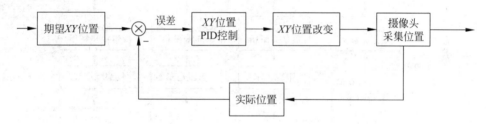

图 10-28　位置控制原理框图

姿态控制和高度控制都是采用串级 PID，对于单极 PID 而言，串级 PID 有以下优点：提高了系统工作频率、减小了振荡周期、调节时间缩短、系统的快速性增强、增加了控制变量、增加了抗干扰性、内环起到超前调节的作用、增加了鲁棒性。

串级 PID 编程的思路：

（1）当前角度误差＝期望角度－实际角度；

（2）外环 PID_P 项＝K_P×当前角度误差；

（3）外环 PID_I 项进行积分限幅；

（4）外环 PID_D 项＝K_D×（本次角度误差－上次角度误差）/控制周期；

（5）外环 PID 总输出＝外环 PID_P 项＋外环 PID_I 项＋外环 PID_D 项；

（6）外环 PID 总输出限幅；

（7）当前角速度误差＝外环 PID 总输出－当前角速度（期望角速度为 0）；

（8）内环 PID_P 项＝K_P×当前角速度误差；

（9）内环 PID_I 项＋＝K_I×当前角速度误差；

（10）内环 PID_I 项进行积分限幅；

（11）内环 PID_D 项＝K_D×（本次角速度误差－上次角速度误差）/控制周期；

（12）内环 PID 总输出＝内环 PID_P 项＋内环 PID_I 项＋内环 PID_D 项；

（13）内环 PID 总输出限幅。

10.4.3　飞行器探测跟踪原理

本项目设计的飞行器自主探测跟踪系统,根据要求完成飞行器对地面遥控信标小车的实时跟踪,其设计的工作流程如图 10-29 所示。

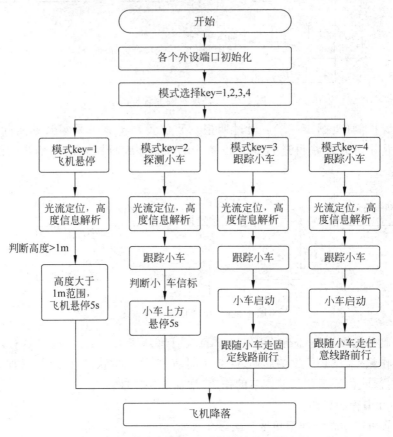

图 10-29　自主探测跟踪系统设计的工作流程

为了实现四旋翼飞行器自主探测跟踪功能,本项目把 OV7670 摄像头模块安装在飞行器的中心位置,采集图像信息,由此判定飞行器的位置信息。本项目选用了 STM32F405 处理器作为飞行系统的主控芯片来处理 OV7670 摄像头模块所采集到的图像数据,以此确保实时传输和处理图像的相关数据。通过 OV7670 摄像头模块对飞行器当前的位置图像信息进行实时采集,再将采集的图像数据传输到 STM32F405 主控板上,并对当前的位置图像数据进行分析和处理,然后再将处理过的图像数据通过 SPI 串口或者 IIC 协议发送给 STM32F405 主控芯片上,并做出判别。本项目设计的飞行器的中心位置安装了超声波传感器,用来实时检测飞行器的飞行高度,以确保采集的图像数据不会因为飞行高度的改变而受到影响。STM32F405 主控芯片通过实时读取超声波模块的检测数据,并对数据进行分析和处理,之后再把相关的信号发送给直流伺服电动机,以此完成对飞行器的定高控制。通过 OV7670 摄像头采集到的图像信息和超声波传感器采集到的高度信息,经过数据分析和处理后一起传送到飞行器的主控芯片上,从而实现飞行器的自主探测与跟踪。图像原理窗口如图 10-30 所示。

本设计选用 OV7670 摄像头模块来采集位置信息,选用 US-100 超声模块采集高度信息,并作为位置控制和高度控制的期望输入,以实现飞行器的自主探测与跟踪。本项目所涉及的图像由黑色(遥控信标小车)和白色(场地)构成,图像信息处理起来比较简单且容易编程。

编程思路:通过摄像头采集的黑线长度和宽度信息与摄像头拍到的中心位置进行比较,可以得知飞机是否偏离小车位置,进而可以根据偏移量适当地调整飞行器的飞行角度,使其回到小车的正上方。

部分核心程序代码可扫描图 10-31 所示的二维码。

图 10-30 图像原理窗口图

图 10-31 部分核心程序代码

10.5 总   结

1. 系统调试

本项目研究的是飞行器自主探测跟踪系统,调试场地是由白色背景和黑色的遥控信标小车构成的。对于自主探测跟踪系统的设计,其重点在于摄像头识别图像的算法程序和 PID 控制程序。首先将黑色的遥控信标小车放在飞行器机头前 20cm 处,按下起飞按键,飞行器起飞并保持一定的高度(设定高度为 0.8m),当飞行器探测到黑色的遥控信标小车时,开始悬停(大约 5s),稳定之后,黑色的遥控信标小车开始移动(速度不能过快),飞行器跟踪遥控信标小车飞行。四旋翼飞行器实物照片如图 10-32 所示,调试结果见表 10-2。

图 10-32 四旋翼飞行器实物照片

表 10-2　调试实验数据表

实验类别	成功次数	失败次数	飞行器跟踪遥控信标小车时间
起飞悬停	34	6	未探测到遥控信标小车
跟随遥控信标小车	27	13	跟随小车未达到预设时间(较长时达到45s,较短时只有10s)
全程跟随遥控信标小车	25	15	90s

本项目按照题目要求,运用 PID 控制算法使四旋翼飞行器能够一键启动,成功实现了飞行器探测并跟踪遥控信标小车飞行、悬停和降落的基本过程。调试数据表明,该系统具有飞行稳定、接收信号灵敏等特点,基本完成了自主探测的要求。调试数据图如图 10-33 所示。

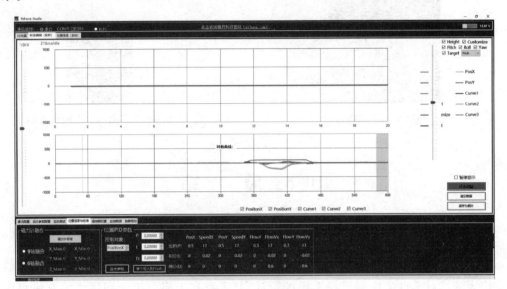

图 10-33　调试数据图

2. 系统存在的问题及解决方案

1) 存在的问题

(1) 由于 OV7670 摄像头模块自身的硬件问题,在编写图像识别程序的过程中,总会出现错误。因此在四旋翼飞行器起飞的时候,由于检测不到黑色信标,飞行器会一直垂直向上飞,也检测不到飞行高度。

(2) 四旋翼飞行器在起飞的一瞬间,飞行器发生严重倾斜。这是由于电池安装位置不对导致了飞行器重心发生偏移。

(3) 遥控信标小车在拐弯时,飞行器会发生飞飘现象。这是由于遥控信标小车速度过快或图像识别程序存在问题导致的。

2) 解决方案

(1) 更换性能更好的摄像头模块,而且必须重复烧录图像识别程序,并进行多次起飞实验。

（2）电池一定要放在飞行器重心处,不能使飞行器重心发生偏移。

（3）降低遥控信标小车的速度,完善图像程序。

3. 调试注意事项

本项目研究的是一种基于 STM32 四旋翼飞行器自主探测跟踪系统的设计与实验方法,飞行器飞行稳定,跟踪效果好。文中的图像算法只适用于简单背景和赛道对比度较大的情况。四旋翼飞行器测试心得总结如下:

（1）在调试的过程中,需要分步骤进行调试并解决问题。首先解决如何起飞、悬停的问题,接着完成如何按照赛道布局进行循迹,最后实现悬停、降落。对每一过程都要编写图像代码进行调试飞行,确定能否应用在实际飞行当中。

（2）需要考虑多种情况,尤其是细节问题最重要。比如外界光线、赛道长度和宽度、场地的平行度、飞行速度等问题。

（3）采用的 PID 控制是串级 PID,可以使飞行器在飞行方面更加灵活、更加稳定、更容易调节控制。

（4）在姿态解算中,核心任务是不断更新四元数,而陀螺仪对加速度的采集就是为了修改四元数。

第11章　智能物流码垛小车

11.1　项目说明

　　智能物流码垛小车是第五届浙江省工程训练综合能力竞赛的主题。根据本届工程训练综合能力竞赛题目的要求,本作品以智能物流码垛机器人为研究对象,设计一款具有自动循迹避障、物料扫码、机械臂定点抓取放置物料的智能物流码垛小车。本作品在浙江省工程训练综合能力竞赛中荣获省一等奖。

　　本作品主体材料采用具有良好抗腐蚀性和韧性、抗氧化效果极佳的铝材 6061,全长440mm,宽350mm,通过光电循迹、超声波避障来实现小车的自主行走和标志位的停止,通过机械臂上的角度调节来实现定点抓取放置物料的功能。该作品主要分为 4 大机构:动力装置、机械臂定点抓取和放置装置、扫码识别装置和载物台装置。利用 Arduino 控制器使整个机构协同化运作,按照比赛要求使小车循黑线,然后上坡,检测到坡道上指定装载区标志位后停止,然后机械臂扫描物料二维码、抓取物料,并将物料依次放置在储存物料的装置上,之后小车循黑线,到达障碍区,避开障碍物,重新循回黑线,到达置物台,依次在对应二维码位置放置物料后再循黑线返回起点,完成这一整套动作。

　　本作品以智能物流码垛机器人为背景,通过光电传感、超声波避障、机械臂自动化控制等技术,模拟了在实际情况下的智能物流码垛机器人的工作状态,完全自主工作,大幅度提高了人工搬运的效率,减少了一些工作失误,更加可靠、高效和智能化,大大提高了物流公司对物品管理的自动化和信息化水平。

　　本作品还可以应用到很多领域,例如仓库的智能化管理,对一些类别的东西进行系统化堆叠,以及一些区域划分。本作品可以使仓库的整个智能化管理、协调性、统一性和整体性等方面得到大幅度提升。

11.1.1　设计背景

　　简单来说,码垛机器人就是一类工业机器人,在工业生产过程中,它能够执行大批量工件以及包装件方面的很多任务,如获取、搬运、码垛、拆垛等,同时它也是一种集智能技术、机械技术和信息技术为一体的机电一体化系统。对于码垛机器人来说,其在很多方面都具有潜在的优势,如降低工业生产成本、提高劳动生产效率等。

日本和瑞典是最早将工业机器人技术应用到码垛与搬运的两个国家。随着机器人技术研究的步伐不断加快,很多发达国家在包装码垛机器人方面进行了大量的研究,并相继研制出了自己的码垛机器人,如德国的 KUKA 系列。在应用现状方面,码垛机器人纷纷被应用到工业生产领域,比如物流、包装、化工、医药。从某种意义上讲,国外的码垛机器人已经使相应的生产能力以及企业经济效益得到了极大提高。

国内码垛机器人在 20 世纪 70 年代开始研究和应用,但发展速度一直很缓慢,改革开放以后才得到迅速发展。目前,我国研发的码垛机器人主要有关节型、直角坐标型两种,而关节型比直角坐标型更具有优势。科学家们纷纷对码垛机器人进行完善,并研制新型的工业码垛机器人。在应用方面,我国码垛机器人的使用并不像国外那么畅通无阻,受到了一些因素的限制,如劳动力廉价、科研人才短缺等。所以码垛机器人只是在一些大型知名企业中得到了应用,并且主要应用于生产量和劳动强度比较大而工伤事故率高的企业,如烟草、食品、物流等。

11.1.2　设计意义

随着人类知识的不断深入和科学技术的进步,机器人已经被广泛应用于工业生产和生活中,并取得了良好效益。在工业生产中,机器人能够帮助人们从事点焊、码垛、喷漆、包装、装配等工作;在汽车工业、电子工业、核电工业等许多行业,以及在深海、太空等人类极限能力以外的应用领域,机器人正在发挥着巨大的、不可替代的作用。码垛机器人就是机器人在工业生产中应用的典型案例。

物流码垛智能化管理是当前的大势所趋,机器人代替人类能大幅度提高效率,智能物流机器人在保证运输、码垛自动化的功能的情况下,大大缩减了人类工作时间,提高了效率,减少了一些人工出现的失误,是一种非常好的代替人工的机电一体化设备。

11.2　项目结构设计

浙江省工程训练综合能力竞赛的主题是智能物流,模拟离散制造业的智能物流码垛小车,比赛要求自主设计并制作智能物流码垛小车,该小车应具有赛道自主行走、物料条形码识别、规避障碍、轨迹判断、自动转向和制动等功能。这些功能可由机械或电控装置自动实现,不允许使用人工交互遥控,在指定场地完成规避障碍物并抓取目标物体放置到指定地点,其中要求码垛小车的电池最大供电电压不超过 9V。基于参赛题目的要求,本作品由 4大部分组成,包括动力装置、机械臂定点抓取和放置装置、扫码识别装置和载物台装置。

11.2.1　设计思路

(1) 设计小车底板,让其自主行驶,无人为操控。
(2) 确定扫码器怎样可以扫得全面。
(3) 确定抓取机构,采用何种抓取方式。
(4) 如何储存车上物料。
(5) 选择合理的搬运方式(一次搬运 1 个、一次搬运 3 个、一次搬运 6 个等搬运方式)。

11.2.2　设计关键

1. 底板的大小和形状

形状尺寸：长度、宽度、厚度，定位尺寸：孔位等，如图 11-1 所示。

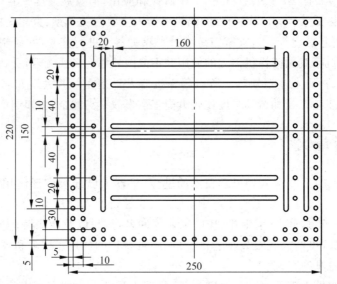

图 11-1　小车底板尺寸

2. 小车轮距和轴距

为了让小车转弯流畅，降低卡死概率，特设计成如下尺寸：宽度 250mm，轴距 290mm，轮距应该保证大于 210mm。

3. 物料区尺寸

物料区分为上料区和下料区，其尺寸如图 11-2 所示。

4. 机械臂总体结构及尺寸

根据场地的尺寸和装载台的尺寸，为实现指定位置物料的抓取、搬运及放置要求，本项目设计出一个具有多自由度的机械臂，并对机械臂各段长度进行优化设计。

如图 11-3 所示，从左下角开始，6 个伺服电动机的编号依次为 0、1、2、3、4、5。其中，伺服电动机 4 为水平旋转伺服电动机，伺服电动机 5 为控制机械手抓取的伺服电动机，只有伺服电动机 1、2、3 为竖直旋转伺服电动机。故在进行该机械臂的路径规划时，可以采用几何法求逆运动学的解。

设机械臂三连杆长度分别为 l_1、l_2、l_3，伺服电动机 0～5 的旋转角度依次为 θ_0、θ_1、θ_2、θ_3、θ_4 和 θ_5。以机械臂底座旋转中心为三维坐标系原点，根据目标点三维坐标 $P(x,y,z)$ 与机械臂原点 $O(0,0,0)$ 之间的距离 $|PO|$ 判定，若 $|PO| \leqslant l_1 + l_2 + l_3$，则机械臂可达；若 $|PO| > l_1 + l_2 + l_3$，则机械臂不可达。

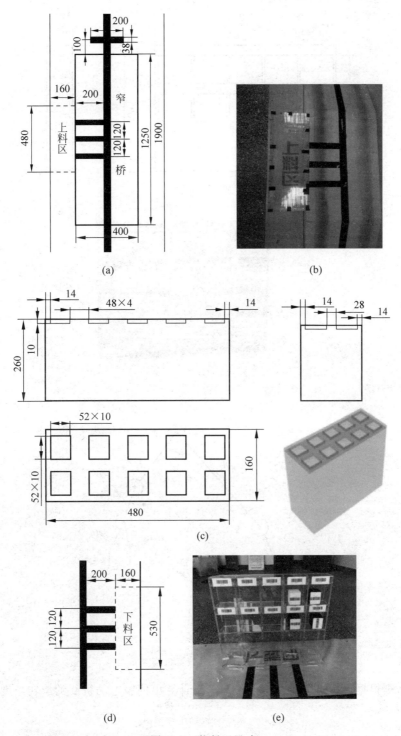

图 11-2 物料区尺寸

(a) 上料区场地位置尺寸;(b) 上料区三维形状;(c) 上料区的尺寸;(d) 下料区场地位置尺寸;
(e) 下料区三维形状;(f) 下料区的尺寸

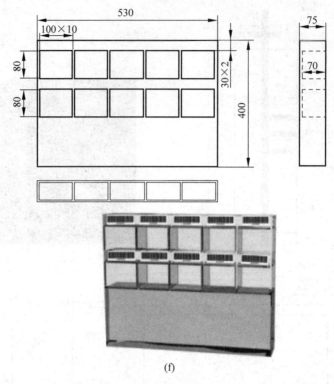

(f)

图 11-2 （续）

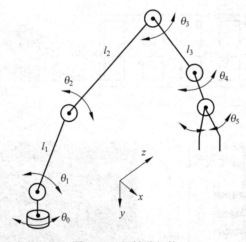

图 11-3 机械臂机构

若可达,则根据目标点三维坐标 $P(x,y,z)$ 计算出伺服电动机 0 的旋转角度为

$$\theta_0 = \arctan \frac{x}{z} \tag{11-1}$$

将机械臂连杆机构与目标点位于同一平面上,设该平面为 $x\text{-}y$ 平面,使机械臂逆运动学问题进一步简化,将空间路径规划问题简化为同一平面的三连杆路径规划问题,如图 11-4 所示。

在 $x\text{-}y$ 平面中,设物体在该坐标系下的坐标为 $P'(a,b)$,机械臂下臂旋转中心的坐标

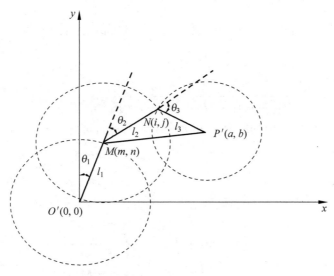

图 11-4　平面三连杆坐标示意图

为坐标原点 $O'(0,0)$。以 O' 为圆心、l_1 为半径作圆 O'，该圆的方程为

$$x^2 + y^2 = l_1^2 \tag{11-2}$$

在其上取一点 $M(m,n)$，使 M、P' 两点间的距离

$$|MP'| \leqslant l_2 + l_3 \tag{11-3}$$

以 $M(m,n)$ 为圆心、l_2 为半径作圆 M，该圆的方程为

$$(x-m)^2 + (y-n)^2 = l_2^2 \tag{11-4}$$

以 $P'(a,b)$ 为圆心、l_3 为半径作圆 P'，该圆的方程为

$$(x-a)^2 + (y-b)^2 = l_3^2 \tag{11-5}$$

由式(11-5)的几何意义可知，M、P' 两点间的距离 $|MP'| \leqslant l_2 + l_3$，故至少存在一个、至多存在两个点，圆 M 与圆 P' 相交，设交点坐标为 $N(i,j)$。

由 $|\theta_3| \leqslant \dfrac{\pi}{2}$ 可知

$$|MP'| \geqslant \sqrt{l_2^2 + l_3^2} \tag{11-6}$$

也即

$$\sqrt{(a-m)^2 + (b-n)^2} \geqslant \sqrt{l_2^2 + l_3^2} \tag{11-7}$$

由机械臂臂长参数 l_1、l_2、l_3 值可知

$$\sqrt{l_2^2 + l_3^2} > l_1 (定值) \tag{11-8}$$

联立式(11-6)和式(11-8)，可得

$$|MP'| \geqslant l_1 \tag{11-9}$$

由式(11-3)和式(11-9)的几何意义可知，在以 O' 为圆心，$l_1 + l_2 + l_3$ 为半径的解空间内，除了原点 O' 以外，对任意一点 $P'(a,b)$，都至少存在一组解 θ_1、θ_2、θ_3，使机械臂的三连杆末端可达。

由 $|\theta_1| \leqslant \dfrac{\pi}{2}$ 可知

$$n \geqslant 0 \tag{11-10}$$

将 $M(m,n)$ 点代入到圆 O' 的方程,联立式(11-2)和式(11-10)可得

$$n = \sqrt{l_1^2 - m^2} \tag{11-11}$$

联立式(11-7)和式(11-11)可得

$$\sqrt{(a-m)^2 + (b - \sqrt{l_1^2 - m^2})^2} \geqslant \sqrt{l_2^2 + l_3^2} \tag{11-12}$$

由式(11-12)可解得 m 值的取值空间,联立式(11-11),可解得 n 值,由此可得出 M 点坐标的取值范围。

由此可得

$$\theta_1 = \arcsin \frac{m}{l_1} \tag{11-13}$$

$$|\theta_2| = \pi - \arccos\left(\frac{l_1^2 + l_2^2 - |MJ|^2}{2l_1 l_2}\right) \tag{11-14}$$

$$|\theta_3| = \pi - \arccos\left(\frac{l_2^2 + l_3^2 - |P'M|^2}{2l_2 l_3}\right) \tag{11-15}$$

θ_2 的正负取值可根据 N 点与直线 $O'M$ 的相对关系确定:若 N 点在直线 $O'M$ 上或在其上半部,θ_2 取负值;若 M 点在直线 $O'M$ 下半部,θ_2 取正值。

θ_3 的正负取值可根据 P' 点与直线 MN 的相对关系确定:若 P' 点在直线 MN 上或在其上半部,θ_3 取负值;若 P' 点在直线 MN 下半部,θ_3 取正值。

由机械臂参数规定,θ_1、θ_2、θ_3 的取值均在空间 $\left[-\frac{\pi}{2}, \frac{\pi}{2}\right]$ 内。

路径规划算法的优化:

在上述算法中,实现了根据目标点求得机械臂各参数的逆运动学解,并确定了点 M 的取值空间,故路径规划算法的优化策略可依据最小功耗进行判定,即机械臂各关节旋转角度的总和最小。

因为伺服电动机 0、4、5 对于同一坐标点的旋转角度固定,所以计算机械臂各关节旋转角度的最小总和时,只需计算伺服电动机 1、2、3 的最小旋转角度总和即可。故设函数 $f = \min(\theta_1 + \theta_2 + \theta_3)$,遍历点 M 的取值空间,求得使函数 f 成立的 M 点坐标,此时对应的机械臂各关节旋转角度即为机械臂操作的最优路径规划策略。

根据装载区尺寸以及标志位黑线长度,经计算到:

$$l_1 = 17.5\text{cm}, \quad l_2 = 18.5\text{cm}, \quad l_3 = 8\text{cm}$$

5. 机械臂的位置

确定在车体上机械臂的位置,便于调整重心。云台和机械臂的质量是控制整个小车质量的关键,因为电动机分布在底板四周,均匀分布。把云台装配的孔位设置在底板中间靠后位置,可防止小车在下坡的时候由于重心过于靠前导致车体前倾翻车。

6. 选择小车轮胎

选择具有合理摩擦系数的轮胎,既可保证小车在拐弯时顺畅,又可保证小车能够上坡。

7. 装载台的设置

根据物料的尺寸(见图 11-5),采用四棱台形状的载物台,上宽下窄(见图 11-6),保证物块放进去且不会掉落。

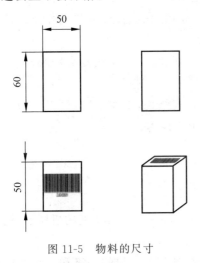

图 11-5　物料的尺寸

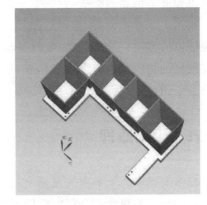

图 11-6　装载台的三维图

11.2.3　总体结构

智能物流码垛小车的总体结构如图 11-7 所示,主要由 4 个部分组成:动力装置、机械臂定点抓取和放置装置、扫码识别装置和载物台装置。

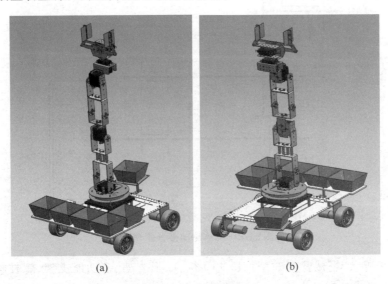

图 11-7　总体结构图
(a) 正面图;(b) 反面图

动力装置由电动机、塑料车轮、联轴器组成。通过电动机支架,把 4 个电动机安装在小车底板上,控制好轮距和轴距;然后通过联轴器,把车轮与电动机输出轴连接到一起;通过电动机来带动车轮的转动,控制电动机的转速来控制车轮的转速,采用 4 轮驱动,保证了小车的动力来源,保证了小车的爬坡能力。

机械臂由 5 个伺服电动机、支架、云台等组成。1～5 号伺服电动机的型号为 DS3120MG,5 个伺服电动机用支架和云台连接,云台下方的伺服电动机单次转过的最大角度为 270°,其他都是 180°,根据调整各个伺服电动机转动的角度不同可以完成目标方位动作。夹持器伺服电动机控制夹持器的抓放,此伺服电动机转角为 180°。

机械爪上放置扫码器,扫码器采用 MG65 条码识读模块。一款性能优良的扫描引擎,能够轻松读取各类一维条码,对线性条形码具有非常高的扫描速率。

装载区的物料台由亚克力板构成,使用 4 棱台的外表结构,上宽下窄,可保证物料的精准投放。采用一定高度的梯形板,使物料在行驶过程中不掉落。

11.2.4 机构原理

在机体下层安装 4 个直流减速电动机,机体中央处安装有 5 个自由度的机械臂,机体的周围(除右侧外)放置的 6 个载物台用来存储物块。

如图 11-8 所示,轮动部分由减速电动机、车轮组成,通过电动机的一级和二级变速将电动机主动轴上的动力传递到输出轴上,电动机输出轴连接联轴器,联轴器再和车轮相连,实现运动和动力的传递。4 个驱动电动机保证了动力的输出,保证了小车的速度和爬坡能力。

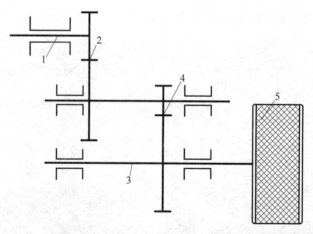

1—电动机主动轴;2——级变速;3—输出轴;4—二级变速;5—车体轮胎。

图 11-8　机体轮动部分原理图

如图 11-9 所示,机械臂由 6 个伺服电动机、U 形支架、多功能支架、螺柱构成。其中,1～5 号伺服电动机的型号为 DS3120MG,除 1 号伺服电动机转 270°外,其他伺服电动机都是转 180°。根据每个伺服电动机的不同转角来控制机械臂的不同方位和夹持器的开合,以实现指定目标的抓取。

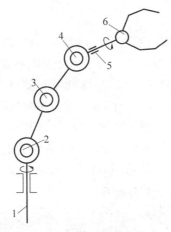

1—1 号伺服电动机输出轴；2—2 号伺服电动机输出轴；3—3 号伺服电动机输出轴；

4—4 号伺服电动机输出轴；5—5 号伺服电动机输出轴；6—夹持器伺服电动机输出轴。

图 11-9　机体机械臂原理图

11.2.5　机构设计

1. 动力装置

动力装置由底板、电动机、电动机支架、车轮、联轴器等组成,如图 11-10 所示。先把电动机支架固定在底板上,再把电动机固定在电动机支架上,通过联轴器将电动机输出轴连接在一起,使小车具备行走功能。组装后的小车底部轮动部分如图 11-11 所示。

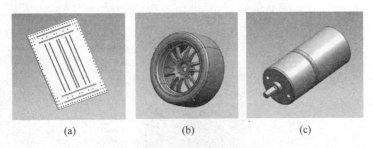

(a)　　　　　　　　　(b)　　　　　　　　　(c)

图 11-10　动力装置

（a）底板；（b）车轮；（c）电动机

图 11-11　小车底部轮动部分

2. 机械臂定点抓取抓置

机械臂先扫描物料上的二维码,然后通过伺服电动机和夹持器来拾取正确的物料,再通过控制系统把机械手抓取的物品按序放入小车物料装载台,最后按照放料区的二维码依次对应放置。机械臂主要由伺服电动机、U形支架、多功能支架、夹持器等零件组成,如图 11-12 所示。机械臂是主要的抓取部件,通过 5 个伺服电动机来控制机械臂的活动,实现多自由度的全方位抓取功能。该连接方式可以使手臂更加灵活,有利于调整关节间的相对角度,从而使机械手具有准确性。机械臂的夹持器由伺服电动机和夹爪组成。夹爪通过一对不完全啮合齿轮产生相对转动,转动方向取决于伺服电动机输出轴方向,进而实现抓放功能,有利于保证抓取物件及运输过程中的准确性和稳定性。

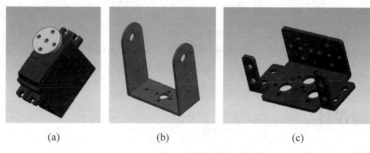

(a)   (b)   (c)

图 11-12　机械臂零件

(a) 伺服电动机;(b) U 形支架;(c) 多功能支架

目前,随着电子计算机的广泛应用,机器人的研制和生产已成为高技术领域内迅速发展起来的一门新兴技术,它更加促进了机械臂的发展,使机械臂能更好地实现机械化和自动化的有机结合。机械臂具有能不断重复劳动、不知疲劳、不怕危险等特点,因此采用机械臂最明显的优点是可以提高劳动生产率和降低成本。图 11-13 所示为本作品机械臂的整体结构。

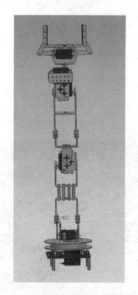

图 11-13　机械臂的整体结构图

3．扫码识别装置

小车扫码装置只由一个扫码器组成，放置在机械爪上，这样可以准确扫描二维码。

4．物料装载装置

小车装载区由若干个亚克力板构成，装载台质量轻，采用 4 棱台外表结构，上宽下窄并具有一定的高度，防止物块出现倾斜和掉落，大大保证了物块运输的稳定性和可靠性。

5．具体机构

（1）动力机构：采用 4 个直流减速电动机驱动。电动机三维图和实物照片如图 11-14 所示。

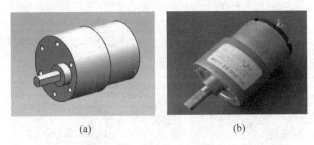

(a)　　　　　　　　　(b)

图 11-14　直流减速电动机

(a) 电动机三维图；(b) 电动机实物照片

（2）传动机构：输入轴将力矩通过齿轮传至下一级传动，然后和联轴器连接，联轴器再和车轮相连，将动力传递至车轮，驱动小车前进。电动机传动机构三维图和实物照片如图 11-15 所示。

(a)　　　　　　　　　(b)

图 11-15　电动机传动机构

(a) 电动机传动机构三维图；(b) 电动机传动机构实物照片

（3）机械臂底部旋转机构：底部采用云台，内有轴承，能够承受轴向载荷和径向载荷，既能支撑起整个机械臂的质量，又能让机械臂保持旋转。云台是支撑整个机械臂的关键，也是小车重心位置所在。云台结构三维图和实物照片如图 11-16 所示。

（4）机械臂伸缩机构：通过舵盘、连杆、支架把伺服电动机连接在一起，具有多自由度的功能，能实现各个方位的抓取。机械臂机构三维图和实物照片如图 11-17 所示。

（5）夹持器机构：利用齿轮啮合的方式，用伺服电动机的转动来控制机械爪的开合角度。夹持器机构三维图和实物照片如图 11-18 所示。

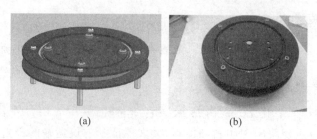

(a)   (b)

图 11-16　云台结构

（a）云台结构三维图；（b）云台实物照片

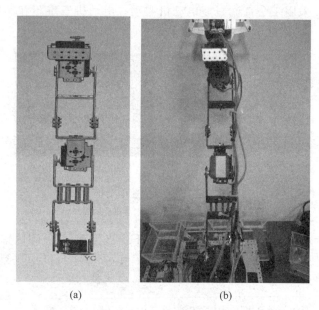

(a)   (b)

图 11-17　机械臂机构

（a）机械臂机构三维图；（b）机械臂机构实物照片

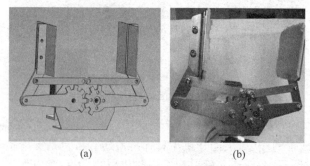

(a)   (b)

图 11-18　夹持器机构

（a）夹持器机构三维图；（b）夹持器机构实物照片

（6）装载机构：装载物块，通过设计四棱台的棱边高度和下口的大小，来装载物品和控制物品在装载区的活动范围，拥有一定容错率。装载台三维图和实物照片如图 11-19 所示。

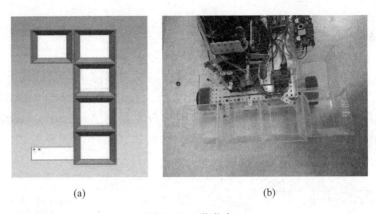

图 11-19　装载台

（a）装载台三维图；（b）装载台实物照片

11.2.6　作品设计小结

智能物流码垛小车采用 4 个直流伺服电动机驱动，底板前端安装一组光电传感器，该组传感器有 4 路循迹头，用来检测黑线以及标志位，车体中间安装单独的光电传感器，用于物流小车车身精准定位，确保机械臂抓取精度；车体前端安装超声波模块，用于测量挡板距离，从而实现避障功能；利用 Arduino 多路的 PWM 输出来控制机械臂多个伺服电动机不同的转角，实现机械臂全方位精准快速抓取；机体的周围（除右侧外）放置的 6 个载物台用来存储物块。车体采用 6061 铝板材质，质量较轻，可使小车具有较快的行进速度；车胎采用橡胶材料，具有较大的摩擦力，能够顺利爬坡、稳定转弯。整个机体协调化运作，动作顺序流畅清晰，总体来说，该智能物流码垛小车具有准确性、高效性、智能性和协同性的特点。

参赛同学在智能物流码垛小车的设计、加工、装配、调试等环节中都会遇到很多困难，也正因为遇到了诸多困难，使他们学会了如何分析问题和解决问题，如何从工程设计的角度看待问题，这个漫长的过程增强了参赛同学对专业知识的理解，同时锻炼了动手能力，受益匪浅。

通过这个漫长的过程，总结出了制作智能物流码垛小车的一些关键点：

（1）车辆的刚度与重心是保证小车稳定性的关键。

（2）保证零部件的加工精度以及装配精度是确保每一个运动件的灵活性与稳定性的关键。

（3）合理计算轮距和轴距、使用摩擦系数合理的车轮是小车行驶平稳的关键。

（4）器件的一些选型对小车非常重要。

11.3　动力及控制系统

11.3.1　总电路结构

本作品是一个具有自动循迹功能、精确放置多自由度智能小车和机械手一体化协同工作的智能物流码垛小车,其执行机构控制系统由两个部分组成：智能小车控制系统和多自由度机械臂控制系统。其中,执行机构控制电路部分主要由 Arduino 主控制器、循迹模块、直流伺服电动机驱动模块、光电信号采集模块、条码识别模块等模块组成,其系统结构如图 11-20 所示。

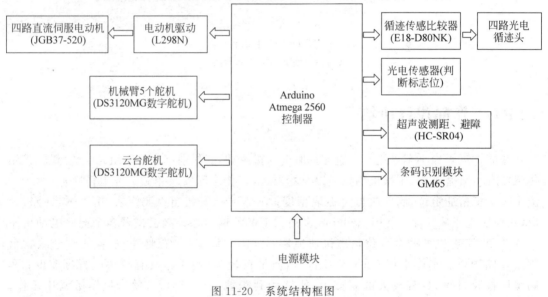

图 11-20　系统结构框图

11.3.2　主控制芯片选择

由于本装置整个系统包含 4 个直流伺服电动机和 6 个数字伺服电动机,总计 10 个电动机协同工作,普通单片机 I/O 口较少,不能达到功能要求,而 Arduino Atmega 2560 具备高速的数据处理能力,符合本作品的控制要求。Arduino Atmega 2560 作为核心处理器,工作输入电压 4～20V,具备 54 路数字输入输出,特别适合本项目中需要大量 I/O 接口的设计,其中有 16 路可作为 PWM 输出,可为数字伺服电动机提供 PWM 波信号,16 路 10 位模拟输入引脚,可简化传感器的数据采集,库函数丰富,无须再次编辑伺服电动机函数程序,可以直接调用,符合实际电路需要。Arduino Atmega 2560 有 6 路外部中断,工作时钟为 16MHz,相比一般的 51 系列单片机有更高的处理速度。图 11-21 所示为其芯片引脚图、实物照片和 PCB布局情况。

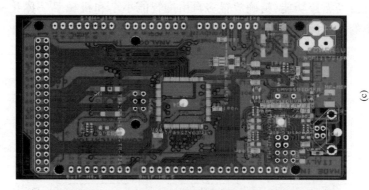

图 11-21　Arduino Atmega 2560

(a) Arduino Atmega 2560 引脚图；(b) Arduino Atmega 2560 实物照片；(c) Arduino Atmega 2560 的 PCB 布局图

11.3.3 工作流程

具有自动循迹功能、精确放置多自由度智能小车和机械手一体化协同工作的智能物流码垛小车的工作流程如图 11-22 所示。

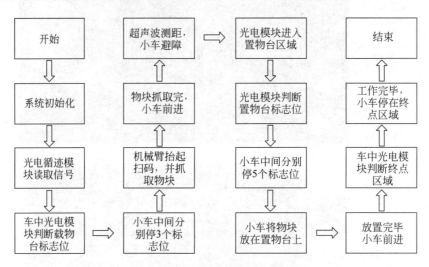

图 11-22　工作流程

11.3.4 系统硬件电路

系统总体电路如图 11-23 所示,下面对各个模块详细说明。

1. 光电采集模块

本作品采用的 E18-D80NK 光电传感接收器,是一个集红外线接收和放大为一体的漫反射式红外光电开关循迹传感器模块,它对外有 3 个引脚:OUT、GND、V_{cc},与 Arduino 控制器连接方便。其电路原理图和实物照片如图 11-24 所示。其中,GND 接系统的地线(0V);V_{cc} 接系统的电源正极(5V);脉冲信号输出接 Arduino 控制器的引脚口分别为 22 脚、23 脚、24 脚、25 脚、30 脚、31 脚(设置引脚均为 INPUT 端口)。

2. 超声波测距模块

本作品采用的避障模块是 HC-SR04 超声波测距传感器模块。HC-SR04 超声波测距模块可以提供 2~40cm 距离的非接触式距离感测功能,测距精度可达 3mm,具有测控距离范围大、精度高、操作简便等特点。HC-SR04 超声波测距模块包括超声波发射器(trig)、接收器(echo)和控制电路。HC-SR04 引脚图和实物照片如图 11-25 所示。

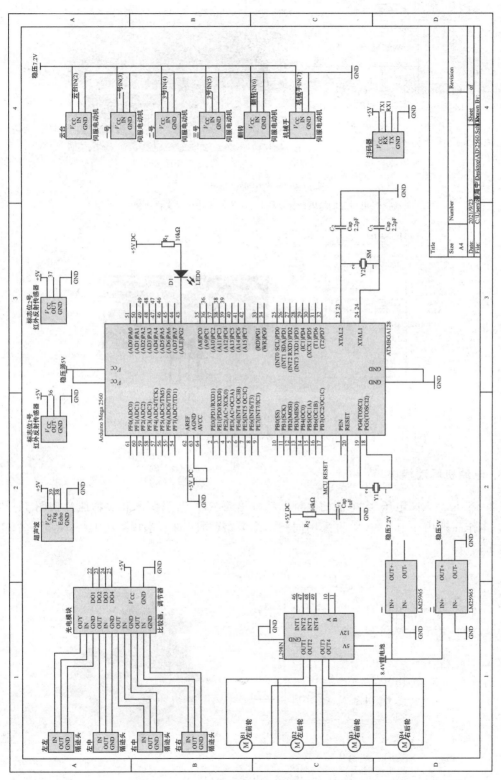

图 11-23　系统总体电路

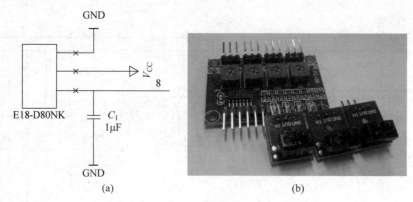

图 11-24 光电循迹模块

(a) 光电循迹模块电路原理图;(b) 光电循迹模块实物照片

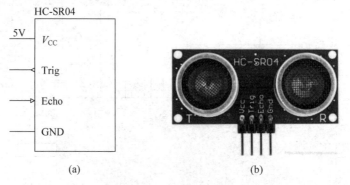

图 11-25 HC-SR04 超声波测距模块

(a) HC-SR04 模块引脚图;(b) HC-SR04 实物照片

3. 电动机驱动模块

L298N 是一款高电压、大电流的全桥电动机驱动芯片,其引脚图和实物照片如图 11-26 所示。本作品选用一个 L298N,并采用同侧一体策略(同侧的车轮共接在 L298N 的一个输入、输出端口)。

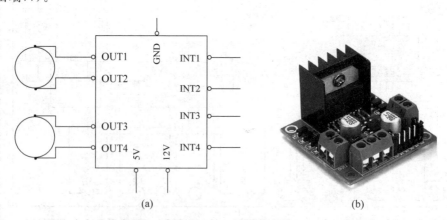

图 11-26 L298N 电动机驱动模块

(a) L298N 引脚图;(b) L298N 实物照片

4. 电源稳压模块

LM2596S 稳压模块是一款 DC-DC 可调稳压电源模块。LM2596S 带电压表显示,采用先进的微处理器,电压表误差在 ± 0.05V,量程在 $4\sim 40$V;轻触右键可切换输入和输出电压,并且指示灯显示正在测量哪路电压;采用 150kHz 的内部振荡频率,功耗小、效率高;具有过热保护和短路保护功能。LM2596S 电路原理图和实物照片如图 11-27 所示。

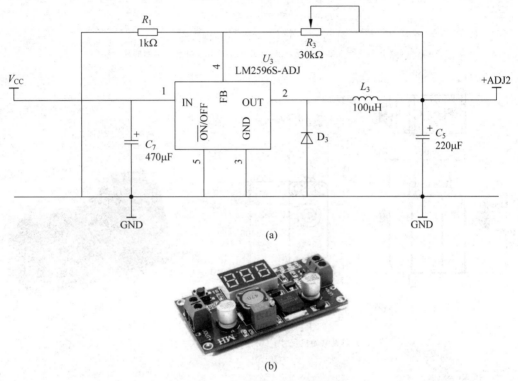

(a)

(b)

图 11-27　LM2596S 电源稳压模块

(a) LM2596S 电路原理图;(b) LM2596S 实物照片

5. 小车电动机

本作品的控制系统采用的直流伺服电动机型号为 JGB37-520,额定电压为 6V;空载转速为 88r/min;负载转速为 70r/min;额定力矩为 0.9kgf·cm;额定电流为 400mA;堵转电流为 2000mA;减速比为 90。其原理图和实物照片如图 11-28 所示。

6. 机械臂伺服电动机

机械臂伸展部分和机械臂云台底座采用 DS3120MG 数字伺服电动机,如图 11-29 所示。其额定电压为 6V,空载电流为 80mA,可控角度范围为 180°,线性度好,可以精确控制,断电则可 360°旋转。

伺服电动机引脚口有 3 个,分别为输入信号、GND 和 V_{CC},与 Arduino 控制器连接非常方便。由于 Arduino 控制器自带伺服电动机 srevo 函数,因此不需要再另外编译伺服电动机函数,只需调用函数库。输入信号引脚接 Arduino 控制器的引脚口。

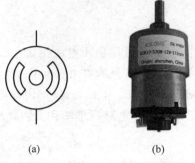

图 11-28　JGB37-520 电动机模块

(a) JGB37-520 电动机原理图；(b) JGB37-520 电动机实物照片

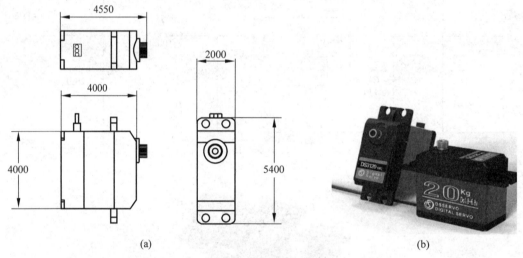

图 11-29　伺服电动机

（a）伺服电动机尺寸；（b）伺服电动机实物照片

7. 识别模块

MG65 识读模块如图 11-30 所示。一款性能优良的扫描引擎，能够轻松读取各类一维条

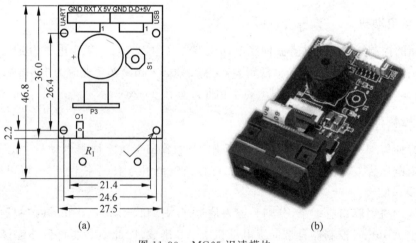

图 11-30　MG65 识读模块

（a）条码识读模块尺寸；（b）条码识读模块实物照片

码,对线性条形码具有非常高的扫描速率。工作电压为 4.2～6.0V,待机电流为 30mA,工作电流为 160mA,休眠电流为 3mA。

与 Arduino 之间用串口通行,波特率 9600b/s,无校验位,8 位数据位,1 位停止位。接 Arduino 的 RX1 和 TX1 即可。

11.3.5　系统软件程序

1. 软件程序设计

软件设计部分循迹、避障、机械臂抓取为主要流程,此处单独解释一下 4 路循迹,其他部分不做重要阐述。

本智能物流码垛小车采用 4 路光电循迹,因为 4 路光电循迹更稳定。当数字为 1 时,说明光电循迹模块检测到黑线;数字为 0 时,说明光电循迹模块没有检测到黑线。转弯采用两种方式:一种是一侧车轮正转,另一侧车轮反转;另一种是一侧车轮正转,另一侧车轮不转。下面对核心代码进行解释。

```
if(zb==0&& z==1&& y==0&& yb==0)          //循迹左拐(左侧轮不转,右侧轮正转)
    { zuo2();
delay(1);
    }
  if(zb==1&& z==1&& y==0&& yb==0)          //循迹左拐(左侧轮反转,右侧轮正转)
    {zuo();
delay(1);
    }
```

当出现 zb==1&& z==1&& y==0&& yb==0 这种情况时,表示左侧的两个光电循迹模块都检测到了黑线,说明车头右偏严重,此时采用左侧轮反转、右侧轮正转的方式可以让小车迅速循回轨迹线,避免小车脱离轨道;当出现 zb==0&& z==1&& y==0&& yb==0 时,表示左边内侧的光电循迹模块检测到了黑线,说明车头轻微右偏,此时只需采用左侧轮不转、右侧轮正转的方式让小车小幅度左转就可让小车回到轨迹线。

小车循迹部分程序流程如图 11-31 所示,超声波避障部分程序流程如图 11-32 所示,机械臂抓取物块程序流程如图 11-33 所示。

2. 程序代码

循迹程序代码可扫描图 11-34 所示的二维码,超声波避障部分程序代码可扫描图 11-35 所示的二维码,机械臂抓取动作程序代码可扫描图 11-36 所示的二维码。

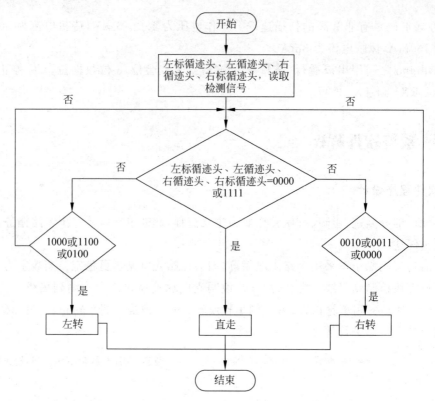

图 11-31　小车循迹部分程序流程

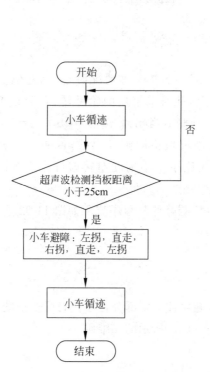

图 11-32　超声波避障部分程序流程

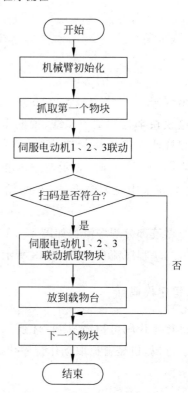

图 11-33　机械臂抓取物块程序流程

图 11-34　循迹程序代码

图 11-35　超声波避障部分
　　　　　　程序代码

图 11-36　机械臂抓取动作
　　　　　　程序代码

11.4　总　　结

1. 作品创新总结

（1）整车总体尺寸为：长 44cm，宽 35cm，高 71cm。其中，底板采用了 6061 铝材，密度为 $2.69g/cm^3$，有利于减轻小车的整体质量。

（2）采用 MG65 条码模块，可以轻松读取各类一维条码，对线性条形码具有非常高的扫描速率。

（3）机械臂底座采用云台结构设计，有利于在轴向受力时减小摩擦，保证机构绕着轴线方向旋转角度的精准度。

（4）机械臂采用多自由度结构设计，有多个自由度，因而具备运动灵活性，可以到达空间指定的任意位置，该设计有利于任意给定位置物体的抓取。

（5）夹持器通过开合齿轮啮合的旋转运动，带动连杆实现直线运动，不仅有利于精确控制夹持器夹持部件的开合角度，还有利于增加夹持器的夹紧力。

（6）夹持器夹持部件与物块接触部分，定制了专用摩擦条，以增大摩擦力，防止物块掉落，有利于提高物品搬运的可靠性。

（7）装载区采用四棱台表面结构，上宽下窄，保证物料掉入且不会移动。同时载物台具有一定的高度，保证物料在运输途中不易掉落。

2. 作品应用前景

（1）本作品可用于中小型的物流管理，仓库的码垛，提高仓库的管理效率，减少人工码垛的失误。

（2）本作品还可应用于一些特定场合。例如，在人类无法参与或者危险场合，可以利用该小车进行一些探测或者排查。

（3）本作品可用于医院药品搬运，帮助行动不便的病人抓取药品。

3. 作品实物

作品实物照片如图 11-37 所示。

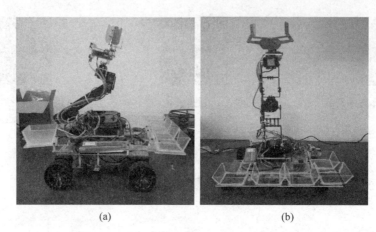

(a)   (b)

图 11-37　作品实物照片

（a）侧面；（b）正面

轻型移动式地毯清洗机  第12章

12.1 项目说明

12.1.1 设计背景

带状地毯是公共场所经常使用的物品（如图 12-1 所示）。例如，写字楼主要进出通道、机舱、火车卧铺车厢等人流频繁活动的场合需要保持干净整洁的卫生环境，所铺地毯肮脏不但影响美观，而且还会污染环境，因此一般单位都十分关心公共场所地毯的定期清洁和保养工作。

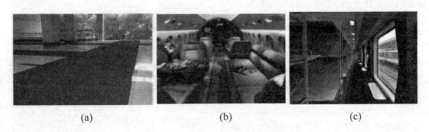

(a)   (b)   (c)

图 12-1   条形地毯使用场合

据调查，目前，市场上针对带状地毯的清洁设备或者说适合以上带状地毯的专门设备还不多。轻型移动式地毯清洗机将洗刷、挤水、干燥、收卷及移动功能集成在一起，用于清洁公共场所带状地毯，具有很大的市场潜力。

12.1.2 产品发展现状

随着人们生活水平的提高，各类大型活动的举行日趋频繁，在各类活动现场和公共过道上铺设地毯已十分普遍，地毯的清洗也成为迫切需要解决的问题。虽然市面上各项地毯清洗技术在逐步完善，但针对带状地毯的清洗设备还比较少。目前，国内基本都采用人工冲洗，不但耗时耗力，而且浪费能源，冲洗后的污水还会引起环境的二次污染。据悉有关单位设计开发了类似清洗机构，如图 12-2 所示的 LDSQ100-A 系列输送式地毯清洗机，其长约12m、重 12t，尽管解决了过去长期手工劳动强度大、清洗不干净的难题，但由于占地面积大，耗能高，清洗场地有特殊要求，运行成本高，造成普及率低的现状。

图 12-2　输送式地毯清洗机

12.2　项目结构设计

根据预想的设备设计方案,经过技术比较,轻型移动式地毯清洗机采用双翼通过式结构设计原理。以焊接构件作框架,选用链传动,设计中采用滚筒式构件实现洗刷、挤水及收卷的功能。

12.2.1　结构及工作原理

轻型移动式地毯清洗机采用整体式焊接框架,成本低、强度高。洗刷滚筒、导向滚筒、电动机等设备都安装在机架上。

1. 结构

轻型移动式地毯清洗机集清洗、脱水、烘燥功能为一体,由地毯收放装置、吸尘清洁装置、脱水烘干装置、洗涤水循环系统和洗涤水的恒温控制 5 大部分组成。图 12-3 所示为其机构件示意图。

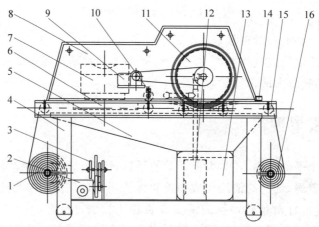

1—收卷滚筒;2—减速器;3—收卷电动机;4—机架;5—漏斗;6—加热板;7—热风机;8—强板;9—洗刷滚筒电动机;10—挤压装置;11—洗刷滚筒;12—水泵;13—水箱;14—除尘装置;15—托滚;16—放卷滚筒。

图 12-3　轻型移动式地毯清洗机机构件示意图

2. 工作原理

地毯的清洗首先要通过吸尘装置除去其上面的颗粒粉尘和固体杂物,避免颗粒粉尘等弄脏水并对地毯造成污染,不但不能清洁地毯反而加重了清洗的难度。经过吸尘处理后的地毯在收卷滚筒带动下在清洗平台上缓慢运动进入冲洗阶段。

本设备以电动机作为动力源,带动洗刷滚筒转动,用收卷电动机牵引地毯运动。洗刷滚筒上均匀分布着 12 把毛刷,滚筒转速为 130r/min。地毯前进的平均线速度为 $2\sim3m/min$,运动方向与滚筒转动方向相反,滚筒内外都可以喷射洗涤液,这样可以加强清洗效果。设备上还设置有清水管路,为经过洗涤的地毯进行清水喷淋。

经过除尘、洗涤和喷淋之后,地毯已经基本洗涤干净。清洗后的地毯被牵引通过一对挤压滚筒,以去除多余水分。被挤出的水由漏斗收集回流到水箱中以备循环使用。挤压装置如图 12-4 所示,可根据地毯的材质以及厚度通过调整挤压滚筒两端弹簧的预紧力来调节施加在地毯上的力。

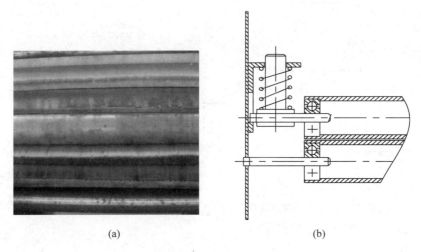

(a)　　　　　　　　　　　(b)

图 12-4　洗刷滚筒及挤压滚筒工作原理图

(a) 洗刷滚筒实物；(b) 洗刷滚筒工作原理图

烘干部件采用 6 块电热板进行加热,再配以一排风扇进行强制通风。限于场地空间限制,设备清洗机的烘干通道长度有限,实际使用时可适当加长烘干隧道的长度,以提高烘干效果。

轻型移动式地毯清洗机上共有两个动力电动机,一个带动洗刷滚筒,一个带动收卷滚筒。为了尽可能增加每分钟的洗刷次数,需要控制地毯与洗刷滚筒之间的相对速度,因此收卷电动机将通过减速器进行降速。考虑到设备的工作环境以及使用要求,设计中并没有采用带传动进行减速器与电动机之间的一级传动。两部电动机与部件之间均以链传动方式进行连接。另外,为了使清洗效果更好,设备中安装有温控装置,可以将洗涤液的温度保持在 75℃ 左右。

12.2.2　重要部件

1. 机架

机架由槽钢、异形钢焊接而成。机架结构以及槽钢尺寸如图 12-5 所示。

由于设备使用过程中不会受到冲击载荷作用,所受正压力主要来自部件自重,因此支架强度足以满足使用要求。

2. 洗刷滚筒

洗刷滚筒的结构如图 12-6 所示,长 600mm,直径 215mm,轴长 120mm,轴径为 40mm。滚筒为焊接构件。由一个壁厚为 6mm 的中空筒在两端焊上封板后再铣出 12 条均布等宽的槽,最后再将毛刷嵌入其中。其中有 12 个槽均布安装毛刷进行地毯清洗,另外均布 6 个槽口供应洗涤液。

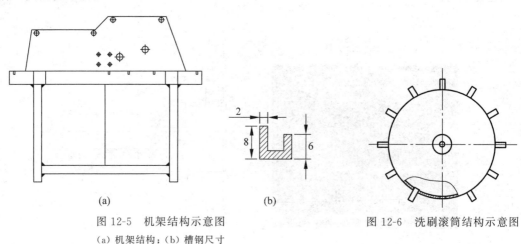

(a)　　　　　　　　　　(b)

图 12-5　机架结构示意图　　　　　　　图 12-6　洗刷滚筒结构示意图

(a) 机架结构;(b) 槽钢尺寸

3. 收卷及放卷滚筒

收卷及放卷滚筒的轴长 960mm,端面直径 20mm,对称中心横截面直径 30mm,套筒长 760mm、直径 60mm。套筒与芯轴采用紧定螺钉连接。图 12-7 所示为收卷滚筒结构示意图,放卷滚筒的结构与其基本相同,但多了 4 颗将地毯收卷缠绕在收卷滚筒上的紧固钉。

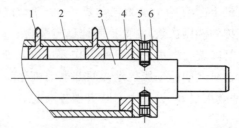

1—紧固钉;2—套筒;3—芯轴;4—固定端盖;5—紧定螺钉;6—轴套。

图 12-7　收卷滚筒内部结构示意图

4. 供水管

设计中考虑到洗涤液应从洗刷滚筒内部和外部同时进行供给,因此需要设计两路水管。在本设计中,采用水泵统一供水,水源唯一,利用管接头将洗涤液分流。考虑到滚筒内部供液时,滚筒转动而水管保持静止,因此采用轴承连接,如图 12-8 所示。水管在轴承内圈内,滚筒与轴承外圈连接,工作时轴承外圈转动,内圈不动。

图 12-8　供水管路连接方式

12.2.3　小结

在轻型移动式地毯清洗机地毯的输送方式上,工作小组曾有两套方案,方案一是采用双翼式输送方式,方案二是采用单翼式输送方式。通过分析比较,最终决定采用双翼式的输送方式,这种输送方式使作品的结构更加合理简洁。由于比赛主办方场所对于作品功率和几何大小的要求,该作品中吸尘装置和洗涤水的恒温控制设备没有得到安装。同时出于制作成本的考虑,选择的电动机功率不大,因而无法加大挤压滚筒的压力,导致地毯的脱水效果不够理想。对于烘干加热部分,限于参赛作品占地要求,烘干通道长度偏短,烘干效果会受到一定程度的影响,实际应用过程中应适当增长烘干隧道长度,提高烘干质量。

12.3　动力及控制系统

12.3.1　电气设备的选择

现在在国内普遍采用的一般是人工刷洗地毯的方式,经过调查和实验得出的结果是:人工刷洗一般大约每秒钟完成刷 2 次的动作,地毯的各处平均经过 10 次刷洗之后才能达到清洁的理想效果。通过计算得知,只要选用的电动机能使带有 12 把毛刷的洗刷滚筒转速达到 130r/min,控制地毯前进的平均线速度位于 2～3m/min 之间均能满足要求。

1. 洗刷滚筒电动机的选择

$$p_2 = p_1/\eta_1\eta_2 \tag{12-1}$$

式中,p_2 为洗刷滚筒所要选择的电动机功率;p_1 为实际计算的洗刷滚筒电动机的功率;η_1 为滚筒转动的效率;η_2 为电动机的传动效率。

$$p_1 = F \times V_1 \tag{12-2}$$

式中,F 为滚筒转动所需的力,它不能小于毛刷与地毯之间的摩擦力 f,即要求 $F \geqslant f$;V_1 为洗刷滚筒的线速度。

把式(12-2)代入式(12-1)得

$$p_2 = F \times V_1/\eta_1\eta_2 \tag{12-3}$$

由实际数据:$F = 48\text{N}, V_1 = 1.5\text{m/s}, \eta_1 = 0.85, \eta_2 = 0.96$,计算得:$p_2 = 88\text{W}$。

结论：洗刷滚筒选用额定功率为 100W、额定电压为 24V 的电动机。

2. 收卷滚筒电动机的选择

$$p_4 = p_3 / \eta_3 \eta_4 \tag{12-4}$$

式中，p_4 为收卷滚筒电动机选择的功率；p_3 为实际计算的收卷滚筒电动机的功率；η_3 为收卷滚筒的效率；η_4 为收卷滚筒电动机的传动效率。

$$p_3 = (F_1 + F_2 + F_3) \times V_2 \tag{12-5}$$

式中，F_1 为克服地毯自重所需要的力；F_2 为克服毛刷对地毯阻力所需要的力；F_3 为克服挤压装置对地毯阻力所需的力；V_2 为地毯牵引的速度。

把式(12-5)代入式(12-4)得

$$p_4 = (F_1 + F_2 + F_3) \times V_2 / \eta_1 \eta_2$$

由实际数据：F_1、F_2 和 F_3 的总和为 2100N，$V_2 = 0.125$m/s，$\eta_1 = 0.90$，$\eta_2 = 0.92$，计算得：$p_4 = 317$W。

结论：收卷滚筒选用额定功率为 400W、额定电压为 48V 的电动机。

3. 减速器的选择

$$V_3 = \pi n d / (i_1 \times i_2 \times i_3) \tag{12-6}$$

式中，V_3 为地毯收卷线速度；n 为收卷轴转速；d 为地毯收卷时最大直径；i_1 为减速器与收卷滚筒的传动比；i_2 为电动机与减速器的传动比；i_3 为减速器速比。

由实际数据：$i_1 = 1/2$、$i_2 = 2$、$V_3 = 7.5$m/min、$n = 400$r/min、$d = 0.35$m，计算得：$i_3 = 59$。

结论：选择速比为 60 的减速器。

4. 托辊的校核

1）许用切应力的校核

$$[\sigma] = \sigma_s / N \tag{12-7}$$

式中，σ_s 为材料的许用应力；N 为安全系数。

$$[\tau] = 0.7[\sigma] \tag{12-8}$$

由实际数据：$\sigma_s = 235$MPa，$N = 1.5$，计算得：$[\tau] = 110$MPa。

$$\tau = \frac{F_Q}{S_1} \tag{12-9}$$

$$F_Q = 2F_1 \cos \frac{\alpha}{2} \tag{12-10}$$

$$F_1 = \frac{M_e}{R} \tag{12-11}$$

$$M_e = 9549 \times \frac{p}{n_1} \tag{12-12}$$

式中，F_Q 为托辊所受的合力；S_1 为托辊轴端面面积；F_1 为托辊所受的力；α 为地毯与地面所成的角度；M_e 为托辊轴所受的力矩；R 为托辊轴半径；p 为托辊轴滚动功率；n_1 为托辊轴转速。

由实际数据：$p=0.332\text{kW}, n_1=6.6\text{r/min}, R=0.71\text{m}, S_1=78.5\times10^{-6}\text{m}^2, \alpha=73.5°$，计算得：$\tau=13.85\text{MPa}\leqslant[\tau]$。

2）许用挤压应力的校核

$$[\sigma_{bs}]=1.7[\sigma] \tag{12-13}$$

$$\sigma_{bs}=\frac{F_Q}{S_2} \tag{12-14}$$

式中，F_Q 约为 2.2kN；S_2 为挤压面积。

由实际数据：$S_2=60\times10^{-6}\text{m}^2$，计算得：$\sigma_{bs}=36\text{MPa}\leqslant[\sigma_{bs}]$。

5. 收卷滚筒轴的校核

对于等截面圆轴，τ_{max} 应该发生在最大扭矩 T_{max} 的横截面上周边各点处，所需强度条件为

$$\tau_{max}=\frac{T_{max}}{W_P}\leqslant[\tau] \tag{12-15}$$

滚筒材料为 45 钢，塑料材料剪切强度等于 $0.6\sim0.8$ 倍的屈服极限，45 钢调质处理后大约 519MPa，剪切强度约为 $[\tau]=0.7[\sigma]=363\text{MPa}$。

$$\tau_{max}=\frac{T_{max}}{W_p}=\frac{16M_f}{\pi d^3} \tag{12-16}$$

由实际数据：$d=0.02\text{m}, M_f=480\text{N}\cdot\text{m}$，计算得：$\tau_{max}=305\text{MPa}\leqslant[\tau]$。

6. 洗刷滚筒轴承的校核

作品产业化后按每天 8h 工作计算，洗刷滚筒轴承预期寿命 $L_h=12000\sim20000\text{h}$。

实际寿命公式：

$$L_h=\frac{10^6}{60n_2}\left(\frac{f_tC_r}{f_pq}\right)^\varepsilon \tag{12-17}$$

式中，n_2 为洗刷滚筒轴的转速；f_t 为温度系数；C_r 为轴承的基本额定载荷；f_p 为载荷系数；q 为当量载荷；ε 为寿命指数。

由实际数据：$n_2=130\text{r/min}, f_t=1, C_r=17000\text{N}, f_p=1, q=140\text{N}, \varepsilon=3$，计算得实际寿命：$L_h=3.8\times10^6\text{h}$。

实际寿命 $L_h\gg$ 预期寿命。

7. 烘干电热板和热风机的选择

烘干通道采用了 6 块功率为 1000W 的电热板以及热风机，共同实现地毯的烘干。经过实验，确定所选择的电热元件可以及时烘干地毯。

8. 水泵的选择

洗涤液通过水泵提供给洗刷装置，选用的水泵型号为 AC220V，功率为 700W，转速为 2860r/min。

12.3.2 传动系统设计

轻型移动地毯清洁机选择的是链传动。链传动(传动设备)是属于带有中间扰性的啮合传动。与属于摩擦传动的带传动相比,链传动无弹性滑动和打滑现象,因而能保持准确的传动比,传动效率较高;又因链条不需要像带那样张得很紧,所以作用于轴上的径向压力较小;在同样使用条件下,链传动结构较为紧凑;同时链传动能在高温及速度较低的情况下工作。与齿轮传动(传动设备)相比,链传动的制造与安装精度要求较低,成本低廉;在远距离传动(中心距离最大可达10m多)时,其结构比齿轮传动轻便得多。

12.3.3 小结

轻型移动式地毯清洗机是机电结合产品。电动机的选择在整个设计中十分重要。在原有的设计思路上,地毯应该以匀速经过滚筒毛刷进行刷洗,保证地毯的各处都达到同样理想的清洗效果。要实现这样的目的就必须使用始终具有恒定线速度的力矩电动机,但这种电动机价格昂贵,限于条件,现在使用普通的电动机代替,以速比为60的减速器带动收卷滚筒。在地毯的收卷过程中卷筒的有效直径不断增大,地毯线速度也随之变化。

12.4 总 结

1. 创新点

轻型移动式地毯清洗机适用于条形地毯清洗,创新点在于以下5个方面:

(1) 将地毯的洗刷、挤水、干燥、收卷等功能集成在一起。轻型移动式地毯清洗机将地毯清洗的4个流程集合在一起,不但实现了地毯的自动清洗、干燥收卷,有效降低了劳动强度,而且能够很好地处理清洗后的污水及垃圾。

(2) 收卷机构中采用直流伺服电动机驱动,收卷速度可调可控。它替代力矩电动机驱动,以降低成本。电路采用48VDC供电,安全可靠。

(3) 采用潜水泵闭路系统供水冲刷地毯,不但能完成冲洗,而且节约能源,并避免了将污水排到地面而造成的二次环境污染,既节能又环保。

(4) 结构紧凑,维修方便,能耗低,占地面积小,操作方便,使用起来不受场地限制,可以随意移动。

(5) 可根据机舱通道、机车卧铺车厢通道等场所使用地毯的长宽需求改进其结构设计,可组织系列化生产,具有较高的普及推广可行性。相信产业化后,必将产生良好的社会效益和经济效益。

2. 应用前景

轻型移动式地毯清洗机适用于条形地毯清洗。它集成了地毯的洗刷、挤水、干燥、收卷功能,并且可以轻松移动,操作简单,使用方便,清洗效果好。该产品为双翼式设计,采用焊接框架,利用链传动及滚筒式结构实现地毯的洗刷脱水,并能够将洗好的地毯自动收卷在一起。洗刷后地毯的烘干过程利用加热板和热风机完成。产品结构简单、拆装维修方便、占地面积小、能量消耗低,不但能够节约人力、物力,而且有效避免了能源的浪费和人工清洗时洗涤液引起的环境污染,适用于机舱通道、机车卧铺车厢通道等场所地毯的清洗,市场有需求,具有较高的普及推广可行性。

第13章 自动削皮机设计

13.1 项目说明

本作品根据浙江省第五届"新松杯"大学生机械设计大赛"学以致用、机器换人"的主题而设计,以提升生产效益为目的。削皮机主体为金属结构,长 15cm、宽 14cm、高 62cm,可以一次性完成对苹果、雪梨等类似体型的削皮、去核、切瓣任务,主要适用于水果零售店、果汁店、酒店、KTV 等需要制作果盘、果汁等商品的场所。本作品能够有效提高工作效率,保持水果的鲜美口感,保证工作过程的卫生,提高商品的品质和经济效益。本作品获得浙江省大学生机械创新设计大赛二等奖。

作品通过刀具与待切削水果的相对运动实现自动削皮,待加工水果用 3 根插针固定在传动丝杠上,步进电动机带动丝杠转动,使水果自转并向下运动,与削皮刀片接触完成削皮工作。之后水果下降到刀盘位置进行去核、切瓣工作。整个过程完成后,控制电路自动控制电动机反转,恢复到最初状态后,电动机自动停转,此时,插针上只剩下果核。

13.1.1 设计背景

通常情况下,水果削皮使用削皮刀或水果刀。但是这种削皮方式不但效率十分低下,而且存在安全隐患,锋利的刀片极易伤到自身和他人,难以满足人们对便捷化、效率化的需求。

市场上现有两种简易削皮机。一种是手摇式苹果削皮机,如图 13-1(a)所示,使用时将苹果插在插针上,手摇带动苹果转动同时使刀具绕苹果旋转,刀具在弹簧的作用下紧压于苹果表皮,苹果一边转动,一边削皮。由于该机削皮速度较慢,操作较为繁琐,工作效率不高,一般适用于家庭使用,不适用于批量削皮。另一种是苹果去皮捅核切瓣机,如图 13-1(b)所示,它利用 PLC 控制削皮机完成削皮、去核(切端)、切瓣、护色多个动作。在触摸屏上设定参数及动作,把苹果放进料斗后自动削皮、切端,同时护色槽内的液体循环喷淋被削果子,防止其氧化变黑。条形果皮、圆形端皮、去皮果肉分别从 3 个出口出来,每小时大概可以削1500 个苹果。但其不菲的价格和过于庞大的体型使其只能适用于大型生产,而无法满足水果零售店、果汁店、KTV 等较小型单位的使用需求。

综上所述,常规小型手摇式削皮机效率过于低下、需要二次加工;大型水果削皮机成本过高,二者都不能满足水果零售店、果汁店、酒店、KTV 等场所的使用需求。高效、便捷、经

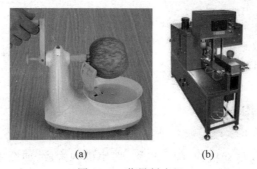

图 13-1 苹果削皮机

（a）手摇式苹果削皮机；（b）苹果去皮捅核切瓣机

济的水果削皮机是市场所需。

13.1.2 市场可行性调查

为检验产品市场可行性，本项目团队结合学校资源，针对杭州市江干区的 10 家水果零售店、15 家果汁店、15 家 KTV 展开走访调查。

通过调查发现，大部分水果零售店由于苹果等中小型水果削皮切块过程过于繁琐且其利润相对较低，因而没有进行削皮苹果块等产品的零售。大部分果汁店则表示苹果汁及含有苹果汁的复合果汁是其主营产品之一，苹果削皮去核切块过程繁琐，一直是困扰他们的难题之一。大部分 KTV 表示，水果拼盘一直十分畅销，能够为其带来十分不错的经济效益，但水果拼盘的制作过程过于依赖人工。本项目团队通过统计调查结果发现，有 87.5% 的受访单位愿意引进价格合理、使用方便的水果自动削皮机，以此帮助自身扩大经营面，降低经营成本，提高工作效率。

13.1.3 设计意义

（1）自动水果削皮机能够避免在削皮过程中可能出现的意外伤害事件。

（2）自动水果削皮机能够有效帮助水果零售店等经营单位简化水果加工的过程，提高效率。如果能够实现量产化，更能够大大降低制造的成本，增加其实用价值。

（3）自动水果削皮机能够保障削皮水果的清洁度，避免手工削皮过程中可能出现的污染果肉的情况。

13.2 作品结构设计

13.2.1 设计要求

（1）除了能够对苹果进行削皮外，同时还可以拓展，如对雪梨等类似体型的水果进行削皮。

（2）机身的设计要精巧、美观大方、易操作。

（3）能适应切削果体的不同椭圆度和凹凸面。

（4）要求能安全高效地削皮。

（5）要求能够一次性完成削皮、去核、切瓣。

13.2.2 总体结构设计

本作品总体由驱动与传动机构、削皮机构、切块机构构成,如图 13-2 所示。下面对各个模块设计进行详细介绍。

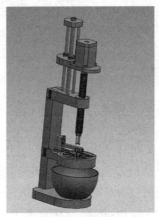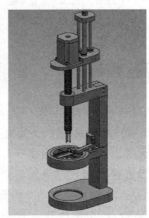

图 13-2 整体结构图

1. 驱动与传动机构

本作品的驱动与传动机构如图 13-3 所示。

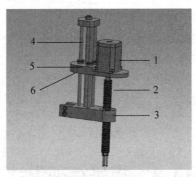

1—步进电动机；2—梯形丝杠；3—丝杠螺母；4—导向光轴；5—导向轴承；6—机架。

图 13-3 驱动与传动机构

驱动与传动机构的工作原理：步进电动机启动,带动梯形丝杠旋转,使梯形丝杠与固定在机架上的丝杠螺帽相对转动,进而带动电动机和丝杠同步沿导向光轴向下移动。

光轴在机构中起到导向作用,同时与电动机机座配合能够限制电动机的自转,使电动机的功率能够有效传递到丝杠上。在工作过程中,丝杠受到拉、弯、扭联合作用。为保证作品能够稳定地运作,本项目团队在设计时设定了 3 根排成等腰三角形的光轴进行导向,利用三角形稳定性强的特点,保证了作品在受到力、力偶作用情况下不发生过度形变。导向轴承与光轴之间为点接触,不但能够大大减小摩擦力,更能够保证电动机机座在受力的情况下不至于和光轴卡死。

在丝杠的选择上,本作品选用了 5mm 导程、22mm 外径、30°螺旋升角、材料为 45 钢的梯形丝杠,如图 13-4 所示。

图 13-4　梯形丝杠

与采用循环滚珠轴承以便最大限度减小摩擦和提高效率的滚珠丝杠不同,梯形丝杠移动表面之间承载负载的方式是利用滑动表面之间的低摩擦系数。因此,梯形丝杠的效率一般低于滚珠丝杠的效率(90％左右)。但是,滚珠丝杠的设计复杂,需要经过硬化处理的精密轴承表面以及一个滚珠循环装置,其相对于梯形丝杠成本更高。同时,梯形丝杠的尺寸更小,在正常使用的情况下噪声也较小,耐腐蚀性能好,配置有自锁功能,能够满足本作品垂直应用的需求。并且梯形丝杠,便于加工出与插针、电动机等构件连接所需的孔和平面,其螺帽也易加工成能够装配在机架上的形状。

2. 削皮机构

本作品的削皮机构如图 13-5 所示。

削皮机构的工作原理:当水果在驱动、传动机构的带动下旋转着向下运动并与圆弧刀片接触时,圆弧刀片将和摇臂一起向外转出,与此同时,扭簧发生变形,使圆弧刀片与水果间产生压力,进而通过它们的相对运动实现削皮,并将果皮从排出板处排到外部。

在这一机构中,扭簧与刀片座相连,巧妙地利用水果推开刀片的运动使扭簧变形,自动形成了削皮所需的压力。机构中圆弧刀片与摇臂之间使用螺栓连接,便于进行拆卸更换,保证了本作品能够长期保持良好的削皮效果。若作品批量生产出售,该圆弧刀片可作为配件进行单独零售,保证用户随时能够购买更换,增强作品的使用价值。

机构中采用的刀片为刃长 5mm 的圆弧刀片,如图 13-6 所示。通过与扭簧的配合,刃长相对较短的圆弧刀片能够保证对部分表面凹凸不平的水果也能具有较好的削皮效果,可有效避免凹陷处削不到的现象。同时,刀片圆弧形的设计使刀片能够在与水果接触时沿水果外形向外弹开,既让刀片能够更好地贴合水果表面,又能够防止刀片与水果卡死。

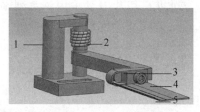

1—刀片座;2—扭簧;3—摇臂;4—圆弧刀片;5—排出板。

图 13-5　削皮机构

图 13-6　削皮刀片

3. 切块机构

本作品的切块机构如图 13-7 所示。

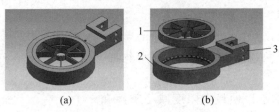

1—刀盘座；2—刀盘；3—平面轴承。

图 13-7 切块机构

(a) 组装图；(b) 分离图

切块机构的工作原理：当水果在驱动与传动机构的带动下旋转着向下运动并与刀盘接触时，刀片将切入水果，并与水果一同在刀盘座内转动，水果继续向下，刀盘将完成水果的去核切块工作。

在这一机构中，刀盘底部与刀盘座之间使用平面轴承连接，有效减小了刀盘与刀盘座在相对转动时的摩擦力，避免了可能出现的卡死现象。这一机构中刀盘可直接从刀盘座中取出，便于进行拆卸更换，保证了本作品能够长期保持良好的切割效果。同时本作品设计有多种不同样式的刀盘，使切削效果更加丰富。若本作品能够批量生产出售，数个不同类型的刀盘可形成刀盘组作为配件进行单独零售，保证用户随时能够购买更换，增强作品的实用性。

本作品共设计有 3 种刀盘，分别为切块刀盘、切片刀盘、螺旋刀盘，如图 13-8 所示。抽样调查显示，苹果直径基本在 60～90mm 之间，果核的直径基本小于 23mm，因此所有刀盘均采用内圆径 23mm、外圆径 91mm 的尺寸，能够有效对绝大部分苹果进行浪费量较少的去核切削。

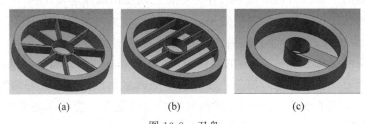

图 13-8 刀盘

(a) 切块刀盘；(b) 切片刀盘；(c) 螺旋刀盘

切块刀盘采用 8 等分切瓣的设计，能够切除块状水果；切片刀盘采用一系列平行刀片达到切片的效果；螺旋刀盘需与刀盘座保持相对静止，能够切除螺旋的水果薄片。可替换的刀盘能够最大程度地满足食用和榨汁的需求。

13.2.3 作品配件设计

1. 顶出把手

本作品配备的顶出把手如图 13-9 所示，有两个作用。

作用一：当切削工作结束时，最后一个水果的果肉可能卡在刀盘中，这时需要使用顶出把手将其顶出。使用时，把手中心的突起圆柱用于定位，周围的 8 个小圆柱可将卡在刀盘中的水果顶至收集碗中。

作用二：当作品复位时，需要使用顶出把手将果核卸下。使用时，将把手前端凹陷处嵌入果核上方与一根顶针配合，轻轻向下用力即可取下果核。

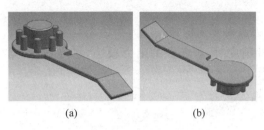

(a)　　　　　　　　　　　(b)

图 13-9　顶出把手

(a) 正面图；(b) 反面图

2. 插针罩

在一次工作完成并清洗后，要将插针罩套上插针，避免意外伤害事件，并保证插针的卫生，插针罩如图 13-10 所示。

3. 收集碗

本作品配备有收集碗，如图 13-11 所示，其作用为接下切削完成的水果。收集碗的底部与底座的凹槽配合，避免收集碗在工作过程中出现滑动。收集碗能够移出，便于转移切好的水果。

图 13-10　插针罩　　　　　　　　　　图 13-11　收集碗

13.2.4　使用注意事项

(1) 削皮刀片十分锋利，使用时请注意不要割伤手指。

(2) 此款产品只适用于苹果般大小、果肉较硬的圆形水果。

(3) 使用后，用抹布擦洗，擦干并装好刀套和插针罩，保证设备的清洁度。

(4) 切削完成后，最后一份果肉可能会卡在刀盘中，可使用专门的顶出配件，将其顶出。

13.3 动力及控制系统

13.3.1 电动机选择

经实验,在切块时,刀盘对水果的最大压力为246N,丝杠受到大小为246N的压力。使用6mm刃长的弧形刀片削皮时,对丝杠的阻力较小,忽略不计。故在切削时,丝杠的最大轴向负载为246N。

丝杠传动效率的计算公式为

$$\eta = \frac{1 - \mu \cdot \tan\varphi}{1 + \dfrac{\mu}{\tan\varphi}} \tag{13-1}$$

式中,μ 为丝杠轴与螺帽的摩擦系数;φ 为丝杠轴螺旋升角。将有关数据代入,则

$$\eta = \frac{1 - 0.21\tan 30°}{1 + \dfrac{0.21}{\tan 30°}} = 0.64$$

梯形丝杠负载扭矩公式为

$$T = \frac{F_s \cdot R}{2\pi\eta} \tag{13-2}$$

式中,F_s 为轴向负载;R 为丝杠导程;η 为丝杠轴螺旋升角。代入相关数据,有

$$T = \frac{246 \times 0.006}{2 \times 3.14 \times 0.64} \text{N} \cdot \text{m} = 0.37\text{N} \cdot \text{m}$$

故应选用扭矩大于0.4N·m的步进电动机。

本次模型选用的电动机型号为57HS6730B4,其主要参数见表13-1。

表 13-1 57HS6730B4 电动机参数

静力矩	定位力矩	外形尺寸	质量	线数	轴径	轴数	步距角	电流
1.8N·m	6N·m	76mm×56mm×56mm	1050g	四线	6.35mm	双出轴	1.8°	3A

此电动机符合作品工作需求,可以正常使用。

13.3.2 控制部分

电路控制部分使用PLC作为处理中枢,能够在启动开关按下后,控制电动机快速正转,当接近削皮位置时降低转速保证削皮质量。削皮完成后,电动机快速反转,使作品复位并停止转动,控制设备在20s的时间里完成单个水果的切削并复位。PLC梯形图如图13-12所示。伺服命令表如图13-13所示。

本作品所用电动机的工作分为5段:第一段,电动机正转,转速为5r/s,带动水果快速下降至接近削皮刀片的位置;第二段,电动机正转,转速变为1r/s,带动水果完成削皮、去

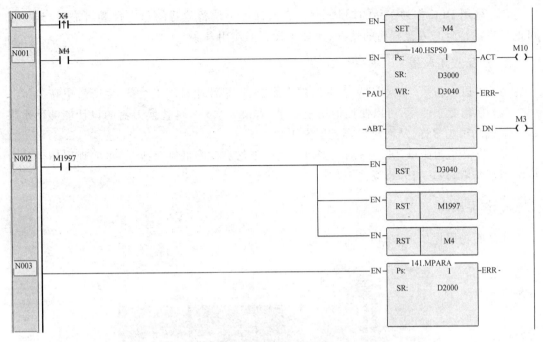

图 13-12　PLC 梯形图

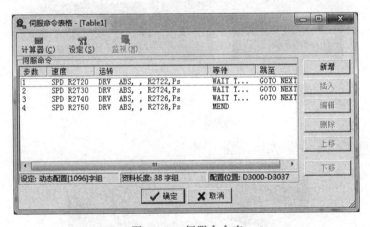

图 13-13　伺服命令表

核、切块工作;第三段,电动机停转;第四段,电动机反转,转速为 2r/s,带动果核推出果肉;第五段,电动机反转,转速为 7.5r/s,作品快速返程复位。

13.4　总　　结

1. 产品创新

(1)刀盘可替换,设计有刀盘组,能够根据不同水果、不同需求选择不同刀盘,以切削出各种不同形状的果肉,满足人们的差异化需求。

(2)利用电力,自动完成水果的削皮、切块工作,将人从单调的工作中解放出来。

（3）采用 PLC 作为作品的控制中枢,有效保证了设备运行的稳定性和可靠性,避免了可能出现的插针与刀盘碰撞的情况,保证了设备的使用寿命。

2. 产品应用前景

（1）可以作为果汁店、KTV 等场所的水果拼盘、果汁原料加工设备,生产效率高。

（2）在家庭中使用,可以便捷地切削苹果、雪梨等水果;可替换刀盘的设计能够使水果的切削成品种类多样,从而有效丰富居家生活。

（3）作品结构简单,零件易加工,若量产化,能够有效降低制造成本,可实现以较低的售价吸引消费者,快速打开市场。

3. 作品实物

作品实物照片如图 13-14 所示。

(a)　　　　　　　　　　(b)

图 13-14　作品实物照片

(a) 完整作品；(b) 刀具细节

作品工作照片如图 13-15 所示。

(a)　　　　　　　　(b)

图 13-15　作品工作照片

(a) 完整作品；(b) 削水果细节

4. 作品工作流程

自动水果削皮机的工作流程如图 13-16 所示。

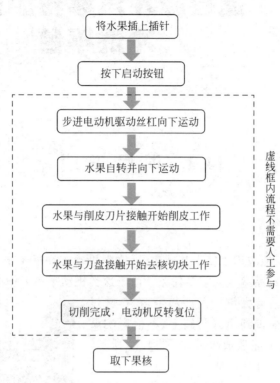

图 13-16 自动水果削皮机的工作流程

第14章 遥控脉冲汽车轮胎自动冲洗平台

14.1 项目说明

14.1.1 设计背景

载重工程车辆广泛地应用于城市基础建设,这类机动车往返于土建工地与仓库或垃圾倾倒场所之间,承担着物品输送的重要任务。由于这类机动车的工作场所通常为建筑工地,汽车轮胎以及底盘上沾有大量的泥沙灰尘,在行驶过程中这些泥沙经常会被带到市区马路上,不但影响城市环境,情况严重的还可能造成事故,如图14-1所示。因此,工程车辆在离开工地时,通常需要冲洗车轮,防止污染物扩散。2007年8月,西安市还关闭了一处由于工程车辆出入带泥造成城市路面严重污染的工地。

除了工程车辆,其他一些机动车也有相似的问题。汽车在长途行驶过程中经过路况恶劣的路段,会把在泥泞路途中沾在车轮上的垃圾遗留在城市路面上,因

图14-1 工程车带泥污染路面

此在城市的公路入口处对入境车辆进行轮胎清洗是十分必要的。基于上述情况,本项目团队成员设计并制造了遥控脉冲汽车轮胎自动冲洗平台模型,用于清洗机动车轮胎及底盘,达到清洁环保的目的。

14.1.2 设计意义

地球环境保护是现代的热门课题。环保工作在很多方面已经取得显著成效,然而对于车轮带给路面的泥沙、尘土污染问题还有待解决。随着汽车的普及,路面污染已经越来越严重,因此,及时洗车已经成为必要。虽然现在市面上各项洗车技术逐步完善,但针对车轮清洗的设备还比较稀缺。现阶段国内基本都采用人工冲洗,不但耗时耗力,而且浪费能源。一些智能清洗机构由于占地面积大、费用高、不宜大规模组建,普及率不高。

14.2 项目结构设计

遥控脉冲汽车轮胎自动冲洗平台由汽车承载及车轮原地回转部件、脉冲清洗平台和水循环及泥沙处理部件 3 大部分组成,下面对于这 3 大组成部分逐项进行介绍。

14.2.1 汽车承载及车轮原地回转部件

汽车承载及车轮原地回转部件是遥控脉冲汽车轮胎自动冲洗平台的工作平面,工作示意图如图 14-2 所示。与车辆驱动轮接触的滚轴 A 在摩擦力作用下被带动,其运动通过链传动传递给滚轴 B,利用摩擦力的作用滚轴 B 带动与其接触的汽车从动轮转动。这样就实现了车轮的原地转动。转轴可由电磁制动器锁住,因此在车辆驶入以及驶出清洗平台时不会打滑。车辆进入预定位置后,打开制动器及位于车轮周围的脉冲喷头,让汽车处于低速行驶状态,以实现在车轮转动的过程中全方位清洗的目的。

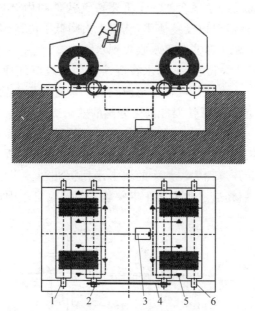

1—滚轴 A;2—链轮;3—水泵;4—链;5—脉冲喷头;6—滚轴 B。

图 14-2 冲洗平台工作示意图

14.2.2 脉冲清洗平台

由于不同车辆的轮距不同,清洗平台应当适应多种轮距的要求。图 14-3 是脉冲清洗平台对轮距的自适应调节原理示意图。在平台支架上可以根据需要安装若干组滚轴,用软管连接喷头,可根据具体的车辆对喷头位置做出相应调整。

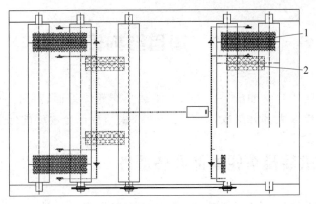

1—车轮位置 1；2—车轮位置 2。

图 14-3　脉冲清洗平台对轮距的自适应调节原理示意图

14.2.3　水循环及泥沙处理部件

遥控脉冲汽车轮胎自动冲洗平台的一个重要特点就是利用循环水进行冲洗，冲洗用水被收集起来，经过净化处理后可以反复使用，从而大大降低了能源消耗。

本作品设计中采用了漏斗形装置将水收集到水箱中，再利用水泵把水抽上来继续使用。实际应用时可采用地坑储水，冲洗后的污水在沉淀池中经过沉淀净化之后可重复使用。留在池底的泥沙等杂物可由斗式提升机构在地面收集起来进行集中处理。水循环及泥沙处理的工作原理如图 14-4 所示。为了使泥沙沉淀分离的效果更好，可以将沉淀池底部建成一定的斜度，在沉淀净化过程中泥沙在重力作用下会聚集到沉淀池底部。图 14-4 所示提升机构由电动机带动，通过减速器控制提升漏斗的运动速度，当漏斗将泥沙从底部抓起后慢慢升高，漏斗上有镂空小孔，上升过程中泥沙中的水会落回沉淀池。当漏斗升至最高点时，开口一面向下，里面的泥沙沉积物通过收集漏斗集中落入泥沙收集车中，最后统一处理。

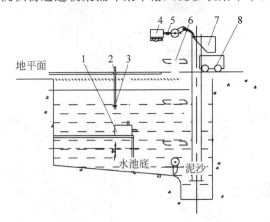

1—水泵；2—入水口；3—出水口；4—电动机；5—减速器；6—斗式提升机构；7—收集漏斗；8—泥沙收集车。

图 14-4　水循环及泥沙处理工作原理示意图

14.3　动力及控制系统

14.3.1　冲洗平台机架及滚轴设计

机架是所有部件安装的基本主体,遥控脉冲汽车轮胎自动冲洗平台模型的核心部件滚轴及水循环管路都安装在机架上,因此机架的设计需要满足一定的强度要求。同时,机架部分的结构设计还要考虑到重要部件的拆卸及维修方便。

1. 支架结构设计及计算

机架结构如图 14-5 所示,均由薄板折弯为型钢再次焊接组合而成,能够承受约 50kg 的质量。横梁结构的设计特别考虑到 4 根滚轴的拆装方便。

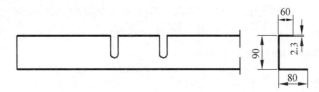

图 14-5　支架

在工作过程中支架主要受到车辆正压力作用。支架选材为 Q235,根据材料力学,有

$$n\sigma < \sigma_s \tag{14-1}$$

$$\sigma = G/A \tag{14-2}$$

式中,σ 为实际应力;σ_s 为材料屈服极限;n 为安全系数;G 为小车质量;A 为支架截面积。

支脚截面积 $A = 600\text{mm}^2$,Q235 屈服极限 $\sigma_s = 235\text{MPa}$,小车及配重沙袋共重 $G \approx 35\text{kg}$,将具体数值代入式(14-2)中,求得实际应力 $\sigma = 5.8\text{MPa}$。车轮刚开始运动时支架会受到一定程度的冲击。实践表明平台支架构件焊缝能够承受相应载荷。经计算,$\sigma < \sigma_s$ 故满足设计要求。

2. 滚轴结构设计及计算

模型车的车轮与滚轴的工作示意图如图 14-6 所示,其直径 $D_1 = 200\text{mm}$。

为了让车轮转动稳定,并使传动效率达到最好,本设计选取等腰三角形作为受力结构,如图 14-7 所示。又考虑到现实加工和材料的需要,托滚直径选 $D_2 = 60\text{mm}$。

在工作过程中,滚轴在车辆和支架的共同作用下主要受剪切应力。根据剪切的相关知识,得

$$\tau = \frac{F}{2A} \leqslant [\tau] \tag{14-3}$$

式中,τ 为剪切应力;F 为剪切力;A 为剪切面面积;$[\tau]$ 为材料剪切强度。

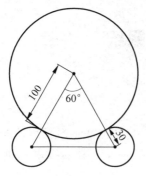

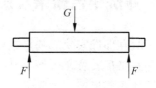

图 14-6　车轮与滚轴的工作示意图　　　　　图 14-7　滚轴受力图

根据面积公式得

$$A = \pi \times R^2$$

式中,R 为轴的半径;π 取 3.14。

45 钢调质后的屈服极限为 $\sigma_s = 519\text{MPa}$,剪切强度极限为 $0.7 \times \sigma_s = 363\text{MPa}$,剪切力为 152N,将具体数值代入式(14-3)中,求得只要 $R \geqslant 0.26\text{mm}$ 就满足要求。考虑到现实加工条件,设计中选取滚轴加工的直径为 12mm。

3. 滚轴结构设计

滚轴与车轮相接触,因此滚轴直径以及表面粗糙度需要满足一定要求才能达到相应的

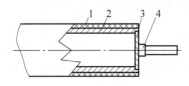

1—热缩管;2—圆管;3—封头;4—轴。

图 14-8　滚轴结构示意图

使用要求。为了增加滚轴表面的摩擦系数,设计当中选用了热缩管作为表层材料包在滚轴表面,如图 14-8 所示。考虑到在实际使用过程中汽车在驶入和驶出平台时需要保持滚轴固定不转,因此模型的 4 根滚轴中有 1 根是与电磁抱闸连接的,如图 14-8 所示。当汽车需要驶入或驶出平台时电磁抱闸吸合,滚轴被固定;开始清洗时抱闸放开,滚轴能够灵活转动。

14.3.2　水循环及控制机构

清洗平台采用循环水进行清洗,冲洗后的水由安装在机架上的漏斗收集,流进水箱后再由水泵提取输送给喷水管路,通过分布在平台上的 12 个喷头实现车轮的全方位清洗。

1. 水循环部件设计

本作品的水循环系统采用塑料水箱储水,由型号为 HQB-5500 的水泵供水,循环管路是直径为 8mm 的铜管,管路前端装有喷头。在模型的制作过程中,选用了刚性管。实际应用时采用软管连接,可以根据不同车辆调整喷头的位置。

2. 控制系统

遥控脉冲汽车轮胎自动冲洗平台模型采用简单的电子控制系统。控制部件是根据需要

选用四向输入控制器,自制的控制电路板。由于该控制电路板集合了电磁抱闸、电磁阀,以及水泵的开关控制,因此为了避免外界干扰,用铜皮做了简单屏蔽。

14.4　总　　结

1. 设计创新点

目前,国内已有相关厂商在生产制造汽车轮胎清洗设备,图 14-9 所示为南京海天公司生产的轮胎清洗设备。这类轮胎清洗设备都是通过外部电动机带动设备上的滚轴转动,通过摩擦作用由转轴带动汽车轮胎转动,进而达到全面冲洗轮胎的目的。由于电动机功率是一定的,因此这类设备只能根据清洗车辆的型号范围选择电动机,也就是说,清洗小型车辆会造成电动机能量的浪费,某些大型车辆又无法带动。

图 14-9　海天轮胎清洗设备

本设计与这类清洗设备相比较工作原理完全不同,具有以下创新点:

(1) 不用电动机提供额外动力。遥控脉冲汽车轮胎自动冲洗平台利用汽车自身动力带动滚轴实现冲洗过程中车轮的原地转动,适用性更强,对于能源的利用更加合理。

(2) 采用电磁抱闸制动装置。考虑到汽车在驶入和退出平台时滚轴应当保持静止状态,在设计中安装了可以锁紧滚轴的微型电磁抱闸。在冲洗过程中滚轴可以自由转动,冲洗结束后可将滚轴锁住,使汽车顺利开出。

(3) 自适应轮距滚轴组及链传动装置。考虑到不同车辆前后轮距不同,遥控脉冲汽车轮胎自动冲洗平台可设置多组滚轴以适应不同车辆需求。为了保证车轮在转动中滚轴能够同步转动,设计中采用了特定的链连接方式,使只要汽车主动轮能够带动一根滚轴转动,其他相关滚轴都会转动。

(4) 遥控脉冲汽车轮胎自动冲洗平台采用闭路水循环系统,能对冲洗用水实现重复利用,从而大大降低能源消耗,同时,解决了污水流到地面造成的二次污染。在汽车的原地转动过程中进行冲洗也减少了对空间的占用。

2. 应用前景和价值

遥控脉冲汽车轮胎自动冲洗平台专门为清洗汽车轮胎设计,可以防止因汽车轮胎带泥对路面造成的污染,并且有效避免了常规冲洗方法带来的二次污染及能源浪费问题。在环保日益得到重视的当今社会,这样的产品填补了环保产品功能上的空白,具有很高的经济效益和社会效益。

  本作品结构简单,制作成本低,应用范围广泛,具有极高的推广价值。由于平台机架的特殊结构设计,可以很方便地进行拆装及维修。模型根据通车的轴距设置了前后两组滚轴,在实际应用过程中可以加密滚轴以适应不同轴距的机动车。值得一提的是,如果制作同样的 4 套模型,进行简单的组合后就能够对实际的车辆进行清洗。计算结果显示,实际建造一套汽车轮胎清洗平台设备需要投入基础设施建设费 5000～8000 元人民币,冲洗一台车辆大约需要 3min,平均每冲洗 20 辆车耗电量为 1kW·h。费时费力,成本高,汽车轮胎自动冲洗平台与之相比具有不可比拟的优越性。

立体车库装置

15.1 项目说明

本作品响应第八届全国机械创新设计大赛的设计主旨"关注民生、美好家园"的要求,属于"城市小区中家庭用车停车难问题的小型停车机械装置"。本作品在此届机械创新设计大赛中获得浙江省一等奖。该停车装置主体为金属结构,长 100cm,宽 50cm,高 100cm,属于实物模型,与实际施工成品比例为 1∶100,可以最多同时停放 7 辆中小型汽车,也可根据场地大小采用多单元排列实现合理停车规划。

本作品利用滚轮和螺杆使车位实现左右和上下移动,停车者首先通过进入装置前的控制界面选择停车的位置,随后该车位载车板自动降低到与地面相对水平的位置,停车者只需要将汽车停入该载车板,载车板上的光电传感器接收到车辆进入信号,随后待停车者下车走出该装置。该载车板自动复位到原来的位置,完成一系列自动停车动作。

本作品用于解决停车难问题,适用于大中型城市的小区、各类商场、餐厅等需要停车的场所。并且可以在现有条件下实现,不需要另外开辟土地。该停车装置可有效提高空间利用率,节约成本,自动化程度高,维护方便。

15.1.1 设计背景

随着我国城市经济和汽车工业的迅速发展,拥有私家车的家庭越来越多,而与此相对应的是城市停车状况的尴尬。数据显示,最近几年我国城市机动车辆平均增长率在 15%～20%,而同时期城市停车基础设施的平均增长率只有 2%～3%。特别是在大城市中,机动车拥有量的增长速度远远超过停车基础设施的增长速度。因此,政府越来越重视停车难的问题,并积极探求解决措施。机械式立体车库既可以大面积使用,也可以见缝插针设置,还能与地面停车场、地下车库和停车楼组合实施,是解决城市停车难有效的手段,也是停车产业发展的必由之路。

机械式立体车库根据运行方式和结构特点可分为升降横移式自动立体车库、垂直循环式立体车库、水平循环式立体车库、简易升降式立体车库、多层循环式立体车库、堆垛式立体车库等。下面分别介绍各自特点。

(1)升降横移式自动立体车库:可有效利用空间,空间利用率提高达数倍;存取车快捷便利,其结构使用跨梁结构设计,使车辆出入无障碍;采用 PLC 控制,自动化程度高,人机界面好,多种操作方式可选配,操作简便;环保节能,低噪声。但下层车库必须有一空位用于车库升降。

(2) 垂直循环式立体车库:采取垂直方向做循环运动对车辆进行存取的立体车库。垂直循环式立体车库调车时间短,取车快速,占地面积小,可设置在地面上或半地上半地下,可独立或附设在建筑物内,还可多台组合。

(3) 水平循环式立体车库:采用水平循环运动来存取车辆的机械式立体车库。水平循环式立体车库可以省去进出车道,充分利用狭长地形的地方建车库,可降低通风装置的费用。若多层重叠,可成为大型停车场。但车库只有一个出入口,存取车时间较长,实用性差。

(4) 简易升降式立体车库:其结构大多为一个车位泊两台车,构造简单实用,无须特殊地面基础要求,适合装设于工厂、别墅、住宅停车场。

(5) 多层循环式立体车库:其工作原理是使载车板作上下循环运动来进行车辆的调取工作。

(6) 堆垛式立体车库:通过升降机、行走台车及横移装置输送载车板实现存取车操作。整个过程全自动完成,可设置于地上或地下,充分利用有效空间;载车板的升降和行走同时运行,存取车方便快捷;全封闭式管理,安全可靠,可保障人、车安全。

15.1.2　设计方案

目前,在中国立体车库使用较多的是升降横移式自动立体车库和简易升降式立体车库。升降横移式自动立体车库具有存取车快捷便利、结构简单等优点,而简易升降式立体车库所能停车数量较少,不适合较大规模应用,无法满足较大空间的大规模布置。所以本项目团队选择升降横移式自动立体车库进行设计。

15.1.3　设计意义

国外经济发达国家的自动立体车库在过去的几十年中已经得到了充分的发展。日本是一个人口众多但人均土地资源较少的国家,由于其经济发达,停车难的问题早已出现,同时也带动了自动立体车库的发展,至今已经较为完善。如今在日本全国建设并使用的自动立体车库的停车位已有 300 万个,大部分自动立体车库是升降横移式车库。现在我国的自动立体车库行业正处于快速发展阶段并很快进入稳定发展阶段,未来市场潜力巨大。

机械车库与传统的自然地下车库相比,在许多方面都显示出优越性。首先,机械车库具有突出的节地优势。以往的地下车库由于要留出足够的行车通道,平均一辆车就要占据约 40m^2 的面积,而如果采用双层机械车库,可使地面的使用率提高 80%~90%。机械车库与地下车库相比可更加有效地保证人身和车辆的安全,人在车库内或车不停准位置,由电子控制的整个设备便不会运转。应该来说,机械车库从管理上可以做到彻底的人车分流。

15.2　项目结构设计

15.2.1　设计要求

车位的布置形式可分为全地上布置、半地下布置和重列式布置。

（1）全地上布置：有 2 层、3 层、4 层、5 层，一般不超过 5 层，但也有 7 层以上的，有的还做到了 18 层，但相对于低层，高层的提升速度要提高，以保证客户使用要求。

（2）半地下布置：比全地上布置形式能多建车位，空间利用率高，但土建投资大。

（3）重列式布置：对于只能设置一个车道，或设置两个车道太浪费，但有能停放两排或两排以上车辆长度的停车位时，可用这种方式布置。

由于本次设计的主题是关注解决现有小区存在的停车难问题，并可以在现有条件下实现，而不是规划新的小区，若干年以后才能实现，所以选用两排结构形式的 3 层立体车库。

15.2.2　机构设计

两排结构形式的 3 层立体车库是指利用载车板的升降或横向平移存取停放车辆的机械

式停车设备。如图 15-1 所示，上层载车板只做上下移动，中层载车板需要左右上下移动，下层载车板只做左右横移。

立体车库工作原理如下：

（1）当车辆驶入车库时，用户根据需要选择所需停车位置。当用户选择上层空载车板时，如 5 号载车板，控制系统会控制 1、2、3、4 号载车板向右移动。此时 5 号载车板下方有空位，控制系统控制 5 号载车板下移等待用户将车辆驶入，用户将车辆停放好并确认后，提升装置带动载车板提升到上层固定位置。

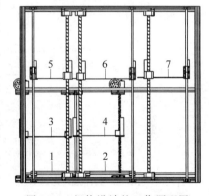

图 15-1　机构设计的工作原理图

（2）用户选择中层车位时，如 3 号载车板，控制系统会控制 1、2 号载车板向右移动。此时 3 号载车板下方有空位，控制系统控制 3 号载车板下移等待用户将车辆驶入，用户将车辆停放好并确认后，提升装置带动载车板提升到中层固定位置。

（3）用户选择下层车位时，可将车辆直接驶入车库，但不能驶入无载车板的空位。

（4）用户取车时，停放在下层载车板的汽车可直接驶出车库，停放在上层载车板的汽车操作过程与停车过程类似。

升降横移式自动立体车库通过这种停车方式可更有效地使用土地，增加单位面积停放汽车的数量。

本作品设计的整体结构如图 15-2 所示。

图 15-2　整体结构

15.2.3　系统电路设计

本作品是按键控制和液晶显示的智能升降横移式自动立体停车库。它由按键模块、液晶模块、步进电动机、电动机驱动模块、光电开关模块和主控制器组成。其中人机交互部分由按键模块和液晶模块完成。升降横移控制部分由电动机驱动模块加光电开关模块和 STM32 芯片所组成。图 15-3 给出了该工作系统控制电路的结构框图。

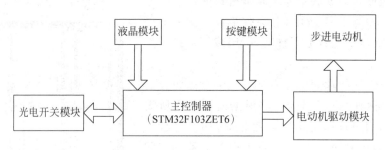

图 15-3　系统控制电路的结构框图

1. STM32 最小电路设计

停车加取车需要步进电动机配合大量的传感器来进行升降平移动作,此动作需要特别精确和稳定,普通的芯片难以达到这种效果,而 STM32 具有高速的数据处理能力,符合本作品的控制要求。有关 STM32 的说明详见第 6 章。

2. 液晶模块

液晶显示屏使用 LCD12864 模块,此模块自带中文字库,可以实时显示文字信息。LCD12864 可以给车主提供信息,让车主选择操作。

3. 按键模块

按键模块使用的是 4×4 矩阵键盘,车主可以选择是否存车或取车,防止车内有人。

4．光电开关模块

该模块可以精确控制装置的停止位置从而保证精确存车或取车。该模块如图 15-4 所示。

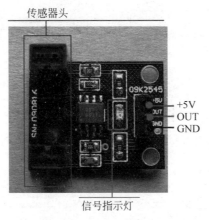

图 15-4　光电开关模块

5．电动机驱动及步进电动机

本作品采用的驱动芯片是 TB6560，具有低压关断、过热停车以及过流保护等特点，最大 16 细分，适用于各类高速大功率驱动模块。TB6560 驱动器采用差分式接口电路，可适用于差分信号。考虑到干扰的问题，本作品采用长线驱动器电路，PNP 输出。驱动器采用 15.8V 电源供电，驱动输出接口接 42 型四线两相混合式步进电动机。

15.3　软 件 设 计

15.3.1　主程序的设计

系统的主流程：给开发板上电以后，各模块进行初始化操作。首先进行用户按键有效信息的检测，若有，按照判断的结果，选择取车模式还是放车模式；然后分别驱动电动机，进行不同的处理流程。主流程如图 15-5 所示。

15.3.2　按键模块设计

按键模块采用的是 4×4 矩阵型键盘，其工作功能主要是控制车位的移动。为了让此模块正常运行，需要在程序中加入一个矩阵库 ＜Keypad.h＞。此模块的工作原理是：上电以后，程序初始化，主控芯片不停地检测是否有按键输入信号，若检测到按键输入信号，则对于指定的按键即指定的停车位进行移动，实现存取的功能。其流程如图 15-6 所示。

按键部分代码可扫描图 15-7 所示的二维码。

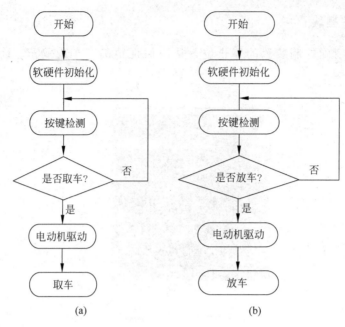

图 15-5　软件主流程图

（a）取车流程；（b）放车流程

图 15-6　按键模块流程

图 15-7　按键部分代码

15.3.3　电动机驱动子程序设计

PWM 是一种可调节高低电平的方波信号,用来对模拟信号电平进行数字编码。PWM 波可由单片机中的定时器产生,先初始化定时器,设置预装值和分频数来决定输出 PWM 波的频率。将定时器 3 映射到相应的引脚即可向电动机驱动输出 PWM 波,然后控制电动机的转速。设置比较值寄存器,改变比较值就可以改变 PWM。由于设定的是正向计数,所以比较值越大,占空比越大,输出的电压越大,从而电动机转速越大。PWM 波设置占空比程序代码可扫描图 15-8 所示的二维码。

图 15-8　PWM 波设置占空比程序代码

15.4　系　统　调　试

15.4.1　光电传感器调试

光电传感器的作用主要是感应某停车位上是否有车辆信息,以便用户更加直观方便地了解车位情况。其主要过程是：在车位前面装置光电传感器 E3F-DS30C4,若有物体遮挡,信号线则由低电平变成高电平。因此判断信号灯的亮灭即可了解车位信息。

图 15-9(a)、(b)为模拟车位上有车辆和无车辆的情况对比图。图 15-9(a)所示是无车的情况,LED 灯处于灭的状态；图 15-9(b)是车位上有车的情况,LED 灯亮起,提醒用户,车位上有车,此车位已被使用。

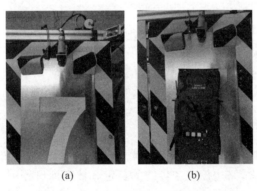

(a)　　　　　　　　　(b)

图 15-9　光电传感器模块

(a) 光电传感器模块无车显示；(b) 光电传感器模块有车显示

15.4.2　压力传感器调试

压力传感器的作用是让车位能稳定直接地停放在固定位置,主要过程是在车位底部或者侧方安装压力传感器(行程开关),当车位要移动到指定位置时,车位挡板碰到压力传感器,信号传到 STM32,从而控制驱动模块断电,起到车位停得稳定、准确的作用。具体的方法也是在系统中测试,按下按键后查看车位是否在挡片碰到压力传感器的一瞬间,电动机驱动停止。

15.5　总　　结

1. 作品实物

本作品的实物照片如图 15-10 所示。

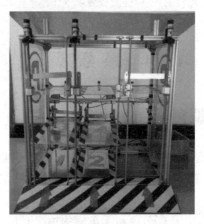

图 15-10　作品实物照片

2. 产品创新

（1）通过光电传感器实现实时停车位状态反馈，让停车者能够直观地知道哪里有空余车位，实现了良好的人机交互。

（2）采用单片机作为作品的控制中枢，有效保证了设备运行的稳定性和可靠性。

（3）蜂鸣器以及 LED 灯提醒用户载车板的升降，增加了安全性。

3. 产品应用前景

随着我国经济持续快速的发展，大中型城市建设的不断加强，城市交通拥堵和停车成了影响城市发展的重要因素，路边停车和传统的自走式停车库已经不能适应城市发展的要求，再加上我国汽车保有量不断增加，机械式立体车库成为解决这一问题的必然途径。

越来越多的旧小区的车位供不应求，甚至还会因为车位的问题发生矛盾。本作品能够有效解决停车难问题，而且能够实现自动停车，方便车主。

还有一些大中型超市可以使用本作品来节约停车场的场地，提高土地的空间利用率。

参 考 文 献

[1]　赵明岩.大学生机械设计竞赛指导[M].杭州：浙江大学出版社,2008.

[2]　王立权,等.机器人创新设计与制作[M].北京：清华大学出版社,2007.

[3]　张春林,曲继芳,张美麟.机械创新设计[M].北京：机械工业出版社,2004.

[4]　机械设计手册编委会.机械设计手册：机电一体化系统设计[M].北京：机械工业出版社,2007.

[5]　闻邦椿.机械设计手册：机电一体化技术及设计[M].北京：机械工业出版社,2020.

[6]　谢里阳.现代机械设计方法[M].北京：机械工业出版社,2005.

[7]　陈秀宁.机械设计基础[M].杭州：浙江大学出版社,2006.

[8]　郑文纬,吴克坚.机械原理[M].北京：高等教育出版社,1997.

[9]　杨可侦,程光蕴,李仲生.机械设计基础[M].北京：高等教育出版社,2006.

[10]　朱双霞,张红钢.机械设计基础[M].重庆：重庆大学出版社,2016.

[11]　张涛然,晁晓洁,郭丽红,等.材料力学[M].重庆：重庆大学出版社,2018.

[12]　海老原大树,电动机技术实用手册编辑委员会.电动机技术实用手册[M].王益全,刘军,秦晓平,等译.北京：科学出版社,2006.

[13]　SLOBODAN N V.电机[M].余龙海,刘光军,廖育武,译.北京：机械工业出版社,2015.

[14]　UMANS S D.电机学：第7版[M].刘新正,苏少平,高琳,译.北京：电子工业出版社,2014.

[15]　汤蕴璆.电机学[M].5版.北京：机械工业出版社,2020.

[16]　杨万青,陈兴卫.电机实用设计技术[M].北京：机械工业出版社,2014.

[17]　CHAPMAN S J.电机原理及驱动：电机学基础：第5版[M].满永奎,译.北京：清华大学出版社,2013.

[18]　宋育红,王春玲.机械设计基础[M].北京：北京理工大学出版社,2012.

[19]　谢双义,何娇.机械设计基础(任务驱动)[M].北京：北京理工大学出版社,2017.

[20]　刘军.例说STM32[M].北京：北京航空航天大学出版社,2011.

[21]　刘火良,杨森.STM32库开发实战指南：基于STM32F103[M].2版.北京：机械工业出版社,2017.

[22]　蒙博宇.STM32自学笔记[M].北京：北京航空航天大学出版社,2012.

[23]　张洋,刘军,严汉宇,等.原子教你玩STM32(库函数版)[M].2版.北京：北京航空航天大学出版社,2015.

[24]　刘晓彤.测试技术(机电一体化技术)[M].北京：科学出版社,2008.

[25]　刘柳.一种基于超声波的移动测距方法：201110000758.1[P].2012-07-18.

[26]　李军,申俊泽.超声测距模块HC-SR04的超声波测距仪设计[J].单片机与嵌入式系统应用,2011(10)：77-78.

[27]　孙运旺,李林功.传感器技术与应用[M].杭州：浙江大学出版社,2006.

[28]　余捷全,常伟.人体接近传感器：201922220199.X[P].2020-08-28.

[29]　李志强,黄顺,郭华新.基于SHT10的数字温湿度计设计[J].广西轻工业,2007(11)：35-36.

[30]　郑骊.检测与转换技术[M].北京：化学工业出版社,2009.

[31]　王煜东.传感器及应用[M].2版.北京：机械工业出版社,2006.

[32]　姜香菊.传感器原理及应用[M].北京：机械工业出版社,2015.

[33]　姚广芹,张岐磊.基于STM32的智能称重系统[J].中国科技纵横,2017(7)：41-42,44.

[34]　陈玲玲,曹忠蔚,张烁,等.基于STM32的自动循迹智能车设计[J].电子测试,2019(17)：26-28.

[35]　王磊,宁欣.基于STM32的两轮自平衡小车控制系统设计[J].山东工业技术,2018(13)：54.

[36]　李晓秀,宋丽荣.自动控制原理[M].2版.北京：机械工业出版社,2011.

[37]　刘海龙.倒立摆实验系统的设计与研究[D].大连：大连理工大学,2006.

[38] 裴月琳.倒立摆系统稳摆控制算法研究[D].重庆：重庆大学,2012.

[39] 袁泽睿.两轮自平衡机器人控制算法的研究[D].哈尔滨：哈尔滨工业大学,2006.

[40] 李凡红.两轮自平衡小车系统[D].北京：北京交通大学,2010.

[41] 袁洪跃.自平衡两轮电动车控制系统设计[D].重庆：重庆大学,2012.

[42] 张益铭.双轮平衡车控制系统的设计[D].哈尔滨：哈尔滨理工大学,2017.

[43] KWON J,HODGINS J K. Momentum-mapped inverted pendulum models for controlling dynamic human motions[J]. Transactions on Graphics,2017,36(1)：10.

[44] 胡鹏路.硬币识别准确性提升方法的探究[J].数码世界,2018(8)：167-168.

[45] 胡永彬,孔国忠,张敏.撤库地区小面额货币流通状况分析：以常州市为例[J].中国金融,2011(24)：74-75.

[46] 董海棠,周志文.电气控制及 PLC 应用技术[M].北京：人民邮电出版社,2013.

[47] 许云清.四旋翼飞行器飞行控制研究[D].厦门：厦门大学,2014.

[48] 范云生,曹亚博,赵永生.四旋翼飞行器轨迹跟踪控制器的设计与验证[J].仪器仪表学报,2017,38(3)：741-749.

[49] 辛磊.四轴飞行器定高定点功能的设计与研究[D].青岛：青岛理工大学,2016.

[50] 张新英,余发军,刘聪.基于模糊 PID 控制的四旋翼无人机设计[J].实验室研究与探索,2017,36(4)：56-59,68.

[51] MAHONY R,KUMAR V,CORKE P. Multirotor aerial vehicles：modeling, estimation, and control of quadrotor[J]. IEEE Robotics & Automation Magazine,2012,19(3)：20-32.

[52] 董艇舰,王亚楠.飞机客舱地毯清洗机的设计分析[J].科技和产业,2020,20(7)：139-144.

[53] 苗玉刚,文家雄,尹艺澄.多功能清洁机器人机械结构设计与控制[J].机械制造,2018,56(2)：5-8.

[54] 俞国红,郑航,薛向磊.自适应仿形甘薯削皮机优化设计与试验[J].农业机械学报,2021,52(3)：135-142.

[55] 唐鹏辉,康颖安,汪侃炎,等.一种智能水果切削装置的设计与仿真[J].科技风,2020(24)：2-3.

[56] 陈盛.全自动洗车机控制系统的研制[D].大连：大连理工大学,2020.

[57] 曾元静,吴京秋,陈子洋,等.基于三菱 PLC 的智能洗车系统设计[J].自动化博览,2019,36(S1)：44-46.

[58] 杨双义.自动洗车机控制系统的设计[J].内燃机与配件,2019(14)：233-234.